农业农村部"十四五"规划教材
普通高等教育"十四五"系列教材

农业水文学

主 编 李 毅 孙世坤
副主编 巨娟丽 邵光成 田 菲 查元源

中国水利水电出版社
www.waterpub.com.cn
·北京·

内 容 提 要

本教材较系统地介绍了农业水文学的基础理论、新技术和新方法。各章依次阐述了农业水文学的研究范畴和任务、农业水文气象、农业水文物理、农业水文化学、农业水文循环过程、植物与水、农业系统中的水旱灾害、变化环境对农业水文过程的影响、现代信息技术在农业水文过程中的应用等方面内容。教材体现农业水文学的最新发展现状，注重结合新理论、新技术和新方法。

本教材可供水利工程、农业水土工程、农业水文、农业气象等专业领域的高校师生和研究人员参考使用。

图书在版编目（CIP）数据

农业水文学 / 李毅，孙世坤主编. -- 北京 ：中国水利水电出版社，2023.9
农业农村部"十四五"规划教材　普通高等教育"十四五"系列教材
ISBN 978-7-5226-1518-9

Ⅰ．①农… Ⅱ．①李… ②孙… Ⅲ．①农田水文学－高等学校－教材 Ⅳ．①S271

中国国家版本馆CIP数据核字(2023)第082408号

书　　名	农业农村部"十四五"规划教材 普通高等教育"十四五"系列教材 **农业水文学** NONGYE SHUIWENXUE
作　　者	主　编　李　毅　孙世坤 副主编　巨娟丽　邵光成　田　菲　查元源
出版发行	中国水利水电出版社 （北京市海淀区玉渊潭南路1号D座　100038） 网址：www.waterpub.com.cn E-mail：sales@mwr.gov.cn 电话：（010）68545888（营销中心）
经　　售	北京科水图书销售有限公司 电话：（010）68545874、63202643 全国各地新华书店和相关出版物销售网点
排　　版	中国水利水电出版社微机排版中心
印　　刷	清淞永业（天津）印刷有限公司
规　　格	184mm×260mm　16开本　13.25印张　322千字
版　　次	2023年9月第1版　2023年9月第1次印刷
印　　数	0001—2000册
定　　价	**40.00元**

凡购买我社图书，如有缺页、倒页、脱页的，本社营销中心负责调换

版权所有·侵权必究

编写人员名单

主　编：西北农林科技大学　　李　毅　孙世坤
副主编：西北农林科技大学　　巨娟丽
　　　　河海大学　　　　　　邵光成
　　　　中国农业大学　　　　田　菲
　　　　武汉大学　　　　　　查元源
参　编：西北农林科技大学　　王世斌　齐兴赟　谌　霞
　　　　　　　　　　　　　　栾晓波　肖　超　高　飞
　　　　　　　　　　　　　　王慧娟　王　蕾
　　　　河海大学　　　　　　操信春　刘　静

前 言

我国是一个缺水型国家，人均水资源占有量仅为世界平均水平的1/4。在全球环境变化和人类活动影响下，水循环过程发生改变，对农业水文过程有着深远的影响，变化环境下的农业水文学研究也面临新的挑战。自1984年施成熙和粟宗嵩两位先生出版《农业水文学》教材以来，至今在农业水文学方面没有新的教材或专著出版，这对于我们了解该方面的最新知识带来不便。本教材正是编者在教学实践过程中发现这一问题而组织编写的。

农业水文学是研究农业生态系统中水资源的循环、转化和利用过程，以及农业措施、农业工程影响下各种水文现象的发生、发展规律及其内在联系的一门学科。在现代信息技术、人工智能、物联网技术和遥感技术高速发展的当今时代，农业水文学不再是单一的学科，而已成为农学、水文学、土壤学、灌溉排水工程学、耕作学、植物水分生理学、计算机科学、气象学、遥感科学等多学科交叉的领域，多种先进的科学技术在农业水文学中的融合渗透，推动了农业水文学的发展。然而，本教材篇幅有限，无法覆盖如此繁多的新成果，主要以农业水文学基本理论为核心，尽可能体现新方法和新技术在农业水文学中的应用和发展，为师生们了解相关知识起到抛砖引玉的作用。

本教材共分为九章，其中各章节内容及编写分工如下：

第一章：绪论，主要包括农业水文学的历史发展、研究范畴和任务、应用等。编写人员：李毅，孙世坤。

第二章：农业水文气象，包括地球-大气系统辐射和热量平衡、农业水文气象过程、农业气候资源及其三要素、我国农业气候资源的特点等。编写人员：李毅，孙世坤。

第三章：农业水文物理，包括水面蒸发、土壤蒸发、植物散发、潜水蒸发、潜在蒸散发、流域蒸散发等。编写人员：巨娟丽，李毅。

第四章：农业水文化学，主要内容是农业灌溉水质、农业水质标准、土壤溶质和污染物迁移等。编写人员：谌霞，孙世坤。

第五章：农业水文循环过程，包括农田水量平衡，土壤水分运动规律，农田耗水过程、特殊土的水分运动等。编写人员：查元源，李毅，孙世坤。

第六章：植物与水，主要包括水对植物的作用、植物的抗性及指标等内容。编写人员：肖超，李毅。

第七章：农业系统中的水旱灾害，主要包括农业系统中的灾害概述、洪涝灾害、干旱及旱灾及盐碱害。编写人员：邵光成，孙世坤。

第八章：变化环境对农业水文过程的影响，主要包括气候变化对农业水文过程的影响、人类活动对农业水文的影响、应对变化环境的适应性策略等。编写人员：孙世坤，高飞。

第九章：现代信息技术在农业水文过程中的应用，主要内容有现代信息技术概述、3S技术在农业水文领域中的应用及智慧农业。编写人员：田菲，孙世坤，李毅。

本教材编写过程中得到了中国学位与研究生教育学会农林学科工作委员会2021年课题"农林高校专业学位与学术学位研究生的差异化培养研究"（2021-NLZX-YB54）、西北农林科技大学教育教学改革专项资金"农业水文学"（JXGG2158）、西北农林科技大学研究生教材出版资助经费"农业水文学"（JC2021-1）的共同资助。本教材由西北农林科技大学、中国农业大学、武汉大学和河海大学的多位一线教师共同完成，在此对所有参加教材编写的人员致以深深的谢意。

由于编者时间和水平限制，本教材难免存在不足之处，恳请读者批评指正。

编者
2023年1月

目 录

前言

第一章 绪论 ... 1
第一节 概述 ... 1
第二节 农业水文学的发展历史 ... 2
第三节 农业水文学的研究范畴和任务 ... 5
第四节 农业水文学的用途 ... 6
思考题 ... 7

第二章 农业水文气象 ... 8
第一节 地球-大气系统辐射和热量平衡 ... 8
第二节 农业水文气象过程 ... 16
第三节 农业气候资源及其三要素 ... 20
第四节 我国农业气候资源的特点 ... 24
思考题 ... 31

第三章 农业水文物理 ... 32
第一节 水面蒸发 ... 32
第二节 土壤蒸发 ... 35
第三节 植物散发 ... 37
第四节 潜水蒸发 ... 39
第五节 潜在蒸散发 ... 39
第六节 流域蒸散发 ... 42
思考题 ... 44

第四章 农业水文化学 ... 45
第一节 农业灌溉水质 ... 45
第二节 农业水质标准 ... 54
第三节 土壤溶质和污染物迁移 ... 61
思考题 ... 72

第五章　农业水文循环过程 … 74
第一节　农田水量平衡 … 74
第二节　土壤水分运动规律 … 77
第三节　农田耗水过程 … 86
第四节　特殊土的水分运动 … 97
思考题 … 102

第六章　植物与水 … 103
第一节　水对植物的作用 … 103
第二节　植物的抗性及指标 … 111
思考题 … 116

第七章　农业系统中的水旱灾害 … 117
第一节　农业系统中的灾害概述 … 117
第二节　洪涝灾害 … 120
第三节　干旱及旱灾 … 127
第四节　盐碱害 … 132
思考题 … 136

第八章　变化环境对农业水文过程的影响 … 137
第一节　气候变化对农业水文过程的影响 … 137
第二节　人类活动对农业水文的影响 … 143
第三节　应对变化环境的适应性策略 … 152
思考题 … 156

第九章　现代信息技术在农业水文过程中的应用 … 157
第一节　现代信息技术概述 … 157
第二节　3S技术在农业水文领域中的应用 … 162
第三节　智慧农业 … 182
思考题 … 184

农业水文学主要符号 … 185

参考文献 … 190

第一章 绪 论

第一节 概 述

当前地球系统已逐渐进入人类干扰占据主导地位的新时代，即"人类世"。人类活动和自然过程相互交织的系统驱动所引起的一系列陆地、大气与水循环变化造就了目前的变化环境，过去30年很可能是近1400年来北半球平均气温最高的时期，近百年的全球增温速率为 $(0.74\pm0.18)℃/100a$。我国近百年增温速率与全球一致，近50年的增温速率高出全球近一倍。在气候变暖的背景下，我国社会经济快速发展，自然资源消耗及城市化进程加快、大规模的植被破坏、空气与水体污染等高强度人类活动与气候变化交织重叠，严重干扰了自然状态下的水量平衡与物质平衡。在气候变化和人类活动的双重作用下，与平均态相比，地球不同区域极端气候和水文事件的发生可能更加异常、突发和不可预见，对气候变化的响应也更为敏感，人类生存环境面临巨大的挑战。

2021年，我国水资源总量约为 2.95×10^4 亿 m^3，居世界第6位。但我国人口众多，按2021年人口（141178万人）统计，我国人均水资源量约为 $2090m^3$，仅为世界人均水量的1/4。我国各地普遍缺水，而且有不断加剧的趋势，全国约670个城市中，一半以上存在不同程度的缺水现象，其中严重缺水的有110多个。农业是国民经济第一用水大户，农业用水占全国总用水量的60%以上，在水资源危机背景下，必须合理利用农业水资源，以保障粮食安全和可持续发展。

农业水文学是水文学派生出来的一个分支，是研究农业生态系统中农业措施、农业工程影响下各种水文现象的发生、发展规律及其内在联系的一门学科。植物生长发育离不开水分条件，自然界的水通过水文循环，形成大气降水，产生地面水、土壤水和地下水，为植物生长提供水分条件。因此，农业水文的研究对象也可概括为水-土-植-气之间的存在关系。农业水文现象属于水文现象的一种特定领域，具有一般水文现象的特点，然而农业水文现象包括更为微观的一些现象，所受制约的因素包括更为复杂多变的环境和人为因素。学习农业水文学的相关理论和基础知识，可为科学治水、合理用水提供理论依据，新时期农业水文学的研究更应该直接为农业增产服务。

随着人口的不断增长和经济的飞速发展，人类对农业水文系统的干扰强度不断增加。在岩石圈、生物圈、大气圈和人类圈的共同影响下，农业水文系统越来越表现出随机、非线性、混沌等复杂特征（图1-1）。尤其是近几十年来，受太阳黑子活动、厄尔尼诺现象、温室效应、土地沙漠化和森林面积锐减等的影响，全球社会经济发展市场化、信息化、一体化趋势日益明显，导致农业水文系统的复杂性特征日益凸显。建立在传统科学范式基础上的知识体系和假设已经越来越不能圆满地解释或解决当今水文学领域中所遇到的水资源短缺、水位下降及水质恶化等诸多复杂问题，引起了国内外学者的广泛关注和探索。基于此，具有鲜明前沿性、交叉性和挑战性的农业水文系统的复杂性研究已经成为一个关注点。

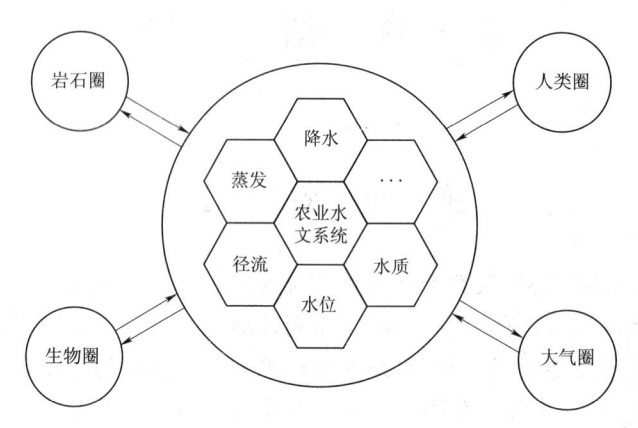

图1-1 农业水文系统示意

农业水文系统是农业大系统的重要组成部分，它不断与周围的自然和人文环境发生物质、能量、信息因素方面的交换和作用，由于环境的变化和不确定性，农业水文系统越来越多地呈现出复杂性演化特征。从系统论观点来看，区域农业水文系统是一个高维非线性、开放性复杂系统，其边界条件、初始条件及系统要素都十分复杂。从信息论观点来看，农业水文系统存在监测数据不完整等诸多未知和不确定性问题。水文监测数据不仅蕴含了系统过去行为的信息，而且隐藏着系统未来演化的信息。目前，农业水文系统研究主要采用半经验、概念性或随机性理论，而客观世界的水文变化过程则是确定性与不确定性、突发性与无序性等共存的，以往简单的理论和手段已不适宜于人类活动驱动下日趋复杂化的农业水文系统的研究。

农业水文学课程的教学目标，是使学生系统地了解农业水文学的发展过程，学习和掌握农业水文基本现象及理论、农业水文气象、农业水文物理和化学、农业水文循环过程、植物与水、农业系统中的水旱灾害、变化环境下的农业水文过程及现代信息技术在农业水文过程中的应用等方面的知识。

第二节 农业水文学的发展历史

一、农业水文学的发展

人类远在文明初期就不断认识和学习各种水文现象，经过长期探索，积累了大量的水文事件经验。纵观历史上对水文现象的探索过程，主要历经了四个重要时期。1600年以前为水文学的萌芽时期，人们对原始的水位、雨量和水流特性进行了观测观察，对水文循环现象进行了初步推理和解释。1601—1900年为水文学的奠基时期，实验水文学兴起，发现了一些重要的水文学基本原理，奠定了现代水文学的基础。1901—1950年为水文学的实践时期，人们更深入地探讨水文规律，将基本原理应用到了生产实践中。1951年至今为现代化时期,科学技术的快速发展极大地推动了水文学的进步和发展。

农业水文学、城市水文学和工程水文学同属于应用水文学,农业水文学的萌芽期是人类进入农业生产的初期阶段。我国古代以农业立国,对水利建设比较重视,在数千年的历史岁月中,修建过数以万计的水利设施,其中,不乏农业水文学的身影,如李冰父子修建的都江堰水利工程就用到了农业水文学的基本理论和方法,主要承担着引水灌溉的作用。古埃及人民认识了尼罗河定期泛滥的水文特性,发展了举世无匹的引洪淤灌,孕育了古埃及文明。古罗马法典和古印度《吠陀经》中都有关于农业水文现象的记载。20 世纪初,威廉士 (Williams)、威尔柯克斯 (Willcocks) 在总结印度兴修近代大型渠灌的经验,为埃及制订农田水利发展规划设计的过程中,对尼罗河流域水文现象及其自然影响因素做了比较系统的分析,展现出农业水文学的思想。其后经过多年水文调查研究,认识逐步深入,在尼罗河水完全为农业用水服务的情况下,更显水文分析的农业水文学含义。然而直到 20 世纪 30 年代,在欧美国家仍只有水文学专著而无农业水文学的概念。20 世纪 30 年代美国提出流域开发、水资源综合治理的方向,同时,在印度河和尼罗河两河下游出现了以灌溉为主体的流域系统。40 年代中期,人们大规模开采地下水,跨国、跨州、跨流域调水,人工降雨和劣质水利用等技术的迅速发展,促使水文学不断向地下水、土壤水、地面水及大气水各个领域发展;在水利建设突飞猛进的背景下水文学的分支——农业水文学逐渐形成。60 年代,土壤水的能态学观点渐渐被人们接受并用于土壤水、溶质和热迁移研究中,推动了土壤水文理论的发展和应用,至今已形成应用较广较成熟的土壤物质(水、溶质、养分、化肥、农药等)迁移模拟模型,如 HYDRUS、SHAW、SWAP 等。

近几十年来,田间观测仪器设备不断更新换代,在微观和宏观尺度上对气象要素、水文要素及农田水循环要素等的观测精度不断提高。微观尺度上,如田间观测仪器设备的更新换代和改进,精度不断提高,近年来发展了可观测毫米尺度土壤水文性质和蒸发量的热脉冲技术和光纤技术等。此外,卫星遥感技术在农业水文学中的应用突破了时空尺度的界限,至今已经发展得非常成熟。在不同时空尺度上,卫星遥感数据被越来越多地用于观测气象要素、水文要素及农田水循环要素等。随着技术进步和设备升级,卫星数据的精度也逐渐提高,为精细化分析气象、土壤、作物、地下水等要素的变化提供了海量数据,也为学科交叉提供了丰富的基础资料。除卫星遥感外,低空遥感和无人机遥感在农业水文领域中也得到越来越多的应用。由于遥感数据容量大,需要高速运算工具辅助,因此一些编程语言如 Python、R、MATLAB 等也被成功应用于农业水文领域的分析研究。此外,Google Earth Engine 等工具在大数据分析上也得到了广泛应用。现代科学技术的飞速发展,必将有力地推动农业水文学的发展。

在人工-自然二元作用下,构成农业-生态连续系统的区域水转化过程十分复杂,涉及大气水、地表水、土壤水、地下水及植物水等多过程。高效的节水灌溉工程通过灌水方式和工程建设等影响灌区原有的水循环过程、土壤水入渗的物理过程、作物株间蒸腾、地下水的补排方式以及植被的多样性等。目前对于多水转化过程的研究涉及田间和流域尺度。田间尺度上,基于土壤-植物-大气连续体 (soil - plant - atmosphere continuum, SPAC) 分析了田间水分循环过程及溶质运移规律。目前在灌区和流域尺度上,主要应用 SHE、SWAT、VIC 以及 SWAT - MODFLOW 耦合等模型实现考虑农业生产系统影响的水量转化分布式模拟。

作物生长模型综合考虑气候、土壤、品种、管理等因素，以气象资料为驱动变量，动态模拟作物生长发育和产量形成过程，是研究气候—产量关系的重要工具。作物生长模型是揭示作物生长发育过程、农田耗水与生境要素关系的重要工具，结合田间试验、遥感大数据以及地理信息系统技术等，已经形成了从农田、灌区到流域尺度水文和作物生长过程的模拟方法。诸如 WOFOST、EPIC、RZWQM、AquaCrop 和 DSSAT 等模型已在国内外相关研究中大量应用，在作物相关参数估计、作物生长和农田水文过程的模拟和预报研究中发挥了巨大的作用。以 DSSAT 模型为例，其功能较多，目前已涉及 42 种作物，具备产量预测、作物育种、土地利用、施肥管理、灌溉管理、气候变化等诸多模块，对作物产量与农业水文过程模拟的可靠性和适用性得到国内外普遍认可，尤其在干旱条件下对作物产量的模拟精度较高。作物生长模型对补充试验难以获取的作物生长及产量长序列数据起到了极好的替代作用。

二、我国的农业水文学及其发展过程

我国历代农田水利设施的建设成就体现着人们对农业水文现象理解的不断加深。如西周时期的井田配置沟洫，就是在当时的农业生产力水平下提出的一套适应当地水文条件的除涝排水方法。早在春秋战国时期，人们就掌握了兴修大型水库、大型渠灌的工程技术。历史上比较典型的农业水利工程和治理模式如下：

（1）春秋时期孙叔敖组织修建的芍陂工程（今安徽省寿县），通过扩大灌溉水源，达到"灌田万顷"的规模。1949 年后经过整治，现蓄水约 7300 万 m^3，灌溉面积 4.2 万 hm^2。迄今虽已有 2500 多年历史，但一直发挥着不同程度的灌溉效益。

（2）郑国渠是战国末期在陕西关中地区建设的大型水利工程，位于今天的泾阳县西北 25km 处的泾河北岸。它西引泾水东注洛水，长达 300 余里，灌溉面积约 4 万 hm^2。1929 年关中发生大旱，"三年六料不收，饿殍遍野，引泾灌溉，急若燃眉"。此时中国近代著名水利专家李仪祉先生临危受命，在郑国渠遗址上主持修建了如今的泾惠渠。到 1932 年，泾惠渠可灌溉面积达到 4 万 hm^2，造福了沿线百姓。

（3）两汉时期王景治理黄河，通过实施改河、筑堤、疏浚等工程整治河道以后，一直到唐代，黄河没有出现过大的水患。

（4）隋代大运河修建后，沟通了长江和黄河流域，它包括通济渠、邗沟、永济渠和江南河四段。在唐代，除了大力维护运河的畅通、保证粮食北运外，还在北方和南方大兴农田水利，包括关中的三白渠、浙江的它山堰等较大的工程共 250 多处。

（5）元代建都北京，开通了京杭大运河。它是世界上里程最长、工程量最大的古代运河，也是最古老的运河之一，与长城、坎儿井并称为我国古代的三项伟大工程，并且使用至今。京杭大运河南起余杭（今杭州），北到涿郡（今北京），途经今浙江、江苏、山东、河北四省及天津、北京两市，贯通海河、黄河、淮河、长江和钱塘江五大水系，全长约 1797km。2002 年，京杭大运河被纳入"南水北调"东线工程。

灌溉是增加作物产量和减少干旱影响的重要举措。20 世纪 80 年代，膜上灌、波涌灌、喷灌和滴灌等农业节水灌溉技术先后被提出，目前膜下滴灌和喷灌等技术已在我国北方缺水地区广泛应用，水肥一体化技术也得到了充分发展。据统计，1900 年、1960 年、

1980年、2005年和2021年我国灌溉面积分别为1763.83万hm²、3032.22万hm²、4934.81万hm²、6239.24万hm²和6913.33万hm²，100多年间增加了2.92倍。灌溉对农业抗旱及作物产量的提高起到重要作用。1997年新疆生产建设兵团提出了膜下滴灌技术，目前该技术已在西北地区得到大面积应用，成功将灌溉每公顷用水量由原本的10495m³降到了5397m³左右，同时也为盐碱地改良提供了一条新途径。

在现代信息技术、人工智能、物联网技术高速发展的时代，农业水文学涵盖了农学、水文学、灌溉排水工程学、耕作学、植物水分生理学、计算机科学、土壤学、气象学和遥感科学等多个学科，其内容具有多学科交叉特征。多种先进科学技术的融合渗透，共同推动了农业水文学的新发展。

第三节　农业水文学的研究范畴和任务

传统意义上的农业水文学是从水文循环、农业水文气象、农业水文物理、农业水文化学等方面阐明其基本理论基础，从产汇流、地面水、土壤水、地下水径流动态阐明其运动机制，从植物水分条件、旱涝分析、农业用水、农业水文灾害的特点论证农业用水的水文问题。新时期农业水文学除涵盖传统农业水文学内容之外，还要结合目前不断发展的学科前沿，并考虑与其他学科的交叉融合，如考虑变化环境的影响、先进农业水文模型的应用、农业水文遥感、数字农业水文、现代信息技术等，来研究农业水文系统水-土-植-气的一系列规律。这里的农业水文系统指的是农业大系统的有机组成部分，该系统对于经济社会可持续发展及粮食生产安全均具有重要影响。

水循环将生物圈、大气圈、岩石圈和水圈通过水量平衡和能量交换有机地联系起来，是自然界中的一个重要过程。水循环的意义在于维持全球水的动态平衡，使全球各种水体处于不断更新状态，形成巨大的水利资源；使地表各圈层之间，海陆之间实现物质迁移和能量交换；影响全球的气候和生态；塑造地表形态，影响土壤质量；形成重要的水文现象，包括农业水文循环形成的农业水文现象。

农业水文学的研究涉及不同尺度。在微观尺度上，农业水文学研究农田水文过程，其中农田水文过程又涉及土壤水文、植物水分及水文小循环。从宏观上，农业水文学涉及区域及更大的尺度，区域农业水文研究主要包括农业地区的水文循环、降水产流及旱涝分析等方面，主要分析水文大循环的降水、地面水、土壤水和地下水。

农业水文学的具体任务如下：

（1）对自然界水情动态及其影响因素，从农业水文角度对降水、地面水、地下水的状况进行研究，分析其与农业用水的利害关系，反映农业生产上的旱涝问题。

（2）把洪、涝、旱作为统一的整体，从水资源角度出发，进行水资源质与量的评价和有效利用条件的判断。

（3）探讨如何将农业措施（生物措施）与工程措施相结合来改善水文循环条件和水情动态，达到兴利除害的目的，从而在微观上改进局部地区适应当地水文条件的种植制度，在宏观上为水文区划和农业区划提供水文依据。

第四节 农业水文学的用途

农业水文学最终应为农业生产服务。作为一门应用科学，其主要作用体现在以下几方面。

一、为防治水旱灾害提供依据

从全球看，在干旱地区，没有灌溉就没有农业，没有良好的排水系统就不能保证灌溉安全和水分高效利用。同样的，在半干旱、半湿润地区，没有灌溉就不能发展灌溉农业，没有除涝排水也难以保证农业生产。在湿润地区，随湿润程度的加重，防洪防涝的要求也不断提高，但也要辅以补充灌溉才能保证农业高质量持续发展。由干旱地区向湿润地区过渡，灌溉需求递减，防洪防涝需求递增，逐渐向以除涝排水为主过渡，轻重主次不同，先后缓急也因时而异，而水利设施是防治上述水旱灾害的有效途径。在世界各地仍普遍存在旱涝灾害的情况下，我国农业生产能否延续稳中向好的发展态势，首先也取决于是否有完善的水利设施。我国北方地区水资源不足已成共识。农业未动，水利先行，探讨自然界的水文特征及其运动规律，研究农业水文区划及农业的结构布局，统筹洪、涝、旱、碱的治理，合理开发水土资源，为发展大农业生产从水利上创造条件，是农业水文学的根本任务。

受季风气候及地形、地质自然条件的影响，我国历史上发生水旱灾害的频率非常高，且影响范围大，危害严重。其中特大暴雨事件灾情重，影响大。以河南郑州"7·20"特大暴雨事件为例，2021年7月20日，河南郑州遭遇了千年一遇的特大暴雨，当日16—17时的1h降雨量为201.9mm，超过中国陆地小时降雨量历史极值。从17日20时到20日20时，3天总降雨量617.1mm，已接近郑州年均降雨量640.8mm，相当于这3天下了以往一年的雨量。大雨带来大灾，此次特大暴雨事件对郑州地铁5号线的影响最大，且导致京方北路隧道被淹。

另外，缺水也会对人类社会造成严重危害。纵观我国历史，旱灾给人民带来的灾难，给中华文明造成的破坏，要远比其他灾害严重得多。1876—1879年我国发生了罕见特大干旱灾害，其中以1877年和1878年最为严重，史称"丁戊奇荒"。此次旱灾几乎覆盖了山西、河南、陕西、河北和山东等北方五省，并且影响到苏北、皖北、陇东和川北等地区，造成了前所未有的大灾难，仅因干旱导致饥饿而死的人数就高达1000多万人，成为世界历史上因饥荒死亡人数最多的干旱事件。1960年全国大旱，湖泊干涸，小麦的生产受到严重影响；2008—2009年北方大旱，人畜用水难以保证，致使北方小麦主产省份严重减产；2009—2010年的南方大旱、2014年的河南大旱以及2022年的长江流域重大干旱都导致我国的粮食产量和国民经济产生严重损失。

除了丰水、贫水及水体污染等导致的灾害，冰雪、风暴潮、台风等也对人类社会造成了严重影响。然而，水旱灾害的防治、预报和预警始终是个难题，需要深入探索农业水文学、气象学、现代信息技术等相关知识，以便对有效减灾提供高效应对措施。

二、为现代灌排设计提供依据

现代灌排设施需要系统的农业水文资料为之提供依据。灌排设施的得当与否，首先决定于设施建成后的水文状况是好转还是恶化，其判断依据为水-土-植-气系统中的水文联系。在农业用水上，通过解析水-土-植-气系统的内部联系，为保证农业生产提供有利的水利环境条件。农田水利的各种措施，无一不是以农业水文条件为依据，通过分析为确定水-土-植-气资源联合利用提供决策。

现代农业水文学已在流域开发、跨流域调水等方面卓有成效，开展多流域水资源的联合运用，需要收集历史农业水文资料，对水文气象、降水与地表水、地下水的动态、产汇流机制及其相互转化规律、土壤水动力学特征、水化学特征、作物需水规律等方面做内在机理上的分析，以便提高农业水文循环各要素的预报精度，为规划、设计和管理提供依据和标准。

三、为合理开发及有效利用水资源提供依据

世界上发达国家农业用水占全社会用水的比重大约为40%，发展中国家为60%～65%，而相对欠发达国家为80%～85%。2021年度《中国水资源公报》数据显示，我国农业用水占全社会用水的61.5%。随着高效节水灌溉面积的扩大，农田灌溉水有效利用系数进一步提高，2021年已提高到0.568，预计2030年达到0.6以上。

我国水资源地区分布不平衡，人均水资源匮乏，为了合理利用水资源，国家用水总量在不同的阶段已经有明确目标。2021年度《中国水资源公报》显示我国水资源总量29638.2亿m^3。为持续实施水资源消耗总量和强度双控行动，水利部、国家发展改革委联合发布《关于印发"十四五"用水总量和强度双控目标的通知》，明确了我国用水总量和强度的双控目标，到2025年控制在6400亿m^3，农田灌溉水有效利用系数提高到0.58以上。因此，合理开发和有效利用水资源成为重要问题。

农业用水具有不同于其他行业用水的农业水文特征，表现在它被有机地表征在水-土-植-气系统中，具有协调四者之间关系的作用，形成特有的农业水文循环现象。在植物生长发育中表现为有特定需求的连续用水过程，这一过程产生于一定的自然水文条件下，又可作用于自然水文条件，影响自然水循环过程，因而具有改造自然的意义。用水-土-植-气系统的观点来分析合理、有效的用水问题，可以从"植"出发，根据水文气象条件中历史降水规律来确定种植制度，从"因水种植"上来避水之害、用水之利并实现适水发展；利用植物本身的抗逆性来减轻旱涝灾害，充分利用有效降水。

思 考 题

1. 什么是农业水文现象？什么是水文循环？
2. 请举三例历史上比较典型的农业水利工程和治理模式。
3. 传统和新型农业水文的研究内容有何区别？
4. 什么是农业水文系统？有何特征？
5. 农业水文学有何用途？

第二章　农业水文气象

农业水文气象是从农业气象资源上研究太阳辐射在地球上形成的农业水文气象现象。本章首先介绍辐射、黑体和灰体等基本概念，简单介绍四大经典的辐射定律；其次对太阳总辐射的概念、估算方法、辐射分区进行介绍，在此基础上阐释地球-大气系统辐射和热量平衡；接着对降水、径流、蒸散发、壤中流及地下水等主要农业水文气象过程进行初步介绍；最后分析我国特定地理条件下的水文气象特征，并对农业气候资源做简单介绍。

第一节　地球-大气系统辐射和热量平衡

一、辐射及辐射定律

（一）有关概念

1. 辐射、黑体和灰体的概念

辐射指的是由发射源发出的能量中一部分脱离场源向远处传播，而后不再返回场源的现象，能量以电磁波或粒子（如 α 粒子、β 粒子等）的形式向外扩散。自然界中的一切物体，只要温度在绝对温度（273.16K）以上，都以电磁波或粒子的形式时刻不停地向外传送热量，这种传送能量的方式被称为热辐射。热辐射是辐射的一种形式。物体通过辐射所放出的能量，称为辐射能。辐射能量从辐射源向各个方向直线放射。辐射通量又称辐射功率，指单位时间内通过某一截面的辐射能，它也是辐射能随时间的变化率，单位为瓦（W），即 $1W=1J/s$。目前测量辐射通量的方法一般是由直流电置换辐射通量的等价置换原理进行的。

黑体是一个理想化的物体，它能够吸收外来的全部电磁辐射。黑体对于任何波长的电磁波的吸收系数均为 1，而透射系数为 0。黑体并不见得就是黑色的，即使它没办法反射任何的电磁波，但它可以放出电磁波，其放出的电磁波的能量与波长则完全取决于黑体的温度，不受其他因素影响。当黑体温度在 700K 以下时，黑体所放出来的辐射能量很小且波长在可见光范围之外，故看起来是黑色。在黑体的光谱中，高温引起高频率即短波长，故高温的黑体总是向光谱结尾的蓝色区域靠近，而较低温的则靠近红色区域。因此，当温度高于 700K 时，黑体不再是黑色的，而会开始变为红色，且随着温度升高，分别出现橘色、黄色、白色等颜色。

物体在任何温度下所有各波长的辐射强度与绝对黑体相应波长的辐射强度比值不变，这种物体称为灰体，又称"消色体"，一般指具有黑色、白色，或介于黑白之间不同深浅的灰色的物体。灰体是不具有选择性吸收和反射的物体，对可见光波段的吸收和反射在各波长段为一常数。

2. 吸收率、反射率和透射率

一般投射到物体表面上的辐射又被分解为吸收辐射、反射辐射和透射辐射。这三部分各自与入射辐射的比，就是吸收率 α_λ、反射率 ρ_f 和透射率 τ_s。为研究辐射特性提出以下理想辐射模型：

$$黑体：\alpha_\lambda=1，\rho_f=0，\tau_s=0$$
$$白体：\alpha_\lambda=0，\rho_f=1，\tau_s=0$$
$$透明体：\alpha_\lambda=0，\rho_f=0，\tau_s=1$$

自然界和工程应用中，虽然没有理想的黑体、白体和透明体，但存在和它们很相像的物体。例如，煤炭的吸收率达到 0.96，磨光的金子反射率几乎等于 0.98，常温下空气对热射线呈现透明的性质。

（二）经典的辐射定律

1. 选择吸收定律

选择吸收定律又称基尔霍夫（Kirchhoff）热辐射定律，是德国物理学家古斯塔夫·基尔霍夫（Gustav Kirchhoff）于 1859 年提出的。自然界一切物体对辐射的吸收和发射都具有选择性。在给定的温度下，任何物体的发射率 ε_λ 和吸收率 α_λ 的比值等于某个仅由波长和温度决定的普适函数 $K_v(T)$，它对任何物体都是一个常数，并等于该温度下黑体对应的发射率，这就是基尔霍夫定律。表示为

$$\varepsilon_\lambda/\alpha_\lambda = K_v(T) = \varepsilon_\lambda(黑体) \tag{2-1}$$

这个定律的含义是，好的吸收体也是好的发射体。根据基尔霍夫定律，给定温度下，任何地物的发射率，在数值上等于该温度下的吸收率。对于不透明的物体来说，透过率为 0，则吸收率 $\alpha=1-\rho$，其中 ρ 为反射率。这表明好的发射体必然是弱的反射体。

2. 黑体辐射定律

黑体辐射定律又称斯忒藩-玻耳兹曼（Stefan-Boltzmann）定律。它描述黑体辐射能力（E_T）与其表面绝对温度（T_{as}）之间的关系，即辐射功率正比于温度的四次方。该定律由斯洛文尼亚物理学家约瑟夫·斯忒藩（Jožef Stefan）和奥地利物理学家路德维希·玻耳兹曼（Ludwig Boltzmann）分别于 1879 年和 1884 年各自独立提出。斯忒藩通过对实验数据的归纳总结来提出黑体辐射定律，玻耳兹曼则是从热力学理论出发，通过假设用光（电磁波辐射）代替气体作为热机的工作介质，最终推导出与斯忒藩相同的结论。公式表示为

$$E_T = \sigma_a T_{as}^4 = C_0 (T_{as}/100)^4 \tag{2-2}$$

式中：σ_a 为斯忒藩-玻耳兹曼常数，$\sigma_a = 5.669 \times 10^{-8} W/(m^2 \cdot K^4)$；$T_{as}$ 为黑体表面绝对温度，K；C_0 为黑体辐射系数，取 $5.669 W/(m^2 \cdot K^4)$。

3. 位移辐射定律

位移辐射定律又称维恩（Wien）位移定律，是德国物理学家威廉·维恩（Wilhelm Wien）于 1893 年通过对实验数据的经验总结所提出的。它说明物体辐射能力不仅决定于它的表面温度，还与辐射波长有关。同一物体在不同温度下，辐射波长是不同的。黑体辐射能力最大值所对应的波长与辐射体的绝对温度成反比，当温度升高时，辐射波长就要向短波方面移动。

在一定温度下，绝对黑体的温度与辐射能力峰值对应的波长 λ 的乘积为一常数，即
$$\lambda_{\max} T_{as} = B_k \tag{2-3}$$
式中：B_k 为维恩常量，$B_k = 0.002897 \text{m} \cdot \text{K}$。

不同波长范围的电磁波谱参见图 2-1。太阳、大气及地球辐射的波长范围基本上在 $0.1 \sim 120 \mu \text{m}$，即紫外线、可见光和红外线区间。红外线是波长介于微波与可见光之间的电磁波，波长在 760nm～1mm。可见光的波长范围在 770～350nm。波长不同的电磁波，引起人眼的颜色感觉不同。770～622nm，人眼感觉为红色；622～597nm，人眼感觉为橙色；597～577nm，人眼感觉为黄色；577～492nm，人眼感觉为绿色；492～455nm，人眼感觉为蓝靛色；455～350nm，人眼感觉为紫色。

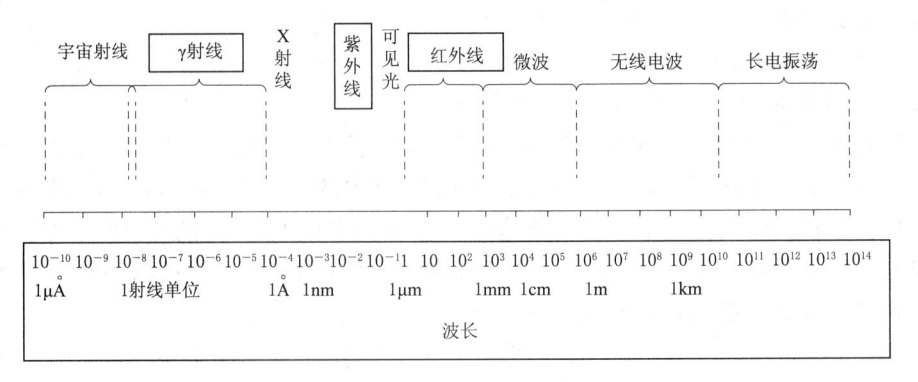

图 2-1 不同波长范围的电磁波谱

【例 2-1】 试分别计算温度为 2000K（常见物体）和 5800K（太阳）的黑体的最大光谱辐射力所对应的波长。

[解] 应用位移辐射定律，有

$T = 2000 \text{K}$ 时，$\lambda_{\max} = 0.002897/2000 = 1.45 (\mu \text{m})$

$T = 5800 \text{K}$ 时，$\lambda_{\max} = 0.002897/5800 = 0.50 (\mu \text{m})$

可知常见物体最大辐射力对应的波长在红外线区，太阳辐射最大辐射力对应的波长在可见光区。

4. 普朗克定律

普朗克黑体辐射定律，简称普朗克定律，描述在任意温度 T 下，从一个黑体中发射出的电磁辐射的辐射率与频率（波长）之间的关系。黑体辐射定律是普朗克在 1900 年提出，1901 年发表的，其目的是改进由威廉·维恩提出的维恩定律。其中辐射率指在单位时间内从单位面积和单位立体角内以单位频率间隔或单位波长间隔辐射出的能量。普朗克定律的公式表示为

$$u_\lambda(\lambda, T_{as}) = \frac{8\pi h_1 c}{\lambda^5} \frac{1}{e^{\frac{h_1 c}{\lambda k T_{as}}} - 1} \tag{2-4}$$

式中：$u_\lambda(\lambda, T_{as})$ 为单位频率在单位体积内的能量谱密度，$\text{J}/(\text{m}^3 \cdot \text{Hz})$；$T_{as}$ 为黑体表面绝对温度，K；h_1 为普朗克常数，$h_1 = 6.62607015 \times 10^{-34} \text{J} \cdot \text{s}$；$c$ 为光速，$c = 299792458 \text{m/s}$；k 为玻耳兹曼常数，$k = 1.380649 \times 10^{-23} \text{J/K}$。

根据普朗克定律估算不同温度下的能量谱密度随波长变化曲线,如图2-2所示。在该图上可找到能量谱密度最大时的波长。

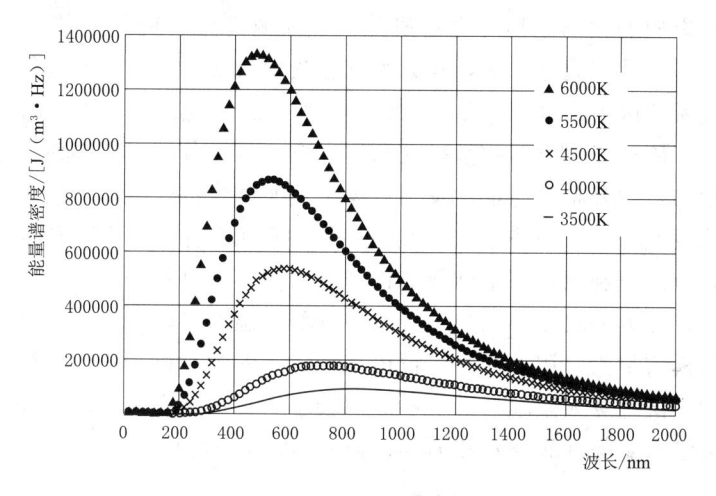

图2-2 不同温度下的能量谱密度随波长变化曲线

二、太阳辐射

太阳的中心时刻都在发生着氢核聚变,聚变产生的能量不断向外辐射到达太阳表面,表面温度约为6000℃,其内部温度则高达2000万℃。太阳以电磁波的形式向外传递能量,向宇宙空间发射的电磁波和粒子流,称为太阳辐射。太阳辐射包括4种:①太阳光辐射,即太阳大气发射出来的连续光谱,是由不同波长组成的一条连续光带;②太阳热辐射,即太阳发射光辐射的同时,也向地球辐射热量;③太阳射电辐射,是太阳电磁波辐射中的无线电部分;④太阳微粒流辐射,是太阳发射许多不同种类不同性质的微粒。太阳辐射所传递的能量,称太阳辐射能。影响太阳辐射能的变化主要是太阳的光辐射和热辐射。

在日地间平均距离条件下(大约15000万km),地球大气上界与太阳光线垂直的每平方厘米面积上,每分钟所接收到的太阳辐射能(太阳辐射通量),称为太阳常数[约1357W/m²]。一年中,整个地球可以从太阳获得1.046×10^{19}J的热量,这是地球的能源,也是大气运动和天气变化的原始动力。

到达地球的辐射总量包括太阳直接辐射和天空散射辐射两部分,通常称为太阳总辐射。太阳直接辐射是通过大气圈直接到达地面的太阳辐射量;天空散射辐射是由大气中的空气分子、水汽、浮悬杂质所散射的太阳辐射量。总辐射可以用仪器直接观测,但是目前在我国太阳辐射的观测站分布非常稀疏,全国不到100个,远不能满足地方的开发利用和研究分析需要。因此,研究中一般借助现有观测站的日照数据,建立统计关系,再推求太阳总辐射。

计算太阳总辐射的经验公式表达为

$$Q_s = Q_0 f(a,b) \varphi(x) \tag{2-5}$$

式中:Q_s为实际条件下的太阳总辐射;$f(a,b)$为大气透明状况对太阳总辐射的减弱函数;$\varphi(x)$为天空遮蔽程度的减弱函数;Q_0为计算太阳总辐射的基础值。

Q_0 的选取有三种途径，具体为：①天文总辐射，研究地点大气上界单位水平面上单位时间内的辐射强度，即未受大气影响的太阳辐射。②晴天总辐射，表征只受大气透明度影响而未受云层影响的太阳辐射。它是研究地点实测总辐射的最大值。③理想大气总辐射，又称干法大气。就其成分而言，除无水汽和灰尘杂质外，与实际大气并无区别，理想大气中使日射衰减的因子是臭氧（O_3）、氧（O_2）和二氧化碳（CO_2）的选择吸收以及空气分子的散射。利用这三种类型的基础数据作为自变量，分别与总辐射建立回归方程，其系数项和常数项的空间分布的稳定性及相对误差均非常接近。原因可能是这三类基础数据的月总量在各纬度上的分布趋势基本一致。3 种不同的基础数据计算出的总辐射空间分布趋势基本相同，所以，利用任一基础数据计算总辐射都是可行的。

太阳辐射的计算方法较多，如基于云量、日照、温度等计算方法，其中以基于日照时数和温度的经验模型最为常用。此外，也可基于卫星图像、机器学习、随机天气模型和经验模型等不同的方法计算太阳辐射。一些应用较多的日尺度太阳总辐射经验计算公式见表 2-1，该表参考张青雯等（2018）和 Besharat et al.（2013）整理。

表 2-1　　　　　　　　　　日尺度太阳总辐射经验计算公式

文　献	表　达　式
Prescott（1940）	$H_r = [0.25 + 0.5(n_s/N_s)]H_0$
Glover and McCulloch（1958）	$H_r = [0.29\cos\varphi_1 + 0.52(n_s/N_s)]H_0$
Ögelman et al.（1984）	$H_r = [0.195 + 0.676(n_s/N_s) - 0.142(n_s/N_s)^2]H_0$
Bahel et al.（1987）	$H_r = [0.16 + 0.87(n_s/N_s) - 0.61(n_s/N_s)^2 + 0.34(n_s/N_s)^3]H_0$
Louche et al.（1991）	$H_r = \{0.206 + 0.546[n_s(0.8706/N_s + 0.0003)]\}H_0$
Almorox and Hontoria（2004）	$H_r = [a + b\exp(n_s/N_s)]H_0$
Hargreaves and Samani（1982）	$H_r = [0.16(T_{max} - T_{min})^{0.5}]H_0$
Annandale et al.（2002）	$H_r = [0.15(1 + 2.7 \times 10^{-5}Z)(T_{max} - T_{min})^{0.5}]H_0$
Bristow and Campbell（1984）	$H_r = 0.7[1 - \exp[-b(T_{max} - T_{min})^{2.4}]]H_0$
Swartman and Ogunlade（1967）	$H_r = [a + b(n_s/N_s) + cRH]H_0$
Abdalla（1994）	$H_r = [a + b(n_s/N_s) + cRH + d_rT_{ave}]H_0$

注　H_r 为地表接收的太阳总辐射，MJ/(m²·d)；H_0 为地外总辐射，MJ/(m²·d)；n_s 为实际日照时数，h；N_s 为最大可能日照时数，h；T_{max} 为最高气温，℃；T_{min} 为最低气温，℃；T_{ave} 为平均气温，℃；RH 为相对湿度，%；φ_1 为纬度，(°)；Z 为高程，km；d_r 为日地间相对距离的倒数；a 和 b 为经验系数，布里斯托-坎贝尔（Bristow-Campbell）公式中，参数 b 的范围为 0.004~0.01。

总辐射计算中的其他变量计算公式如下：

$$d_r = 1 + 0.033\cos(2\pi \times S_r/365) \quad (2-6)$$

$$\delta = 0.409\sin(2\pi \times S_r/365 - 1.39) \quad (2-7)$$

$$\omega_s = \arccos(-\tan\varphi_1\tan\delta) \quad (2-8)$$

$$N_s = 24\omega_s/\pi \quad (2-9)$$

$$R_a = (24 \times 60/\pi)G_{sc}d_r(\omega_s\sin\varphi_1\sin\delta + \cos\varphi_1\cos\delta\sin\omega_s) \quad (2-10)$$

式中：S_r 为儒略日；δ 为太阳磁偏角，rad；ω_s 为太阳时角，rad；R_a 为天顶辐射，MJ/

($m^2 \cdot min$);G_{sc} 为太阳常数,取 $0.082MJ/(m^2 \cdot min)$。

三、地球-大气系统辐射和热量平衡

(一)地球与大气辐射

1. 大气辐射与大气逆辐射

大气通过吸收太阳辐射和地面辐射而获得热量,同时又以辐射的形式向四周放射能量,大气这种向外放射能量的方式,称为大气辐射。大气辐射既有向上进入太空的,也有向下到达地面的。大气辐射中向下的那一部分辐射刚好与地面辐射方向相反,故称大气逆辐射。大气的吸收作用具有选择性,大气中的水汽和 CO_2 能够强烈吸收波长较长的红外线,因太阳向地球放射短波辐射,地面受热后向外放射的长波辐射是处于红外线波段的,故大气主要吸收的是地面的长波辐射而不是太阳的短波辐射。有75%~95%的地面长波辐射被大气中的水汽、CO_2 和 O_3 所吸收,其中水汽吸收最多,从而提高了大气温度。因此,逆辐射实际上就是空中云层、水汽和 CO_2 等吸收了地面辐射,增高气温后产生的,故逆辐射与云量的关系极为密切,碧空与阴天的辐射截然不同。

2. 地面辐射强度与地面有效辐射

地球、大气也同太阳一样不断地向外界放射能量。根据斯忒藩-玻耳兹曼定律和维恩定律,太阳辐射的波长为 $0.3\sim3.0\mu m$,因此太阳辐射称为短波辐射。而地表面和大气层的平均温度为 $200\sim300K$,在这样的温度下,地球和大气辐射的波长主要在 $3\sim120\mu m$ 范围内,因此地面和大气辐射称为长波辐射。短波辐射具有光效应,长波辐射则全部为热效应。

由于地面辐射是长波辐射,当其通过大气层时,主要表现为被大气吸收。地面不是理想黑体,而是灰体。将斯忒藩-玻耳兹曼定律应用到地面上,应乘以系数 δ_a,即

$$E_k = \delta_a \sigma_a T_s^4 \tag{2-11}$$

式中:E_k 为地面辐射强度,$MJ/(m^2 \cdot d)$;δ_a 为地面相对辐射强度,$MJ/(m^2 \cdot d)$;T_s 为地表温度,℃。

绝对黑体辐射通常高于大气上界的太阳辐射,而这两者又高于地球表面接收到的太阳辐射(图2-3)。到达大气上界的太阳辐射不仅与太阳活动的剧烈程度有一定的关系,还与辐射角(即辐射方向与大气上层的切线所形成的角度)有关。大气对太阳辐射的吸收、

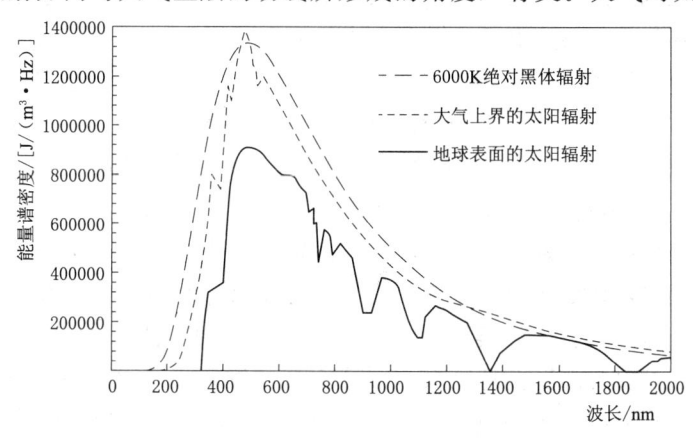

图 2-3 地球表面接收的太阳辐射

反射、散射作用，大大削弱了到达地面的太阳辐射，云层的厚薄、大气污染程度以及大气密度都会影响大气透明度，进而影响到达地面的太阳辐射的多少。此外，尚有诸多因素影响太阳辐射的强弱，使到达不同地区太阳辐射的量不同，如纬度位置、天气状况、海拔高低和日照长短等。

地面状况不同，δ_a 值各不相同，见表 2-2。其中浅草 δ_a 最小，雪面 δ_a 最大。辐射率大的，吸收率也大。对太阳短波辐射来说，雪面反射作用固然最强，但对红外辐射或长波辐射，雪面又是好的吸收体，可近似为黑体。

表 2-2　　　　　　　　　不同地面状况下的相对辐射强度

地面状况	黑土	黄黏土	浅草	麦地	砂土	石灰石	砂砾	雪	海水
δ_a	0.87	0.85	0.84	0.93	0.89	0.91	0.91	0.995	0.96

大气对地面起着保温作用，地面和大气之间以长波辐射的方式进行着热量的交换。地面通过长波辐射的交换而实际损失的热量为地面有效辐射，即地面辐射和地面所吸收的大气逆辐射（G_d）之差

$$F_k = E_k - G_d \tag{2-12}$$

一般情况下，地面温度高于大气温度，所以地面辐射要比大气逆辐射强，即 $E_k - G_d > 0$，其值一般为 $0.1 \sim 0.3 \text{J}/(\text{cm} \cdot \text{min})$。所有影响地面辐射和大气逆辐射强度的因子均能影响地面有效辐射。有效辐射不仅对促进植物生长作用很大，而且是预报霜、霜冻、最低温度的主要依据。例如采用人造烟幕（人工熏烟）防御霜冻的依据是，烟幕能吸收地面长波辐射，并向地面辐射热量，减少地面热量净支出量，从而减缓温度下降速度。

（二）辐射平衡

1. 地面辐射

地球-大气系统吸收与放出（收支）的辐射能的差额称为辐射差额（B_{DQ}）。差额为正时，物体有热量盈余，温度将升高；反之，则温度降低；若收支相等，则称为辐射平衡。地球-大气系统的辐射收入部分是地面和大气吸收的太阳辐射，支出部分为辐射到宇宙空间去的地面和大气的长波辐射。地表辐射平衡是气候形成的主要因子，它在很大程度上决定着土壤上层和近地面层的温度分布，对人类活动、植物生长，以及在计算蒸发速率、冰雪消融、冻土、辐射雾、霜冻和低温等问题上均有重要意义。

地面辐射平衡方程为

$$B_r = (Q_d + q_c)(1 - a_0) - F_k \tag{2-13}$$

式中：B_r 为地面辐射差额，$\text{MJ}/(\text{m}^2 \cdot \text{d})$；$Q_d$ 为太阳直接辐射，$\text{MJ}/(\text{m}^2 \cdot \text{d})$；$q_c$ 为散射辐射，$\text{MJ}/(\text{m}^2 \cdot \text{d})$；$a_0$ 为地面对太阳辐射的总反射率；F_k 为地面有效辐射，$\text{MJ}/(\text{m}^2 \cdot \text{d})$。

就地面辐射平衡而言，地面通过吸收太阳总辐射而获得热量，同时又以放射方式失去热量。在一定时期内，地面吸收的太阳总辐射与有效辐射的差值，又称地面辐射差额或地面净辐射。全球地球-大气系统的辐射差额，随季节、纬度、地面状况、云量和大气成分等因素而变化，其主要与纬度高低有关，总体由低纬度向高纬度地区递减。距赤道越远，太阳高度角越小，获得的太阳辐射越少。平均而言，在地球的两极和高纬度地区的太阳辐射差额为负值，而赤道和热带地区为正值。这样的分布，决定了地球温度场和大气环流最

基本的特征。其正值表示系统（或物体）的辐射能量有盈余，负值则表示辐射能量有亏欠。一般情况下，沙漠区域因降水少、晴天多、吸收太阳辐射强、地面辐射也强且植被覆盖少、地面反射率高，使得大部分辐射射入宇宙空间，年辐射差额往往呈负值。

2. 地球-大气系统辐射平衡

地球-大气系统辐射平衡方程为

$$B_{DQ}=(Q_d+q_c)(1-a_0)+Q_a-F_{DQ} \quad (2-14)$$

式中：B_{DQ} 为地气系统辐射差额，$MJ/(m^2 \cdot d)$；Q_a 为大气吸收的太阳辐射，$MJ/(m^2 \cdot d)$；F_{DQ} 为地气系统放出的长波辐射，$MJ/(m^2 \cdot d)$；其他符号意义同前。

地球-大气系统中长、短波和吸收、散射等各种大气过程在大气及地球热量平衡中的作用如图2-4所示。

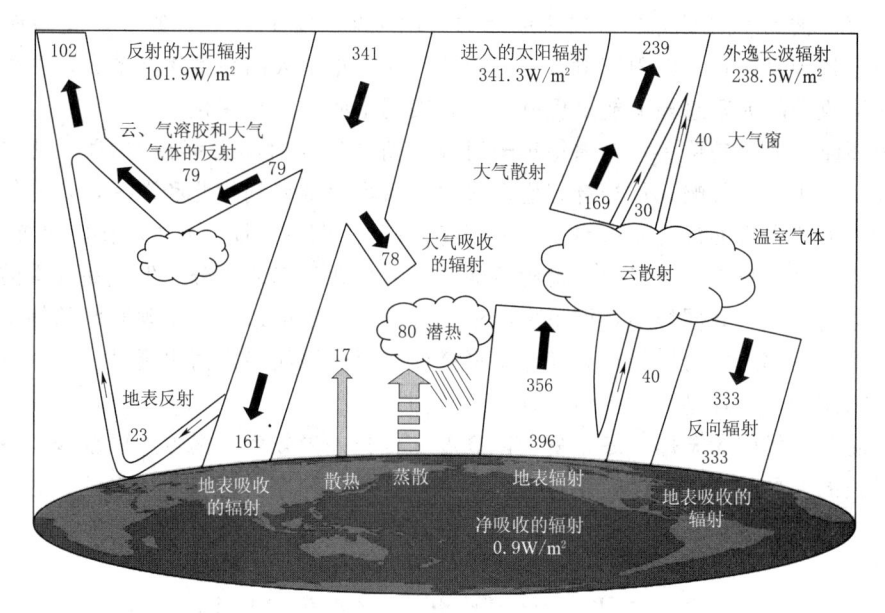

图2-4 地球-大气系统的热量平衡（Trenberth et al.，2009）

四、我国太阳辐射的分区和季节变化

（一）我国太阳总辐射的分区

根据太阳总辐射年值的范围，将全国分为四个区：

（1）丰富区。太阳总辐射在 $17 \times 10^5 \ W \cdot h/(m^2 \cdot a)$ 以上的地区，大致包括青藏高原、西北大部和内蒙古的中西部。这些地区全年中最大和最小可利用日数的比值较小，年变化较稳定，是太阳能资源利用条件最佳的地区，此外，在海南和台湾的西端也有一小部分区域为辐射资源丰富区。

（2）较丰富区。太阳总辐射为 $15 \times 10^5 \sim 17 \times 10^5 \ W \cdot h/(m^2 \cdot a)$ 的地区，包括新疆的北部、东北西部、内蒙古东部、华北大部、四川西部至横断山脉的一部分、广州沿海部分以及台湾和海南的大部。该区太阳能资源仅次于丰富区，所利用时数的年变化比较稳定，但在横断山脉及广东沿海地区最大与最小可利用日数的比值大于2.0，所以季节性变化明显。

(3) 可利用区。太阳总辐射为 $12\times10^5 \sim 15\times10^5$ W·h/(m^2·a) 的地区，包括淮河流域、长江下游、东南沿海和两广大部，该区月际最大与最小可利用日数的比值均大于 2.0，一年中可利用日数有明显的变化。

(4) 贫乏区。太阳总辐射在 12×10^5 W·h/(m^2·a) 以下的地区，此区是我国太阳辐射资源最小的地区，包括云贵川的大部以及鄂西和湘西等。一般认为，在1天内有6h以上的日照时间则这一天是可供太阳能利用的，否则就没有多大的利用价值。如重庆冬季日照时数大于6h的天数仅1~2天，夏季7月、8月日照时数大于6h的天数为18天左右，其余月份均小于9天。

（二）我国太阳总辐射的季节变化

太阳辐射的强弱主要受正午太阳高度的影响。正午太阳高度角越大，太阳辐射经过大气的路程短，被大气削弱得少，到达地面的太阳辐射就多；反之，则少。我国地处北半球，从冬至日到夏至日，太阳直射点一直向北移动，正午太阳高度逐渐增大，白昼时间不断加长，接收到的太阳总辐射能量也就更多，表现出明显的年变化。

冬季环流特征比较单一，全国每年辐射最小值的出现时间大都在12月，夏季受到东南季风和西南季风的影响，从初夏到盛夏多雨带由华南推移到华北和东北，致使每年各地区总辐射最大值出现的月份不一致。华南出现在前汛期（5月、6月）和后汛期（8月）双峰之间的7月，长江流域发生在梅雨后的7月，华北和东北则分别发生在雨季前的5月和6月。但它们也有共同规律，即呈现出东部各地区总辐射最大值出现时间随纬度增高而提前的规律。西部地区恰恰相反，随纬度增高而推迟，昆明最大值出现月份是4月，拉萨为5月，西宁为6月，乌鲁木齐为7月。

我国北部气候较为干燥，冬、夏太阳高度和昼长差异较大。南方气候湿润，各季太阳高度和昼长的差异较小。所以，总辐射的年变幅是从低纬度向高纬度增大的。这种变化表明，我国南部总辐射量年内分配比较均衡，而北部则主要集中于夏季。

第二节 农业水文气象过程

农业水文气象过程有降水、径流、蒸散发、壤中流、地下水等。相应的农业水文气象要素包括降水量、径流量、土壤储水量、地下水（水位和水量）、蒸散发量、气温和地温等。各农业水文气象要素还有具体的时间和空间尺度。

一、降水

降水是指空气中的水汽冷凝并降落到地表的现象，它包括两部分：一部分是大气中水汽直接在地面或地物表面及低空的凝结物，如霜、露、雾和雾凇，又称水平降水；另一部分是由空中降落到地面上的水汽凝结物，如雨、雪、霰雹和雨凇等，又称垂直降水。

按照成因，降雨可分为地形雨、对流雨、锋面雨、台风雨和气旋雨。其中暖湿气流在前进过程中遇到地形的阻碍，被迫抬升，绝热冷却，水汽凝结成云，在一定条件下形成降雨，称为地形雨。对流雨是指近地面气层强烈受热造成不稳定的对流运动，湿热气块强烈上升，变冷凝结而形成的降雨，也就是热力对流运动强烈而形成的降雨。对流雨时常出现于热带或温带的夏季午后，以热带赤道地区最为常见。对流性降雨是长江中下游地区常见的极端天气现象。锋面雨是两种性质不同的气流相遇，在锋面上，暖湿气流被抬升到冷干气流上面去，在抬升过程中，空气中的水汽冷却凝结而形成降雨。锋面雨主要产生在雨层云中，在锋面云系中雨层云最厚，其上部为冰晶，下部为水滴，中部常冰水共存，能很快引起冲并作用。因为云的厚度大，云滴在冲并过程中经过的路程长，有利于云滴增大，雨层云的底部离地面近，雨滴在下降过程中不易被蒸发，有利于形成降雨。雨层越厚，云底距离地面越近，降雨就越强。我国降雨主要类型为锋面雨。气旋雨是指气旋或低压过境带来的降雨，它是我国各季降雨的重要天气系统之一，分为非锋面雨和锋面雨两种，前者由于气旋向低压区辐合引起气流上升，使其中所含水汽冷却凝结所致，后者又称"锋面气旋雨"，是由锋面上气旋波所产生的。气旋波是低层大气中的一种锋面波动。气旋波发生在温带地区，称温带气旋波，气旋波发展到一定的深度就形成气旋。台风雨是气旋雨的一种。台风是形成于热带洋面上强大的气旋性涡旋。台风内部上升气流强烈，从而把大量水汽、热量输送到高空，形成高大的积雨云墙，产生大量降雨，称为台风雨。

按降水的性质分为连续性降水、间歇性降水、阵性降水及毛毛状降水。按日降水量的多少或降水强度，分为小雨、中雨、大雨、暴雨、大暴雨、特大暴雨、小雪、中雪和大雪等。基于降水强度划分的降水类型标准见表 2-3。

表 2-3　　　　　　　　基于降水强度划分的不同降水类型

降水等级	小雨	中雨	大雨	暴雨	大暴雨	特大暴雨
日降水量/(mm/d)	0.1～10	10.1～25	25.1～50	50.1～100	100.1～200	>200
降水等级	小雪	中雪	大雪			
日降水量/(mm/d)	<2.4	2.5～5.0	>5.0			

中国地处亚洲东部太平洋西海岸，位于东经 $73°33'$～$135°05'$ 和北纬 $3°51'$～$53°33'$，土地面积约为 965.9 万 km^2，地势西高东低，呈三级阶梯式分布。受季风气候和复杂地形影响显著，降水量时空分布不均，呈明显的东多西少、夏多冬少趋势。由于季节性降水和区域性降水存在典型差异，中国被划分为 7 个分区，编号依次为Ⅰ～Ⅶ，对应西北荒漠地区、内蒙古草原地区、青藏高原地区、东北湿润半湿润温带地区、华北湿润半湿润温带地区、华中华南湿润亚热带地区和华南湿润热带地区等，不同分区的气候特征依次为中温带干旱气候、中温带半干旱气候、高原亚寒带半干旱气候、中温带半湿润气候、暖温带半湿润气候、北亚热带湿润气候和热带湿润气候。每个分区的气候特征和年均降水信息见表 2-4。

表 2-4　　　　　　　中国 7 个分区的气候特征、面积和年均降水

编号	分　　区	气候特征	面积/$10^6 km^2$	年均降水量/mm
Ⅰ	西北荒漠地区	中温带干旱气候	1.856	134
Ⅱ	内蒙古草原地区	中温带半干旱气候	0.803	307
Ⅲ	青藏高原地区	高原亚寒带半干旱气候	2.694	468
Ⅳ	东北湿润半湿润温带地区	中温带半湿润气候	0.934	593
Ⅴ	华北湿润半湿润温带地区	暖温带半湿润气候	0.917	593

续表

编号	分 区	气候特征	面积 /$10^6 km^2$	年均降水量 /mm
VI	华中华南湿润亚热带地区	北亚热带湿润气候	1.906	1293
VII	华南湿润热带地区	热带湿润气候	0.549	1600
	中国大陆	—	9.659	869

通常用年降水量来衡量一个地区降水的多少，一般来说年降水量在800mm以上的是湿润地区；年降水量在400~800mm的是半湿润地区；年降水量在200~400mm的是半干旱地区；年降水量在200mm以下的是干旱地区。我国年降水量的最高记录发生在台湾的火烧寮，年平均降水量达6558.7mm，最多的一年为1912年，创下年降水量8409mm的记录。年降水量最少的地方是吐鲁番盆地中的托克逊，年平均降水量仅5.9mm，年降水天数不足10天，有些年份更是滴水不见。

二、径流

径流是指降雨及冰雪融水或者灌溉水在重力作用下沿地表或地下流动的水流。径流形成是在流域中从降水到水流汇集于流域出口断面的整个物理过程，涉及降水在不同下垫面、不同介质中、沿不同方向的运行过程，由降水、流域蓄渗、坡地汇流和河网汇流等环节组成。在径流形成过程中，降水、蒸发以及土壤含水量存在时间和空间上分布的不均匀性，从而使产流和汇流在流域中的发展也具有不均匀性和不同步性。

径流流动方向大体上分垂向与侧向两类。在天然条件下，由于下垫面的复杂性和各种动态因素的随机特性，水分的垂向和侧向运行相互交错，难以截然分开，但某一阶段以一种运行机制为主。水分的垂向运行基本上反映了产流过程的主导机制，而侧向运行则大体上反映了汇流过程的基本机制。前者是后者的必要准备，而后者又是前者的继续和发展。

径流有不同的类型，按水流来源可分为降雨径流、融水径流及洪水径流；按流动方式可分为地表径流和地下径流，其中地表径流又分坡面流和河槽流。此外，还有水流因含有固体物质（泥沙）而形成的固体径流，含有化学溶解物质而构成的离子径流等。

习惯上把径流形成的全过程概化为产流过程和汇流过程两个阶段。流域产流是径流形成的第一环节。产流不只是一个产水的静态概念，而是一个具有时空变化的动态概念。包括产流面积在不同时刻的空间发展及产流强度随降雨过程的时程变化。产流又包括水量、产水、产沙和溶质输移的多相流的形成过程。产流的影响因素包括植被、土壤、坡度、土地利用状况及坡面面积和位置等。

径流研究所需资料由水文站、实验流域径流站、实验室或野外考察获得。主要通过观测、实验、分析和计算等方式进行研究。径流的计量值有流量、径流量、径流模数、模比系数、径流深和径流系数等。径流研究途径分为实验研究和数学物理途径两类。径流实验研究是在野外建立实验流域或径流实验场，在室内建立实验模型，对现象或径流影响要素进行观测、分析，找出其变化规律和相互关系。例如已建立的浙江省姜湾径流实验站、安徽省城西径流实验站和四川省峨眉径流实验站，美国的科威塔实验站和苏联的瓦尔代实验站等。数学物理途径是运用数学物理方法，对水文现象如土壤水运动、下渗、坡面水流、洪水波运行等进行理论描述和数学表达，须以实际观测资料为基础。

三、蒸散发

蒸散发包括土壤及水面水分蒸发、植被蒸腾、植被冠层截留降水蒸发和冰雪升华等，是水圈、大气圈、土壤圈和生物圈中水分和能量交换的主要过程。理解不同生态系统蒸散发过程和机理、多源观测误差和模拟误差、蒸散发量及其在地球陆表的时空分布，对了解气候变化和人类活动加剧背景下的水循环演变特征及其气候与资源环境效应和水资源优化管理具有重要意义。然而，人类对蒸散发的认识非常有限。1803年英国物理学、化学家道尔顿（John Dalton）首次提出了蒸发量是风速和水汽压的函数，其后100年间有关蒸散发的研究发展缓慢。

蒸散发相关的内容在第三章"农业水文物理"中详述。

四、壤中流

壤中流是在土壤表层或分层土层内的界面上侧向流动的水流，又称表层流，是径流的重要组成部分，对径流调节、水源涵养、泥沙迁移、养分流失以及流域水文循环计算都具有重要的作用。壤中流主要发生在不同层次土壤或有机质的不连续界面上。界面以下土层是透水性较差的相对不透水层。下渗水流在不连续界面上受阻积蓄，形成饱和带和侧向水力坡度时，产生壤中流。但壤中流的形成并不要求土壤水含量必须达到饱和，在未饱和带中也能产生壤中流。降水量或者土壤水含量越高，其壤中流产流量越高。在森林覆盖的流域、植被良好的山坡、与河沟紧连的坡脚和凹坡的坡底，在较厚且松疏的土层覆盖于不透水基岩的情况下，也易产生壤中流。在气候干旱的地区，例如黄土高原，不容易产生壤中流。包气带土层理化性质及结构的复杂性，造成了壤中流形成和运移的先决条件和影响因素极为复杂，影响因素主要有降雨特征（包括雨量、雨强和降雨过程）、土壤性质（包括土壤的结构与质地及分层状况、植物根系、土壤表层结皮及土壤初始含水量等）、植被因素（如植被的种类及其覆盖率等）和地形因素（如坡面坡度）；此外，土壤中的非毛管孔隙、动植物洞穴可促成壤中流的发展。

壤中流又与地表径流和地下径流存在一定联系，它们共同组成径流，是重要的水文循环要素；但壤中流与地下径流不同，壤中流具有较高的汇流速度，因其在多孔介质中流动而汇流速度要低于地表径流。在降雨形成径流的过程中，壤中流的集流过程相对缓慢，有时可持续数天、几周甚至更长时间。因此，当壤中流占一次径流总量较大比例时，径流过程会变得平缓。中国南方一些流域，壤中流占径流比例很大。例如，浙江省姜湾高坞溪小流域，壤中流有时占总径流量的85%以上。

五、地下水

地下水是指赋存于地面以下岩石空隙中的各种形式的重力水，狭义上是指地下水面以下饱和含水层中的水。地下水是水资源的重要组成部分，由于水量稳定、水质好，是农业灌溉、工矿和城市的重要水源之一。但在一定条件下，地下水的变化也会引起沼泽化、盐渍化、滑坡和地面沉降等灾害。依据地下水的赋存、分布状态分类和其特点，将全国地下水类型划分为平原-盆地地下水、黄土地区地下水、岩溶地区地下水和基岩山区地下水。

平原-盆地地下水主要赋存于松散沉积物和固结程度较低的岩层之中，一般水量比较丰富，具有重要开采价值。我国平原-盆地地下水可开采资源量1686.09亿 m^3/a，占全国地下水可开采资源总量的47.79%；其分布面积为273.89km^2，占全国评价区总面积的

28.86%；主要分布于各大平原、山间盆地、大型河谷平原和内陆盆地的山前平原和沙漠中，包括黄淮海平原、三江平原、松辽平原、江汉平原、塔里木盆地、准噶尔盆地、四川盆地，以及河西走廊、河套平原、关中盆地、长江三角洲、珠江三角洲、黄河三角洲、雷州半岛等地区。

黄土地区地下水是平原-盆地地下水的一种，主要赋存于黄土塬区，重点分布在陕西省北部、宁夏回族自治区南部、山西省西部和甘肃省东南部，即日月山以东、吕梁山以西、长城以南、秦岭以北的黄土高原地区。面积17.18万km^2，占全国总面积的1.81%；地下水可开采资源量97.44亿m^3/a，占全国地下水可开采资源总量的3.0%。

岩溶地区地下水主要赋存于石灰岩的溶洞裂隙中，在我国的分布面积约82.83万km^2，占全国总面积的8.73%；岩溶地下水可开采资源量870.02亿m^3/a，占全国地下水可开采资源总量的26.7%，开发利用价值非常大。北方岩溶区主要包括京津辽岩溶区、晋冀豫岩溶区、济徐淮岩溶区，分布于北京、山西、河北、河南、山东、江苏、安徽、辽宁、天津等地区。北方岩溶地下水具有集中分布的特点，往往形成大型、特大型水源地，成为城市与大型工矿企业供水的重要水源。南方岩溶区主要分布在西南岩溶石山地区，包括云南、贵州、广西的大部分地区和广东、湖南、湖北等地区。南方岩溶地下水主要赋存于地下暗河系统里，地下水补给充沛，但地下水地表水转化频繁，岩溶地下水难以很好地开发利用，往往形成"一场大雨遍地淹，十天无雨到处干"的特殊旱涝局面。

基岩山区地下水广泛分布于岩溶地区以外的其他山地、丘陵区，地下水赋存于岩浆岩、变质岩、碎屑岩和火山熔岩等岩石的裂隙中，是我国分布最广的一种地下水类型。其分布面积约574.98万km^2，占全国评价区总面积的60.60%；地下水可开采资源量971.67亿m^3/a，占全国地下水可开采资源总量的27.54%。基岩山区地下水只有在构造破碎带等局部地带富水性较好，大部分地区水量较贫乏，不适宜集中开采，但对山地丘陵区和高原地区的人畜用水有重要作用。

第三节　农业气候资源及其三要素

农业气候资源是指自然界提供农业生产获得产品的基本物质和能量，即太阳辐射、热量、水分、空气等气候因子的数量及其组合、分配特征。农业气候资源对植物的生长发育过程起重要的作用，同时也是农业生产重要的环境条件。农业气候资源具体指生长期（或无霜期）、气温、降水量、径流量、土壤水分储存量、日照时数等的数量、强度及其年际、季节的变化特点以及空气中CO_2的含量及其变化等。概括而言，农业气候资源有三要素，包括光能资源、热能资源和水分资源。

一、概述

气候是指一个地区大气的多年平均状况。气候要素包括气温、降水和光照等，其中降水是一个重要的要素。气候为农业生产提供了光、热、水、空气等能量和物质资源，各地气候条件的差异必然反映在光、热、水的供应和配合上。但农业稳产、高产受多方面因素的影响和制约，除与种植面积和农业政策有关外，还取决于品种、肥料、灌溉、农药、劳动力、机械及农业技术等。区域气候条件往往决定着该地区的农业类型、种植制度、生产潜力、布局结构、发展远景、农产品数量质量以及树种、牧草、牲畜和鱼类的分布等。

植物生长是指生物体在一定的生活条件下体积和重量逐渐增加、由小到大的过程。生长是发育的一个特征。发育是指作物发生形态、结构和功能上的质的变化。植物生长指在生命周期中，植物的细胞、组织和器官的数目、体积或干重的不可逆增加过程。植物发育指在生命周期中，生物的组织、器官或整体，在形态结构和功能上的有序变化过程。

二、光能资源

太阳辐射能是绿色植物通过光合作用制造有机物质的唯一能量来源，也是地球大气和地表一切物理过程和生理过程的主要能源。太阳光和热对农业生产起着重要作用。

（一）光合有效辐射

植物光合作用的光谱比短波辐射的整个波长区（$0.3\sim3\mu m$）狭窄得多，其中决定光合作用、色素合成、光周期现象和其他生理现象的光谱区称为辐射的生理有效区，或称为生理辐射。这段光谱称为光合有效辐射（photosynthetically active radiation，PAR），波长大体在 $0.38\sim0.71\mu m$，与可见光波长范围相近，在这个范围内，量子的能量能使叶绿素分子处于激发状态，并将能量消耗在处于还原形式的有机物上。太阳辐射穿过大气层时，由于受到太阳高度角、大气透明度、尘埃、CO_2 以及 O_3 成分的不同作用，光谱成分发生变化，总辐射中光合有效能量的比例也相应发生变化。光合有效辐射占太阳直接辐射的比例随太阳高度角增加而增加，最高可达 45%；但在散射辐射中，其比例可达 60%～70%，故多云天反而提高 PAR 的比例。光合有效辐射平均约占太阳总辐射的 50%。

（二）太阳光谱对植物的影响

光是植物生长所需的一个重要生态因子，影响植物的生长发育，刺激和支配植物组织和器官的分化，在某种程度上决定着植物器官的外部形态和内部结构，有形态建成的作用。太阳辐射由许多不同波长的光波组成，太阳辐射能随波长的分布称为太阳光谱。到达地面的太阳辐射包括紫外线（波长 $0.01\sim0.3\mu m$）、可见光（波长 $0.3\sim0.77\mu m$）和红外线（波长 $0.77\sim1000\mu m$）三部分。其中对植物的生命活动最重要的太阳光谱是可见光部分，但紫外线和红外线也有一定的意义。

可见光是绿色植物光合作用制造有机质的原料。叶绿素吸收最多的是红橙光，其次是蓝紫光，黄绿光最少。可见光中的蓝紫光和青光对植物生长及幼芽的形成有很大作用，这类光能抑制植物的伸长而使其形成矮而粗的形态；同时蓝紫光也是支配细胞分化最重要的光线；蓝紫光还能影响植物的向光性。可见光中的红光和不可见光中的红外线，都能促进种子或者孢子的萌发和茎的伸长。红光还可以促进 CO_2 的分解和叶绿素的形成。

紫外线对植物的形状、颜色和品质的优劣起重要作用。紫外线抑制植物体内某些生长激素的形成，从而抑制了茎的伸长；紫外线也能引起向光性的敏感，并与可见光中的蓝、紫和青光一样，促进花青素的形成。

红外线包括近红外线（波长 $780\sim3000nm$）和远红外线（波长 $3000\sim5000nm$）。近红外线的光对植物只产生热能，远红外线一到晚上很容易散失掉。在红外线照射下，可使果实的成熟度趋于一致。

（三）光照对植物的影响

光照时间和光照强度对植物有不同程度的影响。在自然条件下各种植物对光照持续时间或昼夜长短的反应不同。例如昼夜长短影响植物的开花、结果、休眠等一系列环节,植物对昼夜长短的这种反应,称为植物的光周期现象。这是植物内部节奏生物钟的一种表现,事实上是植物利用对光照时长的测量而控制植物生理反应的现象。根据植物的光周期现象将植物分为长日照植物、短日照植物和中性植物。长日照植物是指如果给予比临界暗期短的连续暗期的光周期,才能形成花芽的植物,且光照时间越长,开花越早,反之,花芽便不能形成,或花芽形成受到阻抑。临界暗期指在昼夜周期中能诱导植物开花所需的最短或最长的暗期长度。短日照植物是指给予比临界暗期长的连续黑暗下的光周期时,花芽才能形成或促进花芽形成的植物,在一定范围内,白昼光照时间越短,黑暗的时间越长,开花结实越快。禾本科植物中的小麦、大麦、黑麦和燕麦,豆科植物中的豌豆和蚕豆,油料作物中的油菜,纤维作物中的亚麻均属于长日照作物。禾本科作物中的水稻、玉米、高粱和粟,豆科植物中的菜豆,油料作物中的蓖麻、向日葵和芝麻,纤维作物中的棉花和大麻等均属于短日照作物。中性植物,如荞麦和黄瓜等对日照时间反应不敏感,不论在长或短的日照时间下都能正常的抽穗开花。

光照强度对植物光合作用和产量的形成起着十分重要的作用。一定范围内,随光照的增强,光合强度也增强,光照强度增加到一定程度时,光合强度不再增加,这时的光照强度称为光的饱和点。叶片只有处于光饱和点的光照强度下,才能发挥其最大的制造与积累干物质的能力。超过光的饱和点,光合作用强度不变甚至降低。低于光的饱和点,随着光照减弱,光合作用强度也减弱,当光合强度和呼吸强度达到相等时的光强值称为光的补偿点,此时光合产物与呼吸作用消耗的产物相等。植物若长期在光补偿点以下,植株将逐渐枯黄甚至死亡。根据植物对光照强度的要求,可分为喜光植物和耐阴植物。喜光植物如水稻、小麦和玉米等,水稻的光饱和点为 4 万～5 万 lx,小麦为 2 万～3 万 lx,玉米为 3 万～5 万 lx。云松、蕨类、茶叶等的光补偿点均低于 500lx,光饱和点约为 5000～10000lx,属耐阴植物。

此外,一般作物在强光下,株高降低、节间缩短、叶色浓绿、叶片小而厚、籽粒饱满、根系发达;而在弱光下作物节间较长、株高增加、根系发育不良、抗性降低。

(四) 光能利用率

光能利用率指投射到作物表层的太阳光能或光合有效辐射能被植物转化为化学能的比率,它是估算生产潜力的前提。生产潜力是在一系列最优条件(温度、水分、养分、土壤以及社会经济条件等)组合下,植物所能达到的生产力,是植物的理论生产力,它仅取决于植物的光能利用率。理论上光能利用率可达 10% 左右,而实际生产中只有 0.5%～1.0%,最高可达 2%。

提高植物光能利用率的基本问题是探明作物产量的内在生理及外在生态因素,以便能自由地调节和控制这些因素。其本质就是增加光合作用强度和总的光合量。所以提高光能利用率的基本途径就是改进个体和群体的光合生产,改善栽培措施和提高技术水平,具体包括:选择合理种植制度和种植方式;选育、推广优良品种;改善 CO_2、水分条件,增加光合能力等。

三、热能资源

太阳辐射是地面和大气热量的唯一源泉。白天地面得到太阳辐射后地面把辐射能转化为热能，以湍流的方式把热量输送到近地面空气中，提高了土壤和邻近的空气、地表温度，还有极小部分用于植物的光合作用。夜晚则相反，太阳辐射极低，土壤和空气释放热量，水汽因降温凝结释放出所含的潜热，释放的热再次转换成辐射能。白天太阳辐射到地面（主要是土壤表面）的热能约有57%传入土壤内层，约有43%传给空气（这里未计水面蒸发所用的热）。这两部分热能的大小一般用地面温度（地温）和空气温度（气温）两个物理量来表征。

农业生物生命活动的每一个过程，都必须在一定的温度下才能进行。对植物来说，有三种基本温度：生命温度、生长温度和发育温度。而每一温度都有三个基本点：最适温度、最高温度和最低温度。在最适温度范围内，生长活动最强烈；若在发育温度之外则发育会停止，但生长仍可维持；当气温在生长温度最低限值以下或最高限值以上时，则生长活动停止，但尚可维持生命；当气温达到或超过了生命温度的上限或下限，植物就会死亡，对应的温度又称致死温度。

植物开始发育的最低温度称为生物学最低温度，高于某个发育期或全部生长期的生物学最低温度的日平均温度，称为活动温度。活动温度减去生物学最低温度，称为有效温度。作物某个发育时期有效温度的总和，称为作物在该期内的有效积温。对农业生产具有指示或临界意义的温度称农业界限温度。稳定通过0℃、5℃、10℃、15℃和20℃等界限温度的初终日期、持续期及积温是常用的具有普遍农业意义的热量指标系统，对农业生产、规划作物布局起指导作用。具体来说，不同作物需要不同的积温量，积温在5000~6000℃可以种植副热带作物，积温在7000~8000℃可以种热带作物。

不同熟型的作物所需的≥10℃积温见表2-5。

表2-5　　　　　　　　不同熟型的作物所需≥10℃的积温　　　　　　　　单位：℃

作物	早熟型	中熟型	晚熟型
马铃薯	1000	1400	1800
冬小麦	—	1600~1700	—
谷子	1700~1800	2200~2400	2400~2600
大豆	—	2500	>2900
玉米	2100~2400	2500~2700	>3000
高粱	2200~2400	2500~2700	>2800
水稻	2400~2500	2800~3200	—
棉花	2500~2900	3400~3600	4000

四、水分资源

农作物生长除了要有充足的光、热资源，还必须有充足的水分保证，水是植物生长和发育所必需的基本因子。在干旱和半干旱地区，水资源是农牧业生产发展的制约因素。空气湿度、土壤水分和降水都能影响作物的生长发育。

空气湿度强烈制约着植物散发和土壤水分的蒸发。湿度小时，散发作用强，若根部吸收的水分供不应求，植物体内水分将失去平衡，引起植株凋萎，甚至干枯死亡。同时也会由于土壤蒸发和植物散发作用过强，土壤水分消耗过多而形成土壤干旱，影响作物生长。

在开花期，相对湿度过高或过低均会影响作物授粉而导致落花、落果或籽粒不实。过高的空气湿度还易导致病虫害。成熟期的作物需要干燥，干燥天气可促使作物早熟，产品质量提高。在收获期，空气干燥有利于收获的进行和农产品的储藏。植物有机体内发生的化学过程也受湿度的影响，例如炎热干燥的天气能增加种子内含碳物质的数量。

土壤水是植物吸收水分的主要来源（水培植物除外），植物体内的水分是植物通过根系从土壤中吸收的。大部分植物养分都是溶于水后随水移动运输到植物根系被吸收的。根系可以以质流、扩散或截获方式吸收植物养分，都在土壤溶液中进行。土壤水分的多少对作物产量有很大影响，这种影响因作物种类及品种而异。每种作物及品种都有它的最适土壤水分含量，当其他条件不变时，在最适土壤水分条件下产量最高。

土壤水主要来源于大气降水。大气降水能同时使近地大气层和土壤表面的热力条件发生改变（小气候效应），增加土壤根系活动层的湿度（土壤效应），使生物本身生理学特征发生改变（生理效应）。降水可大大改善植物组织的浸润程度，改变植物组织中水的成分，提高叶子内的自由水含量，从而导致同化作用的改善。

不同强度的降水，对植物生长的影响截然不同。适时适度的降水强度和雨量，对植物是有利的。对植物和土壤最为有利的是连续性的小雨或中雨，有利于土壤充分吸收和保持水分，入渗的雨水能带给土壤部分氮的化合物，利于植物生长。暴雨对土壤和植物有恶劣影响，因为暴雨会破坏土壤的团粒结构，使上层土壤发生板结和硬化，形成土壳，使土壤通气困难，对植物特别是出土的幼芽极为有害。同时暴雨使土壤来不及渗透而形成地表径流，造成土壤侵蚀，带走土壤中的养分；在风雨交加的天气下，还易使谷物倒伏。

阴雨连绵、光照不足、空气湿度过大、土壤积水过多等，对植物生长、开花、成熟和收获都不利。特别在成熟、收获期，往往造成籽粒发芽霉烂，产量和质量严重损失。

第四节　我国农业气候资源的特点

我国的农业气候资源总体上呈农业气候类型多样、夏温偏高、雨热同期和气候变率大的特点。

一、农业气候类型多样

我国幅员辽阔，东西宽约 5000km，南北相距约 5500km。境内有平原、丘陵、山区、水体、沙漠、高原等复杂地貌。由于太阳辐射、下垫面和大气环流不同，各地光照、温度、降水分布千差万别，形成了从寒冷到炎热、从干燥到湿润等不同气候类型的复杂组合，包括寒温带、中温带、暖温带、亚热带和热带。

我国东部地区大部分为季风区，面积约 442 万 km^2，也是我国的主要农业区。其中南岭以南处于南亚热带和热带气候带，具有全国最优越的水热资源，四季常青。东北大部分地区为中温带，冬季漫长而寒冷，夏季温和湿润，生长期较短，热量资源不充分，光热资源只能满足一年一熟作物的需求。秦岭—淮河以北的华北平原和黄土高原东部属暖温带，四季分明，光热资源较丰富，但降水年际变化大，旱涝灾害频繁；农业生产是两年三熟或一年两熟。南岭以北至秦岭、淮河以南属亚热带，雨量充沛，气候温暖，光热条件较好，农作物一般一年两熟或三熟。东部季风区的光热资源概况见表 2-6 等。

表 2-6　　　　　　　　　　　东部季风区光热资源统计

分区	年总辐射量/(kJ/cm²)	年总日照时数/h	≥10℃积温/℃	年无霜期/d
东北区	110~140	2400~3000	1500~3500	100~150
华北区	120~130	2400~3000	3500~4500	150~200
江淮流域	100~120	1600~2400	4500~5500	200~250
华南区	110~130	1800~2600	6500~8000	250~300

我国西北地区（主要指蒙甘新地区）太阳辐射能资源丰富，冬季严寒而漫长，夏季热量条件好，气候干燥。因地处内陆，四周多山，来自海洋上的水汽很少，降水稀少。大部分地区全年降水量不足250mm，其中新疆东部、甘肃西部不足30mm，为少雨中心；降水的季节分配也极不均匀，河西走廊、东疆以7月、8月多雨，夏季降水占全年降水的60%以上；降雪主要集中在12月至次年2月，北疆积雪达5个月，可补充雨水不足。西北地区日照时数长达2700~3400h，太阳总辐射120~170kcal/cm²，其中新疆的塔里木盆地、吐鲁番盆地和哈密盆地以及青海的柴达木盆地和内蒙古阿拉善盟属干旱暖温带，新疆的其他地区以及甘肃北部、宁夏、内蒙古等地为干旱中温带气候。天山以北和天山以南年平均气温分别在2~8℃和10~12℃，北疆月平均气温在0℃以下的时间有5个月（11月至次年3月），南疆有3个月（12月至次年2月）。西北地区草原面积广，是全国畜牧业基地，此外，因降水量少，灌溉农业又相对发达，如河套平原和宁夏平原又称"塞外江南"。新疆粮食作物以小麦、玉米、水稻为大宗，全疆大多数地区均可种植，播种面积占粮食作物总面积的90%以上；经济作物有棉花、油料、甜菜、麻类、烟叶、药材、蚕茧等。

青藏高原地区的土地面积约为256万km²，平均海拔在4000m以上，为东亚、东南亚和南亚许多大河流的发源地，如长江、黄河、怒江、澜沧江、雅鲁藏布江、恒河和印度河等。青藏高原上湖泊众多，有纳木错和青海湖等。青藏高原不仅有"世界屋脊"之称，而且有地球"第三极"之说，它是耸立在印度洋孟加拉湾北部大陆上的屏障。高原上地形复杂，属于高原大陆季风气候，是全国太阳辐射能最多的地区，一般在160kJ/cm²以上，最高达200kJ/cm²，差不多比我国东部地区多一倍。青藏高原光照资源丰富，年太阳总辐射量为5000~8500MJ/m²，多数地区在6500MJ/m²以上，只有东南部和东部少数地区在6500MJ/m²以下。全年日照时数在2200~3600h，年降水量从东南向西北，由900mm逐渐减少到50mm，雨季集中在4—9月。青藏高原太阳辐射能资源丰富，但热量资源明显不足。水分资源由藏东南向藏西北减少，各地悬殊。整个高原地区，从热带、亚热带、温带到寒带，各类气候均可见到。宜牧、宜林和宜农土地分别占总土地面积的53.9%、10.7%和0.9%，暂不宜利用的土地面积占34.5%。在藏区，青稞是主要的种植作物，栽培历史悠久，种植面积大，最多可达到80%以上，同时也是藏区人民的主要食物之一。

二、夏温偏高

我国夏季受巨大暖低压控制，炎热潮湿的热带空气随大陆低压前部和太平洋高压后部的偏南气流北上，使各地夏季气温比北半球同纬度地区高。除青藏高原、滇中高原及高海拔山区外,全国其余地区最热月平均气温都在 20℃ 以上,东部季风区除东北外几乎都超过 25℃,最高达 30℃ 以上。

由于夏季气温较同纬度地区偏高,因此我国境内玉米、水稻、大豆等一年生喜温作物的种植北界比世界其他地区向北推移。例如原产于热带高山地区的喜温作物玉米在我国可种到最热月气温高于 20℃、地处北纬 47°~49° 的黑龙江绥化、嫩江地区。东部地区夏温高和充沛降水相结合,使农业具有明显的气候优势,为喜温喜湿农作物增收增产提供了良好的自然条件,对我国粮食生产至关重要。

夏温高还有利于提高积温的有效性,因为积温本身包括温度强度和持续时间两个因素,有些地区总积温虽多,但夏季温度不高,限制了某些喜温作物的生长,在某种意义上,积温利用率反不如夏温较高的地区。例如,棉花要求最热月气温在 24℃ 以上,否则不能现蕾开花吐絮。昆明四季如春,≥10℃ 积温 4470.6℃,冬半年可种小麦、油菜、蚕豆等作物;但最热月气温只有 19.8℃,日平均气温大于 18℃ 的持续日数也不到 30 天,不能保证棉花正常成熟。同时,昆明夏温不足和秋季降温过早还限制了水稻的高产稳产。相反,石家庄 ≥10℃ 积温 4415℃,与昆明相近,但最热月气温为 26.6℃,年内有 5 个月的平均气温高于 20℃,喜温作物棉花、玉米生长良好。又如新疆准噶尔盆地的车排子、莫索湾 ≥10℃ 积温只有 3600℃ 左右,但棉花生产季内温度比同纬度其他地区高,最热月气温在 25℃ 以上,可种植陆地棉早熟品种,是我国棉花分布的最北界,配合地膜覆盖栽培技术棉花增产更显著。

夏温高与西北干旱地区气温日较差大和光照充足的优势相结合,更有助于提高温度的有效利用率。我国内蒙古西部、宁夏、河西走廊、新疆等干旱地区作物生长期内晴天多、辐射强、日照足,全年日照时数 3000h 以上,比华北地区多 300h 以上;气温日较差大,≥10℃ 期间平均日较差为 12~15℃,吐鲁番盆地达 15~18℃,而东部平原一般为 10~12℃。在这些因素的共同作用下,作物生长发育加快,干物质积累多,提高了温度利用率。在有灌溉的地方,作物产量高、品质好。因此,西北地区农作物生长所需积温比东部平原地区相对偏少,如华北平原 ≥10℃ 积温高于 3600℃ 才有可能在麦收后种特早熟玉米,≥10℃ 积温高于 4200℃ 的水分充足地区小麦收获后种早熟水稻仍时间紧张。

三、雨热同期

温度是农作物能否正常生长、发育和成熟的先决条件,水分则是生长发育和产量形成的保证条件。在一定的光照条件下,若热量、水分两者适时配合,便会相得益彰,有利于农业丰产。我国东部的大部分地区降水量随温度的升高而逐渐增多,至最热季节时降水量达到高峰期。入秋后温度下降,降水也随之减少。这种雨热大体同步升降的特点,为我国的农业生产提供了极为良好的气候条件,可使热量和水分在农作物的旺盛生长期内同时充分发挥作用,从而获得较多生物量。这是我国农业气候资源的一大明显优势,入夏后,光热充沛,降水适宜,有利于秋粮作物丰产丰收。

我国各地雨热同期的程度在各区域有所不同。图 2-5 对北京、上海、乌鲁木齐、拉萨、西安及广州在 1961—2020 年平均月降水和气温的变化规律进行了对比,首先,降水的月变化在 6—8 月存在峰值范围,但各地的月降水峰值大小各异,北京、上海、广州、乌鲁木齐、拉萨和西安的月降水峰值分别为 170.5mm、174.1mm、311.3mm、21.7mm、

第四节　我国农业气候资源的特点

115.2mm 和 92.2mm，发生在 6 月和 7 月。气温峰值基本与降水峰值同期，但拉萨稍提前，乌鲁木齐和广州稍滞后。气候湿润的地区如广州，年内 5 个月降水都超过了 187mm，月气温高于 13℃，冬季降水量大于 28mm。而干旱地区（乌鲁木齐），月降水最大值仅 21.7mm，且冬季降水量极低。

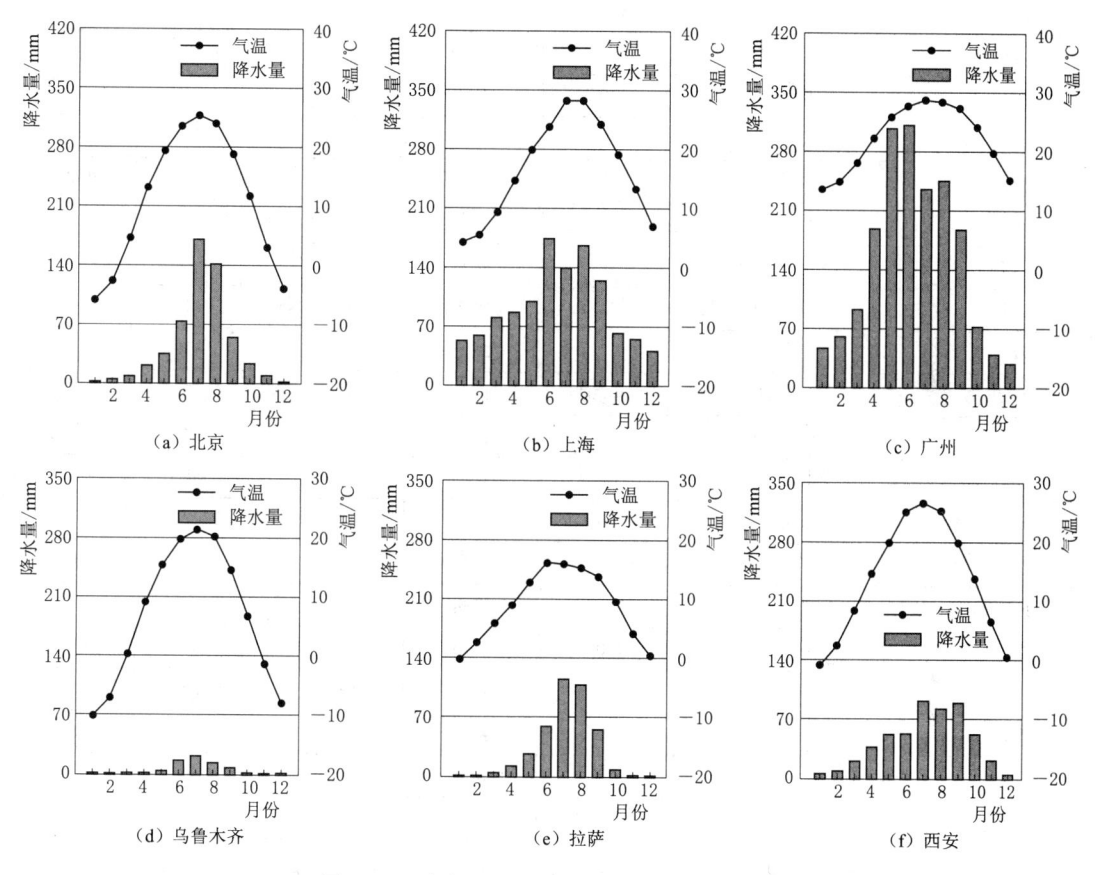

图 2-5　多年平均月降水和气温的变化规律

东北、华北地区雨热同季明显。4—9 月日平均温度≥10℃积温占全年的 80%~90%，夏季 6—8 月的≥10℃积温占全年的 50% 以上。同时，降雨多集中于夏半年（4—9 月），尤其是夏季（6—8 月）。4—9 月降水量占全年总降水量的 80%~90%，其中 6—8 月降水量占全年降水总量的 60% 以上。夏季以 7—8 月降水量为最多。

表 2-7 给出了我国 1961—2020 年期间多地 6—8 月≥10℃积温与降水量占全年总量的比值。西北、华北和东北的大部分地区 6—8 月≥10℃积温比和降水比偏高（>0.5），个别地区（大理）6—8 月≥10℃积温比接近 1，属偏寒冷地区。华南、西南和沿海地区 6—8 月≥10℃积温比和降水比则偏低（<0.4）。

我国不同地区雨热同期的表现及对农业的影响具有明显差异：①东北、华北大部分地区，在玉米、大豆、棉花等作物孕穗、灌浆或块根膨大等关键生长期及南温带苹果、梨、葡萄等水果果实增长期，对水分和热量要求较高。充沛的雨水配以较高温度，加之光照充

表 2-7 部分地区 6—8 月≥10℃积温与降水量占全年总量的比值（1961—2020 年）

地区	积温比	降水比	差值	地区	积温比	降水比	差值
北京	0.53	0.71	−0.18	银川	0.60	0.57	0.03
太原	0.56	0.59	−0.03	高台	0.52	0.58	−0.06
济南	0.49	0.66	−0.17	民丰	0.30	0.42	−0.12
合肥	0.47	0.44	0.03	海口	0.42	0.52	−0.10
杭州	0.45	0.37	0.08	安顺	0.37	0.54	−0.17
武汉	0.46	0.42	0.04	大理	0.99	0.58	0.44
南昌	0.43	0.36	0.07	清水河	0.81	0.59	0.22
南宁	0.33	0.49	−0.16	丁青	0.36	0.37	−0.01
通河	0.69	0.63	0.06	福州	0.69	0.68	0.01
龙江	0.67	0.73	−0.06	锡林浩特	0.52	0.41	0.11
双阳	0.64	0.66	−0.02	西安	0.58	0.47	0.11
鞍山	0.56	0.60	−0.04	长武	0.44	0.57	−0.13
邢台	0.50	0.64	−0.14	广元	0.44	0.56	−0.12
潍坊	0.52	0.63	−0.11	都江堰	0.55	0.58	−0.03
吐鲁番	0.51	0.45	0.06	九龙	0.45	0.42	0.03
阿克苏	0.53	0.55	−0.02	上海	0.49	0.58	−0.09
布尔津	0.64	0.35	0.29	徐州	0.47	0.48	−0.01
西宁	0.66	0.57	0.09	枣阳	0.78	0.51	0.27
广州	0.33	0.44	−0.11	乌鲁木齐	0.36	0.58	−0.22
民和	0.59	0.54	0.05	昆明	0.37	0.38	−0.01
宁德	0.44	0.41	0.03	呼和浩特	0.62	0.64	−0.02
郑州	0.49	0.52	−0.03	井冈山	0.60	0.57	0.03

足，对作物迅速生长十分有利。②南方各地雨热集中程度低于北方，但由于热量大、降水充沛、雨热同季时间较长，因此复种指数高，喜温作物种植面积大，农作物产量高，农业生产潜力大，为多熟种植以及各种亚热带经济林木生长提供了极有利的条件。③西南云贵高原纬度低、海拔高，温度、降水分布特点与东部地区有很大差别。中西部受西南季风影响，干湿季分明，湿季降水量占全年总降水量的 80%～90%；干季只占全年的 10%～15%，河谷地区仅占 5%～8%。干季后期温度接近全年最高值而降水为全年最低值，水分严重不足，特别是雨季开始晚的年份，春夏连旱十分严重。

雨热同期对农业的影响也有不利的方面，例如因降水集中，容易发生洪涝灾害，造成农业减产。以东北、华北地区为例，这些地区受季风气候不稳定性的影响，汛期降水年际变化较大，降雨过于集中会造成局地洪涝；雨水过少可能发生伏旱或伏秋旱，对玉米等秋作物生长不利。江南 4—6 月雨水多，并伴随低温寡照，引起早稻烂秧和僵苗不发；7—8 月又易出现伏旱、少雨、高温天气，使双季早稻发生高温逼熟，对中、晚稻也有不利影响。

四、农业气候变率大

降水和气温等气象要素的年际变化大是常见的一个气候特点（以武汉为例，见图2-6）。1961—2020年期间最高、最低和平均温度的变化具有相似性，但范围不同；降水的年最低值为730.4mm（1966年），而最大值为2012.5mm（2020年），降水的年际差异很大，干湿变化呈波动趋势，且在很大程度上具有随机性。

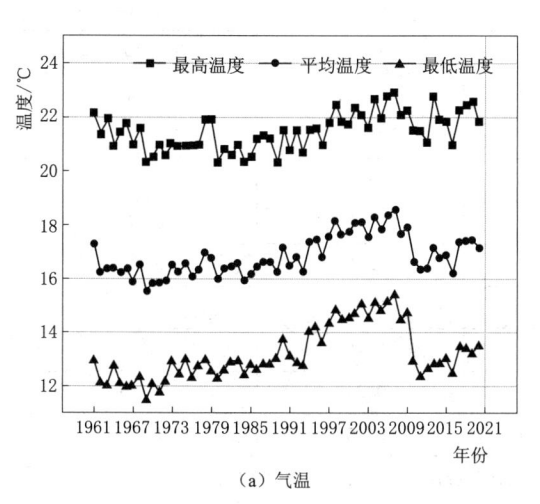

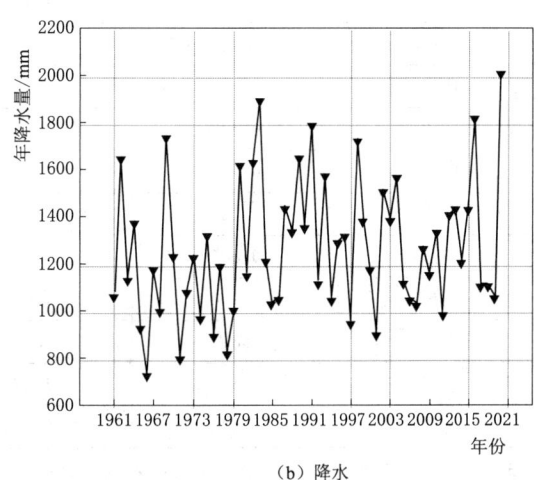

图2-6 1961—2020年期间武汉气温和降水的变化

我国各地年际气温和降水量的变率（均方差）差异也非常明显。表2-8中展示了26个不同站点1961—2020年间气候变率，最高温度、最低温度、平均温度和降水的变率分别为0.488~1.119℃、0.542~1.720℃、0.437~1.125℃及0.023~1.064 mm。干旱地区（如阿克苏）和湿润地区（如海口）气候变率为两个极端。

表2-8　　　　　　　不同站点气温和降水量的变率（1961—2020年）

站点	最高温度/℃	最低温度/℃	平均温度/℃	降水量/mm
北京	0.808	1.169	0.955	0.416
太原	0.856	0.963	0.828	0.310
济南	0.647	0.658	0.589	0.523
合肥	0.742	0.645	0.637	0.645
杭州	0.849	0.807	0.799	0.693
武汉	0.705	0.990	0.742	0.799
南昌	0.682	0.665	0.633	0.913
南宁	0.488	0.542	0.437	0.626
通河	0.824	0.968	0.790	0.348
龙江	0.832	1.293	0.911	0.342
双阳	0.852	0.968	0.834	0.377
鞍山	0.864	1.438	1.007	0.417

续表

站点	最高温度/℃	最低温度/℃	平均温度/℃	降水量/mm
邢台	0.627	1.314	0.816	0.472
潍坊	0.689	0.972	0.771	0.489
吐鲁番	0.754	1.720	1.125	0.023
阿克苏	0.720	1.169	0.906	0.100
布尔津	1.119	1.131	1.089	0.108
西宁	0.773	0.727	0.491	0.216
广州	0.592	0.579	0.522	1.062
民和	0.743	0.972	0.711	0.214
郑州	0.764	1.070	0.878	0.402
呼和浩特	0.800	1.270	0.958	0.330
银川	0.916	1.060	0.937	0.170
高台	0.811	0.792	0.781	0.090
民丰	0.671	1.277	0.842	0.076
海口	0.678	0.754	0.650	1.064

注 变率指变化的速度。气候变率指气候要素在平均值上下振荡的程度，即稳定性，此处用均方差表示。

我国各地年际气温和降水量的线性倾向率也因地理位置的差异而表现出明显的差异。表 2-9 展示了我国 26 个站点 1961—2020 年间气温和降水的线性倾向率。此处线性倾向率由线性方程的斜率乘以 10 得到。最高温度、最低温度、平均温度的线性倾向率均为正值，表明各地均有不同程度的增暖。降水的线性倾向率有正有负，部分地区接近于 0，表明干湿变化具有区域差异。

表 2-9　　不同站点气温和降水量的线性倾向率（1961—2020 年）

站点	最高温度/(℃/10a)	最低温度/(℃/10a)	平均温度/(℃/10a)	降水量/(mm/10a)
北京	0.274	0.579	0.446	−0.036
太原	0.343	0.466	0.390	−0.021
济南	0.165	0.242	0.162	0.011
合肥	0.254	0.218	0.232	0.088
杭州	0.363	0.393	0.381	0.139
武汉	0.212	0.328	0.251	0.093
南昌	0.235	0.305	0.270	0.132
南宁	0.043	0.066	0.055	−0.030
通河	0.150	0.399	0.263	0.013
龙江	0.183	0.608	0.343	0.042
双阳	0.217	0.409	0.291	0.044
鞍山	0.288	0.756	0.478	−0.004

续表

站点	最高温度 /(℃/10a)	最低温度 /(℃/10a)	平均温度 /(℃/10a)	降水量 /(mm/10a)
邢台	0.058	0.666	0.368	−0.016
潍坊	0.197	0.369	0.293	−0.038
吐鲁番	0.247	0.899	0.518	0
阿克苏	0.267	0.613	0.444	0.019
布尔津	0.273	0.419	0.319	0.031
西宁	0.275	0.008	0.073	0.048
广州	0.189	0.163	0.135	0.239
民和	0.247	0.459	0.297	−0.004
郑州	0.220	0.514	0.396	−0.009
呼和浩特	0.281	0.589	0.415	0.004
银川	0.397	0.528	0.457	−0.001
高台	0.344	0.345	0.351	0.010
民丰	0.202	0.666	0.398	0.013
海口	0.156	0.332	0.245	0.142

鉴于降水的年际变化较大，农业上通常考虑一定保证率（多用80%）下的降水分布。全国80%保证率下的年降水量分布趋势与多年平均基本一致。80%保证率的年降水量占多年平均的70%～90%，变率越大的地区，所占比例越小。全国东部地区以黄淮流域最小，仅占60%～70%；东北地区、长江中下游地区占80%左右，江南大部分地区占80%～90%；云贵高原降水量最可靠，80%保证率下的降水量占多年平均的85%～90%；西北内陆地区降水少，年际变化大，降水保证程度差，80%保证率下的降水量一般不到多年平均降水量的70%。

思 考 题

1. 名词解释：辐射、黑体、灰体、吸收率、反射率、透射率、太阳辐射、辐射平衡、光合有效辐射、降水、径流、地下水、壤中流、农业气候资源、光能利用率、生物学温度、气候变率。
2. 简述黑体辐射定律、位移辐射定律、选择吸收定律、普朗克定律的内涵和基本公式。
3. 什么是太阳辐射？我国不同地区太阳辐射的特点是什么？
4. 计算太阳总辐射的经验公式中，基础值 Q_0 的选取有哪3种途径？
5. 光能资源如何影响作物生长发育？
6. 我国西北地区气候资源的特点是什么？
7. 试述我国农业气候资源的特点。

第三章 农业水文物理

　　农业水文物理是研究在热力和动力作用下产生的各种与农业有关的水文物理过程，主要是蒸发和散发过程。在水-土-植-气系统中，蒸发以蒸散发的形式参与水文循环，对于植物的生长发育有很大影响，是植物生长中必不可少的物理、生理过程。蒸散发量的大小取决于水热关系，会直接影响植物的水肥状况和生长发育，进而影响农业生产。

　　在自然界中，蒸散发是海洋和陆地水分进入大气的唯一途径，是水文循环中自降水到达地面后由液态或固态转化为水汽返回大气的过程。陆地上每年约有66%的降水通过蒸散发返回大气，因此，蒸散发是地球水文循环的重要环节之一，是流域水量平衡计算和水利工程规划中不可忽视的影响因素，是水资源评价的基础和作物灌溉的基本依据。本章首先介绍了水面蒸发、土壤蒸发和植物蒸散发的概念及其影响因素，其次阐述了潜在蒸散发量常用的估算方法，最后在此基础上介绍了流域蒸散发的综合计算方法。

第一节　水　面　蒸　发

一、水面蒸发的物理过程

　　水面蒸发是指在自然条件下，水面的水分从液态转化为气态逸出水面的物理过程。水面蒸发是一种始终充分供水的蒸发，是两种对立的水分子运动过程的矛盾统一体。水面蒸发包括水分汽化和水汽扩散两个阶段：一是水分子逸出水面在水面附近产生一层饱和水汽层；二是饱和水汽层的水分子不断向水汽压低的地方扩散。

　　由物理学可知，水体内部的水分子总是在不停地运动着，其速度各不相同，当水中的某些水分子具有的动能大于水分子之间的内聚力时，这些水分子就会克服内聚力而脱离水面变成水汽进入大气中，这种现象称为蒸发。一般情况下，温度越高，水分子的运动速度越快，逸出水面的水分子越多。逸出水面的水分子和空气分子一起做不规则运动时，部分水分子可能远离水面进入大气，也有部分水分子由于分子间的吸引力，或因本身温度下降，运动速度降低而落入水面，重新成为液态的水分子，这种现象称为凝结。因此，实测的蒸发量是指从水面逸出的与返回蒸发面的水分子数量的差值。

二、影响水面蒸发的因素

　　气象条件是水面蒸发的决定性因素，影响水面蒸发的气象要素主要包括太阳辐射、气温、湿度、风速、气压和水质等。

　　自然条件下，由于蒸发的存在，水面附近空气中的水汽含量较多、水汽压较大，水汽就会由水汽压高的地方向水汽压低的地方扩散，但水汽的扩散是缓慢的。同时，水面上空空气的饱和水汽压差较小，一旦空气中的水汽含量达到饱和状态，蒸发就会停止，所以饱和

第一节 水 面 蒸 发

水汽压差越大，蒸发作用越强烈。对流是由于接近水面的温度高于上层空气的温度，下层暖湿空气团因密度小而上升，上层干冷空气团因密度小而下沉，这种对流现象保证了饱和水汽压差的存在，进而使蒸发得以继续进行。因此，蒸发主要是由于空气的对流和紊动作用。尽管对流作用比扩散作用输送水汽快且有效，但对蒸发量的影响不大，时间也较短。

气温既能反映太阳辐射的影响，又能改变空气的湿度。一般情况下，温度梯度越大，空气对流越强，水汽扩散越快。因此，气温越高，水面蒸发速度越快。太阳辐射影响水面的温度，而水面温度的高低直接反映水分子运动能量的大小，水温越高，其动能越大，逸出水面的水分子就越多，水面蒸发就越剧烈；而相对湿度的增加会抑制蒸发的进行，相对湿度越大，蒸发量越小。此外，风和气压也会影响水面蒸发。风可以促进水汽交换、加强对流扩散、增加水面蒸发，一般风速越大，蒸发量就越大；而气压会影响水分的散布，气压增加，水分散布减弱，蒸发量随之减少。

水体的水质及水面状况对水面蒸发也有一定的影响。当溶解物在水中溶解时，将减小溶液的水汽压，水汽压的减小将使蒸发率减小，但蒸发率的减小程度低于水汽压的减小程度。水体的浑浊度虽然与水面蒸发无直接关系，但会影响水体对热量的吸收并引起水温的变化，因而对蒸发也有间接的影响。一般情况下，水体的含盐量越高，水面蒸发量越小；水体内水草越多，水面蒸发量越大；水体面积越大，水面蒸发量越大。

因此，自然条件下的水面蒸发量不仅与气压、温度、湿度、风速、水汽压的饱和差有关，还与空气的对流和紊动、水分子的扩散及水质等条件有关。

三、确定水面蒸发的方法

确定水面蒸发量的方法通常有两种：器测法和间接计算法。

（一）器测法

自由水面的蒸发量可以用蒸发器或蒸发池直接进行观测，我国水文部门常用的水面蒸发器有 E-601 型蒸发器、20cm 直径的小型蒸发器、80cm 直径套盆式蒸发器及面积为 20m² 和 100m² 的大型蒸发池。蒸发量是每日 8 时观测一次，测得一日水面蒸发量（今日 8 时至明日 8 时）。一月中每日蒸发量之和为月蒸发量，一年中每日蒸发量之和为年蒸发量。

由于蒸发器与实际自然大水体的自然条件不同，器测的蒸发量一般大于自然的水面蒸发，并且随器皿的形式、安装方式、自然环境以及季节等因素的变化而发生改变，因此必须通过实验求出蒸发器的折算系数，才能估算其实际的蒸发量。以水库为例，在水库设计中，需要考虑水库水面蒸发损失水量。由于水库的蒸发面比蒸发器大得多，两者的边界条件、受热条件存在显著差异，所以，蒸发器观测的数值不能直接作为水库这种大水体的水面蒸发值，而应乘以一个折算系数，才能作为其估计值，即

$$E_{nw} = K_z E_{mw} \tag{3-1}$$

式中：E_{nw} 为大水体天然水面蒸发量，mm；E_{mw} 为蒸发器实测水面蒸发量，mm；K_z 为蒸发器折算系数。

研究表明，当蒸发器直径大于 3.5m 时，其蒸发量与大水体天然水面蒸发量较为接近，因此，可用面积 20m² 或 100m² 大型蒸发池的蒸发量 E_{ep} 与蒸发器同步观测的蒸发量 E_{mw} 的比值作为折算系数，即

$$K_z = E_{ep} / E_{mw} \tag{3-2}$$

（二）间接计算法

间接计算法是指利用气象或水文观测资料间接推算蒸发量，常用的方法有水量平衡法、空气动力学法、波文比-能量平衡法和综合方法等。

1. 水量平衡法

水量平衡法以空间集总形式的连续方程——水分平衡方程为基础，即

$$E_{nw} = I_1 - O_1 - \Delta S \tag{3-3}$$

式中：I_1 为水分入流量；O_1 为水分出流量；ΔS 为蓄水量的变化。

水量平衡法对长时段（至少1个月，最好1年）可以得到合理的蒸发估计量，但对短时间（1天或更短）则完全不能使用。水量平衡法确定的蒸发量是各项的差值，如果蒸发量相对其他各项较小，其值会受测验中客观存在的误差影响。

2. 空气动力学法

空气动力学法假定下垫面均匀，动量、热量和水汽传输系数相等，然后根据空气近地层中风速及涡动交换系数随高度变化的特征，采取适当的边界条件，从而得到基于扩散理论的水面蒸发计算公式，即

$$E_{nw} = \left(\frac{K_w \rho_a u_z}{K_m p}\right) f\left[\ln\left(\frac{Z}{k_s}\right)\right](e_s - e_z) \tag{3-4}$$

式中：K_w 为大气紊动扩散系数；K_m 为紊动黏滞系数；u_z 为 Z 高度处的平均风速，m/s；e_z 为 Z 高度处的水汽压，kPa；k_s 为表面糙度的量度；e_s 为饱和水汽压，kPa；ρ_a 为空气密度，g/cm³；p 为气压，kPa。

3. 波文比-能量平衡法

波文比-能量平衡法以能量守恒为基础，考虑水体得到、损耗和储存的能量。其蒸发量的计算公式如下：

$$E_{nw} = \frac{R_e}{\rho_w L} = \frac{R_{ws} - R_r - R_l + R_{wa} - R_w}{\rho_w L (1 + B_w)} \tag{3-5}$$

$$B_w = \gamma \frac{\Delta T_z}{\Delta e_z} \tag{3-6}$$

$$B_w = \frac{R_h}{R_e} \tag{3-7}$$

式中：R_w 为水体储能增量，MJ/(m²·d)；R_{ws} 为到达水面的总太阳辐射，MJ/(m²·d)；R_r 为水面反射的太阳辐射，MJ/(m²·d)；R_l 为大气和水体之间的净长波辐射交换，MJ/(m²·d)；R_h 为水体到达大气的干热交换，MJ/(m²·d)；R_e 为用于蒸发的能量，MJ/(m²·d)；R_{wa} 为进入水体的净能量平流，MJ/(m²·d)；B_w 为波文比；γ 为干湿计常数，kPa/℃；L 为蒸发潜热，取 2.43×10^6 J/kg 或 $L = (2.501 - 0.02361 T_0) \times 10^6$ J/kg，T_0 为水面温度，℃；ρ_w 为蒸发水体的密度，g/cm³；ΔT_z 为两个高度的气温差，℃；Δe_z 为两个高度的水汽压差，kPa。

波文比-能量平衡法适用于空气温度和湿度垂直轮廓一致的情况，精度较好，但在下垫面比较潮湿或干燥的条件下，计算结果偏小，精度下降。

4. 综合方法

能量平衡法考虑了影响水面蒸发的热量条件，而在影响水面蒸发的动力条件中只考虑了水汽扩散的作用；空气动力学法虽然考虑了影响水面蒸发的主要动力条件——风速和水汽扩散，但未考虑太阳辐射这一热量条件。彭曼（Penman）综合考虑了能量平衡法和空气动力学法的优缺点，将两者结合起来，提出了水面蒸发的综合方法，其公式如下：

$$E_{nw} = \frac{-(R_n + G_s)}{1 + \gamma \frac{\Delta T_z}{\Delta e_z}} \quad (3-8)$$

式中：R_n 为净辐射，MJ/(m²·d)；G_s 为土壤热通量，MJ/(m²·d)；其他参数含义同前。

四、冰雪蒸发

冰雪蒸发是固态—液态—气态的一个变化过程，是水面蒸发的一种特殊情况，可采用波文比-能量平衡法确定，也可采用经验公式估算，常用的雪面估算经验公式有以下两个：

$$E_x = (0.18 + 0.098 u_{10})(e_{xs} - e_2) \quad (3-9)$$

$$E_x = 0.0063 (Z_a Z_b)^{-1/6} (e_{xs} - e_{za}) u_{zb} \quad (3-10)$$

式中：u_{10} 为高度 10m 处的平均风速，m/s；e_2 为高度 2m 处的水汽压，kPa；e_{xs} 为雪面温度的饱和水汽压，kPa；u_{zb} 为高出地面 Z_b 处的风速，m/s；e_{za} 为高出地面 Z_a 处的水汽压，kPa。

第二节 土 壤 蒸 发

一、土壤蒸发的物理过程

土壤蒸发是指在自然条件下，土壤中的水分汽化逸出土壤进入大气的物理过程。土壤是一种有孔介质，具有输送、吸收和保持水分的能力，因此，土壤蒸发还受到土壤水分运动的影响。由此可知，土壤蒸发比水面蒸发更为复杂。

湿润土壤的蒸发过程一般可分为 3 个阶段，如图 3-1 所示。图中，$W_断$ 为毛管断裂含水量；$W_田$ 为田间持水量；$W_饱$ 为饱和含水量。

阶段Ⅰ为稳定蒸发阶段。在这一阶段，土壤十分湿润（土壤含水率达到田间持水量以上或达到饱和状态），土壤孔隙全部被水充满，存在自由重力水，并且土层中的毛管水也上下连通，在毛管力的作用下，土壤中的水分从表面蒸发后，能得到下层的充分供应，相当于充分供水条件。这一阶段，土壤蒸发主要发生在表层，蒸发速度稳定，土壤蒸发量 E_s 等于或接近相同气象条件下的水面蒸发量 E_w。因此，阶段Ⅰ蒸发量的大小仅仅取决于气象条件的好坏。由于蒸发消耗水分，土壤的含水量不断减少，当土壤含水量降到田间持水量 $W_田$ 以下

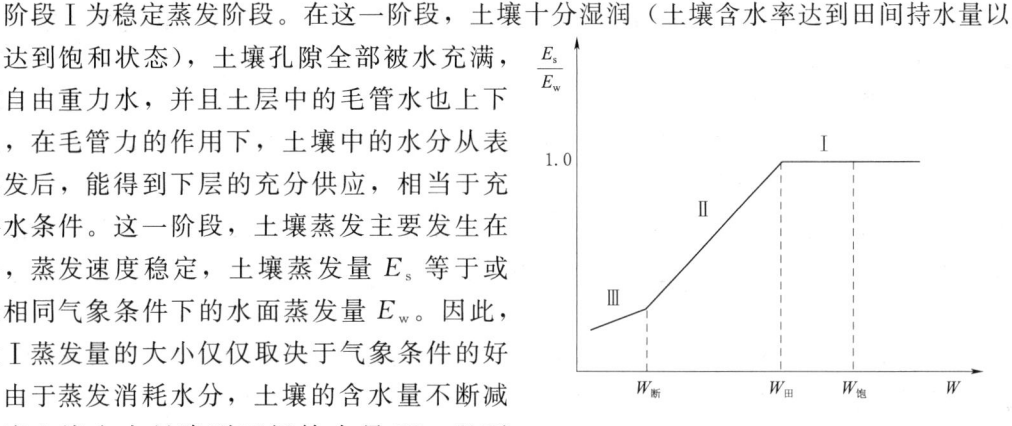

图 3-1 土壤蒸发过程示意

时，土壤中毛管水的连续状态逐渐遭到破坏，从土层内部由毛管力作用上升到土壤表层的水分也逐渐减少，进入阶段Ⅱ。

阶段Ⅱ为蒸发率的下降阶段。随着土壤含水量的减少，供水条件越来越差，其向表层输送水分的能力降低，土壤蒸发的速率会随着表层土壤含水量的变小而降低。这一阶段，蒸发速率主要与土壤含水量的大小有关，气象因素对它的影响逐渐减小。当土壤含水量进一步降低至毛管断裂含水量以下时，毛管水完全不能到达地面后，进入阶段Ⅲ。

阶段Ⅲ为蒸发微弱阶段。毛管向土壤表面输送水分的机制完全遭到破坏，水分只能以薄膜水或气态水的形式缓慢地向地表移动，土壤的蒸发强度很小，并且比较稳定。在这一阶段，无论是气象因素还是土壤含水量的大小对蒸发都不起明显的作用。实际蒸发量仅取决于土壤的含水量与地下水的联系状况。

土壤蒸发的3个阶段实际上难以区分，如在土壤导水能力控制阶段，由于上层土壤变干，一些孔隙被排空，下层土壤水会从这些孔隙中逸出，进入大气。

二、影响土壤蒸发的因素

影响土壤蒸发的因素归纳起来有两种：①土壤因素，包括土壤含水量的大小、地下水的埋深、土壤的质地和结构、土壤的色泽、土壤的表面特征及地形等因素，是内在因素，是决定土壤蒸发量的根本原因；②气象要素，包括太阳辐射、气温、湿度、风、气压和降水方式等。气象要素属于外部因素，是决定蒸发变化的条件。

三、确定土壤蒸发的方法

土壤蒸发量的确定一般有两种途径：器测法（实测法）和间接计算法。

土壤蒸发器的种类很多，目前最常用的是ГГИ-500型土壤蒸发器。蒸发器有内外两个筒，内筒是活动的，装满研究的土样，接收雨水，超渗的径流排入径流器，超过田间持水量的雨水渗入下面的集水器。通过不断地观测降雨、径流、下渗和内筒土样重量的变化，就可以求得土壤在各个时段的蒸发量。但由于器测时土壤本身的热力条件与天然情况不同，其水分交换与实际情况差别较大，并且器测法仅适用于单点，所以其观测结果只能在某些条件下做参考。对于较大面积的情况，因流域的下垫面条件复杂，很难区分土壤蒸发和植物散发，所以器测法很少在生产实践中应用，多用来研究蒸发的变化规律。而间接计算法是从土壤蒸发的物理概念出发，以水量平衡、热量平衡等理论为基础，考虑等温或非等温条件，建立包括影响蒸发的主要因素在内的理论、半理论经验公式或图解曲线法来估算土壤的蒸发量。

四、土壤蒸发的抑制

我国华北、西北农作区，可利用的水资源短缺，土壤水分不足，严重影响作物的生长发育，故应采取抑制蒸发的保墒措施。此外，对于有可能发生盐碱化的耕地，采取抑制土壤水分蒸发的措施，可以减少土壤表层积盐量。生产实践中，可以根据实际情况采用不同的抑制方法，常用的方法有松土、有机物覆盖、清除杂草、控制灌溉水量及化学措施等。

1. 松土

松土可以切断土壤的毛管联系，减少下层水分向上层补给，进而抑制土壤水分的蒸发。适时进行中耕松土，使表层土壤迅速形成干土掩护层，干土层能起到阻隔作用，从而使土壤水分蒸发强度减小。一般来说，松土深度越大，干土层越厚，抑制蒸发的效果越显著。

2. 有机物覆盖

在地表层覆盖秸秆、树叶、稻草、厩肥等有机物，能保护土壤免受风吹和日光照射，使土保持凉爽，覆盖物中空气的水汽压与土壤中空气的水汽压较为接近，隔断了蒸发表面与下层土壤的毛管联系。

除了有机物覆盖，还有薄膜覆盖、砂砾石覆盖等覆盖措施。

3. 清除杂草

杂草滋生，可以招致土壤水分的蒸发。由于杂草散发所消耗的土壤水分，也是农作物所需要的水分，且农作物需水量的最大时期，也是杂草散发旺盛的时期，因此除去杂草，不仅可以减少土壤水分蒸发，还能保证农作物的需水。

4. 控制灌溉水量

进行灌溉时，如灌溉水量较少，仅能使表层土壤湿润，作物根部的水分并没有增加，此少量水分在地表上就会蒸发完全。同时，会使已有的松土掩护层遭到破坏，促使干旱越发严重。因此，在灌溉时应合理设置灌溉水量，使作物根部的土壤水分有所增加，同时在地表撒上干土，或浅耕一次，切断土壤的毛管联系，以减少土壤表层的蒸发。

5. 化学措施

采用化学的方法对表层土壤进行处理，比如在土壤中加入聚合电介质溶液，可以改变土壤的水分特性，减少蒸发；每公顷田地施用15t硝化石蜡残渣，能减少土壤蒸发，在实验室条件下，减少效果比较显著，但在田间试验下，其抑制蒸发的效果有所降低，仅为20%~30%。

第三节 植 物 散 发

植物散发是指在植物生长期中，水分通过植物的叶面和枝干以蒸汽的状态进入大气的过程，又称植物蒸腾。植物体的蒸腾主要是通过叶片表皮上的气孔来完成的，幼嫩的茎和叶柄也能进行一定的蒸腾作用。植物散发与土壤环境、植物生理结构以及大气状况有密切的关系，因此，它比水面蒸发和土壤蒸发更为复杂。

一、植物散发的过程

植物根细胞液的浓度和土壤水的浓度存在较大的差异，由此可产生高达10多个大气压的渗压差，促使土壤水分通过根膜液渗入根细胞内。进入根系的水分，在蒸腾拉力和根细胞生理作用产生的根压作用下，通过茎干输送到叶面。叶面上有许多气孔，水分可以通过张开的气孔逸出进行散发。叶面气孔能随外界条件的变化而张缩，控制散发的强弱，甚至关闭气孔。但气孔的这种调节能力只有在气温40℃以下才有作用，当气温超过40℃时便几乎失去了这种能力，此时气孔全开，植物由于散发消耗大量水分，外加天气炎热，空气干燥，易造成植物枯萎死亡。由此可知，植物本身也参与了散发过程，所以，散发过程不仅是一种物理过程，也是一种生理过程。植物吸收的水分约90%消耗于散发。

二、影响植物散发的因素

影响散发的因素包括植物生理结构、土壤含水量、太阳辐射、温度、饱和差和风等。

1. 植物生理结构

散发能力主要取决于植物的生物特征、结构差异和生理状态等，包括植物叶面的大小和变异性、根系的性质和大小、角质层厚度、气孔的数量及大小、气孔运动的调节与周期性等。据研究,针叶树的散发能力比阔叶树的小;深根植物的散发量比浅根的更为均匀;气孔多而大的植物的散发量比气孔少而小的多。

2. 土壤含水量

植物生长期间所耗的水量,主要取决于土壤根系层中的水分。一些学者认为,随着土壤含水量的减少,土壤疏水速度随之降低,散发强度将显著下降,而在很湿的土壤与湿润土壤的散发强度差别不大,在很干旱土壤与干旱土壤的散发强度则差别很大。而维斯奇迈尔(Wischmeier)通过试验发现,当土壤含水量在凋萎含水量以上时,土壤的散发基本一致。

3. 太阳辐射

植物生长需要吸收能量,在大自然中能量是由太阳供应的。消耗于散发过程的能量约占树叶吸收的99%,消耗于光合作用的约占1%。因此,植物散发主要在白天进行,白天的散发强度以中午为最大,夜间的散发强度仅为白天的1/10。

4. 温度

温度可以通过影响植物的生理过程而间接影响散发量。温度在4.5℃以下时,植物几乎停止生长,散发量极小;温度在4.5℃以上时,散发量随温度升高而加大;温度大于40℃时,叶面失去调节能力,气孔全部张开,散发量增加,容易造成植物枯萎。

5. 饱和差

散发强度与饱和差之间大致存在着线性关系。在草原和森林地带,空气湿度对乔木散发的影响有很大差别。当空气湿度下降时,森林地带的散发强度显著增加,但草原地带的散发强度变化则很小。

6. 风

风能加速植被散发,但影响的程度并不与风速大小成正比,强风比弱风只能略微增加散发强度。

三、确定植物散发的方法

干旱半干旱地区的农业生产中,水的供应是影响农作物产量的主要因素,而蒸腾速率的估算和测定对了解作物需水量和水的利用效率意义重大。

植物散发的测定和估算有器测法、水量平衡法、热量平衡法、微气象学法及散发数学模型等。按测定技术分,有测定失水速率的重量法、容量法及测定空气中水分因蒸腾作用而增加数量的湿度计法(湿敏电阻法、红外线分析仪法、干燥剂吸水增重法);按测定对象分,有测定叶片上小面积的蒸腾速率的气孔计法、测定整片植物群体和土壤蒸发速率的腾发计法(又称蒸散计法)。还有依据水量平衡原理,测定一块样地或流域的整片植物群落生长期始末的土壤含水量、蒸发量、降雨量、径流量和渗漏量等要素来推算植物生长期的散发量。也可利用空气动力学原理测定植物群体上方湿度剖面,结合风速剖面或热平衡数据计算群体散发速率的微气象学法。对单叶散发速率的测定可用来研究植物散发受生理状况和环境条件的影响,但如果用来估算田间作物的耗水量时,还需要考虑群体内各层叶片微气象条件的不同。

由于植物生长在土壤中,植物散发与土壤蒸发总是同时存在的,通常将两者合称为陆面蒸发,可采用水量平衡方程进行计算。

四、植物散发的抑制

植物散发的抑制可根据其影响因素的不同采用不同的方法。如可采用化学药剂阻止水分消耗，以达到抑制散发的目的。它与抑制水面蒸发不同之处在于应用于根带。将抑制药剂（十六烷醇或十八烷醇）混合于土壤中，药剂随水分吸入植物根系，并通过植物根茎沉积在气孔和水气交界面上，进而产生阻塞作用，抑制植物的散发；经用 C_{14} 检查，药剂的活动不仅在根茎上且遍及整个叶面。

第四节 潜 水 蒸 发

潜水蒸发是指浅层地下水（潜水）向包气带输送水分，并通过土壤蒸发和植物散发进入大气的过程。潜水借助土壤的毛管作用，一部分以土壤蒸发的方式进入大气；另一部分通过植物散发进入大气，潜水的蒸发速率主要受土壤导水能力控制。如果地下水位很浅且岩土的空隙较大，则浅层地下水可直接蒸发。潜水蒸发可使地下水的盐分积聚于地表，形成土壤盐渍化。因此，需抑制潜水蒸发，与抑制土壤蒸发的基本原理相同，主要是通过耕作松土，切断毛管水的上升，或降低地下水位，使地下水无法升至地面，从而抑制潜水蒸发。平原地区在没有降雨、沟河排泄及外泄地下径流的情况下，地下水位的消落基本上就是潜水蒸发的结果。

影响潜水蒸发的因素主要有气候、土壤性质、地下水埋深和植被情况等。当气温高、风速大和空气湿度小时，利于蒸发，潜水蒸发量较大，反之则小。在土质黏重的地区，土壤透气和透水能力差，潜水蒸发量较小；而在沙性土地区，土壤透气和透水能力较强，潜水蒸发量较大。潜水蒸发量还受地下水埋深的影响，在埋深较浅处，毛管水可以到达地面，蒸发迅速，蒸发量较大；随地下水埋深逐渐增大，潜水蒸发会逐渐减小直至停止，停止蒸发时地下水的最小埋深称为极限埋深，其值的大小主要受土质和植被影响。不同作物因其需水量和根系的吸水能力不同，潜水蒸发量也不同；相同作物的不同生长期的潜水蒸发量也是不尽相同的。覆盖地面的作物密度对潜水蒸发也有影响，裸露地面，无作物生长，潜水蒸发量较小；随着作物覆盖地面的密度逐渐增大，潜水蒸发量也相应增加。此外，耕翻土地可以切断毛管作用，使潜水蒸发量减小，在经过一段时间之后，土地渐趋密实，毛管作用得到恢复，潜水蒸发量又会加大。

潜水蒸发量可直接采用蒸渗仪（地中渗透仪）进行观测，也可用蒸发条件下潜水位下降的变幅乘以给水度获得。如果蒸渗仪中的水位为定水位，此时土壤水分的分布比较固定，难以表达实际情况下地下水位可变时的蒸发情况。故用蒸渗仪测得的潜水蒸发量值存在一定的误差。在利用地下水动态资料计算时，如果地下水位的下降受到水平排泄或附近抽水的影响，也会使计算结果产生一定的偏差。

第五节 潜 在 蒸 散 发

潜在蒸散发（potential evapotranspiration）ET_p 既是水分循环的重要组成部分，也是能量平衡的重要组成部分，它表示在一定气象条件下水分供应不受限制时，某一固定下垫面可能达到的最大蒸发蒸腾量，是实际蒸散发量的理论上限，也是计算实际蒸散发量的基础。潜在蒸散发在地球的大气圈-水圈-生物圈中发挥着重要的作用，是区域干湿状况评价、作物需水量估算、地表旱情监测和水资源合理规划的关键因子。潜在蒸散发主要应用在水文、环境科学和气象领域。

一、潜在蒸散发的估算方法

潜在蒸散发一般由估算获得，估算潜在蒸散量的方法大致可以分为四大类，即物质转移法、温度法、辐射法和综合法。每种方法都具有各自不同的适用性以及计算精度，在不同的气候区，选择适当的方法是准确估算潜在蒸散发量的重要前提条件。

1. 物质转移法

物质转移法的原理是基于水汽由蒸发表面向大气传输的涡动概念，代表公式见表3-1。

表3-1　　　　　　　　基于物质转移法的 ET_p 计算公式

文　献	公　式	时间尺度
Albrecht（1950）	$ET_p = (0.1005 + 0.297u)(e_s - e_a)$	日
Harbeck et al.（1954）	$ET_p = 0.057u(e_s - e_a)$	月
Kuzmin（1957）	$ET_p = 6(1 + 0.21u)(e_s - e_a)$	月
Brockamp and Wenner（1963）	$ET_p = 0.543u^{0.456}(e_s - e_a)$	日
Mahringer（1970）	$ET_p = 2.86u^{0.5}(e_s - e_a)$	月

注　e_s 为饱和水汽压，kPa；e_a 为实际水汽压，kPa；u 为风速，m/s。

2. 温度法

温度法主要使用温度变量对潜在蒸散发量进行计算，代表公式见表3-2。

表3-2　　　　　　　　基于温度法的 ET_p 计算公式

文　献	公　式	时间尺度
Thornthwaite（1948）	$ET_p = 16N_m[(10T_m)^{a_1}]$	月
Blaney and Criddle（1950）	$ET_p = a_2 + b(0.46T_a + 8.13)(1 + 0.0001Z)$	月
McCloud（1955）	$ET_p = 0.254 \times 1.07^{1.8T_a}$	日
Hamon（1960）	$ET_p = 0.55N_s^2 P_t$	日/月
Romanenko（1961）	$ET_p = 0.0018(25 + T_a)^2(100 - RH)$	日
Baier and Robertson（1965）	$ET_p = 0.157T_{max} + 0.158T_{di} + 0.109R_a - 5.39$	日
Schendel（1967）	$ET_p = (16T_a)/RH$	日
Szász（1973）	$ET_p = 0.00536(T_a + 21)^2(1 + RH)^{2/3}(0.519u_2 + 0.905)$	月
Hargreaves（1975）	$ET_p = 0.0135R_s(T_a + 17.8)$	日/月

注　$I = \sum i_m = \sum (T_m/5)^{1.5}$，$m = 1, 2, \cdots, 12$；$a_1 = 6.7 \times 10^{-7}I^3 - 7.7 \times 10^{-5}I^2 + 1.8 \times 10^{-2}I + 0.49$；$T_m$ 为月平均温度，℃；$a_2 = 0.0043RH_{min} - n_s/N_s - 1.41$；$b = 0.82 - 0.41RH_{min} + 1.07n_s/N_s + 0.66u_2 - 0.006RH_{min}n_s/N_s - 0.0006RH_{min}u_2$；$RH_{min}$ 为最小湿度，％；N_m 为月持续日照时数，h；n_s 为实际日照时数，h；N_s 为最大可能日照时数，h；P_t 为平均温度下的饱和蒸汽浓度，kPa/℃；$T_a = 0.5(T_{max} + T_{min})$；$T_{di} = T_{max} - T_{min}$，℃；$R_a$ 表示天顶辐射，MJ/(m²·d)；u_2 为2m高处风速，m/s；Z 为高程，m。

3. 辐射法

辐射法的基础是能量平衡原理，代表公式见表3-3。

第五节 潜在蒸散发

表 3-3　　　　　　　　　　　基于辐射法的 ET_p 计算公式

文　献	公　式	时间尺度
Makkink (1957)	$ET_p = 0.61[\Delta/(\Delta+\gamma)]R_s - 0.12$	月
Turc (1961)	$ET_p = 0.013[T_a/(T_a+15)](R_s+50)$	日/月
Jensen and Haise (1963)	$ET_p = (0.014T_a - 0.37)R_s$	日/月
Stephens and Stewart (1963)	$ET_p = (0.0082T_a - 0.19)R_s/1500$	日/月
Stephens (1965)	$ET_p = (0.0158T_a - 0.09)R_s$	日
Christiansen (1968)	$ET_p = 0.385R_s$	日/月
Priestley and Taylor (1972)	$ET_p = \alpha_0[\Delta/(\Delta+\gamma)](R_n - G_s)$	日
Caprio (1974)	$ET_p = (6.1/10^6)(1.8T_a+1)R_s$	日/月
Oudin et al. (2005)	$ET_p = (R_a T_a)/(5\rho_w)$	日/月

注　R_s 为太阳辐射，$MJ/(m^2 \cdot d)$；α_0 校正系数；R_n 为净辐射，$MJ/(m^2 \cdot d)$；Δ 为饱和水汽压曲线斜率，$kPa/℃$；G_s 为土壤热通量，$MJ/(m^2 \cdot d)$；γ 为干湿计常数，$kPa/℃$；ρ_w 为水的密度，kg/m^3。

4. 综合法

综合法包含了能量平衡和热动力学理论，代表公式见表 3-4。

表 3-4　　　　　　　　　　　基于综合法的 ET_p 计算公式

文　献	公　式	时间尺度
Penman (1948)	$ET_p = \dfrac{\Delta H_{rd} + \gamma(e'_s - e'_a)f(u)}{\Delta + \gamma}$	日
Penman (1963)	$ET_p = \dfrac{\Delta}{\Delta+\gamma}(R_n - G_s) + \dfrac{6.43\gamma}{\Delta+\gamma}(1+0.0536u_z)(e_{zs} - e_z)$	日
Monteith (1965)	$ET_p = \dfrac{\Delta(R_n - G_s) + [\rho_a c_p (e_s - e_a)]/r_a}{\Delta + \gamma(1 + r_s/r_a)}$	日
Van Bavel (1966)	$ET_p = \dfrac{\Delta}{\Delta+\gamma}(R_n - G_s) + \dfrac{\gamma}{\Delta+\gamma} \dfrac{0.622\rho_a k_f^2}{P_{re}} \dfrac{u_z(e_s - e_a)}{[\ln(Z_1 - d)/z_0]^2}$	日
Rijtema (1966)	$ET_p = \dfrac{\Delta R_n + \gamma u_2^{0.75}(e_s - e_a)}{\Delta + \gamma}$	日
Wright and Jensen (1972)	$ET_p = \dfrac{\Delta}{\Delta+\gamma}(R_n - G_s) + 15.36\dfrac{\gamma}{\Delta+\gamma}W_f(e_{zs} - e_z)$	日
Thom and Oliver (1977)	$ET_p = \dfrac{\Delta(R_n - G_s) + 1.2\gamma(1+0.54u_2)(e_s - e_a)}{\Delta + \gamma(1 + r_s/r_a)}$	日
Linacre (1977)	$ET_p = \dfrac{[700(T_a + 0.006Z)/(100-\varphi_1)] + 15(T_a - T_d)}{80 - T_a}$	日/月

注　e'_s 为平均温度情景下的饱和水汽压，kPa；e'_a 为平均温度情景下的实际水汽压，kPa；ΔH_{rd} 为蒸发表面可用辐射通量差值，$MJ/(m^2 \cdot d)$；$f(u)$ 为风速的函数 m/s；ρ_a 为空气密度，kg/m^3；c_p 为空气比热，$MJ/(kg \cdot ℃)$；r_s 为蒸发表面阻抗，s/m；r_a 为空气动力学阻抗，s/m；u_z 为在 Z 高度处的风速，m/s；k_f 为范卡曼常数，0.41；Z_1 为风速计离地面的高度，m；z_0 为风廓线粗糙度高度，m；d 为零平面位移高度，m；φ_1 为纬度，rad；T_d 为露点温度，$℃$；e_{zs} 和 e_z 分别代表 Z 高度处的饱和水汽压与实际水汽压，kPa；$W_f = a_w + b_w u_z$，$a_w = 0.4 + 1.4\exp\{-[(S_r - 173)/52]^2\}$，$b_w = 0.605 + 0.345\exp\{-[(S_r - 243)/80]^2\}$；$S_r$ 为儒略日；其他符号意义同前。

二、影响潜在蒸散发的因素

潜在蒸散发反映了区域蒸散发能力的大小，主要受太阳辐射、气温、相对湿度和风速等诸多气象因子的综合影响。因潜在蒸散发量与气候因子呈非线性关系，故在气候变化大背景下，潜在蒸散发量变化较为复杂且不确定性较大。相关研究分析发现，过去几十年里，潜在蒸散发量在某些区域呈下降趋势，这一现象被称作"蒸发悖论"并引发广泛关注；但也有研究指出近年来潜在蒸散发量出现了上升趋势。因此，研究潜在蒸散发的气候驱动因子，对揭示区域气候变化的水文响应机理尤为重要。

目前对潜在蒸散发下降的影响因素已有很多研究，一方面认为潜在蒸散发的下降主要受到太阳辐射和风速等自然因素变化的影响；另一方面则认为潜在蒸散发的下降是陆面实际蒸散发量增大的结果，与区域水文循环的变化有着紧密联系，且受到人类活动的显著影响。

近50年来，全球很多区域的日照时数和太阳总辐射减少，使蒸发所需要的能量来源减少，导致潜在蒸散发减少。太阳辐射是地表的能量来源，用日照时数计算所得的太阳辐射与观测值的相关性较高。日照时数是我国南方地区潜在蒸散发减少的主导因子，特别是夏季，影响范围甚至向北扩展至华北和东北地区。此外，相关文献资料证明，风速减小是导致我国西北地区各月及全年潜在蒸散发降低的主要原因，秋冬季节其影响范围基本覆盖全国。

由于潜在蒸散发受众多因素的影响，其变化与各气候要素变化的时空差异复杂多样，在不同区域的特定气候条件下，同一气候要素对潜在蒸散发的作用也不尽相同。此外，温度、风速、太阳辐射、水汽压、相对湿度、日照时数等影响要素的不同变化组合也会导致潜在蒸散发呈增加或降低趋势。因此，对潜在蒸散发的影响因素有待进一步的研究。

第六节 流域蒸散发

水文学中，常在流域尺度上进行整个流域蒸散发的模拟和估算。流域表面可划分为裸土、岩石、植被、水面、冰雪面、不透水路面及屋面等，因此，流域蒸散发是指流域下垫面上的水面蒸发、土壤蒸发、植物散发、冰雪蒸发和潜水蒸发的总和。流域蒸散发包含项目比较多，其影响因素也比较复杂，不仅与流域内的自然地理、下垫面、植被覆盖度有关，还与流域各处的土壤含水量、地下水埋深、作物种类、水体面积及流域内的自然气象条件等因素有关。因此，分析流域蒸散发不仅需要对流域内各项蒸发量进行单项分析，还必须对整个流域进行综合研究。

从水量损失的角度来说，流域蒸散发是降雨径流形成过程中唯一损失，是流域水量平衡计算中的重要项目。实践中，确定流域蒸散发最直观的方法就是先分别求出流域上各种蒸发面的蒸散发量，然后采用加权的方法来计算流域的蒸散发量，但由于流域内各点处的气候、土壤、地质、植被种类和湖河分布等不尽相同，确定不同蒸发面的蒸散发量比较麻烦，因此，实际应用中，一般对流域蒸散发进行综合估计，常用的方法有流域水量平衡法或流域蒸散发模式。

一、流域水量平衡法

水文循环过程中，任一地区、任一时段进入的水量与输出的水量之差，必等于其蓄水量的变化量，这就是水量平衡原理，是水文计算中始终要遵循的一项基本原理。根据水量

平衡原理,流域的水量平衡方程为

$$P_s+E_1+R_m+R_x+S_1=E_2+R'_m+R'_x+S_2 \tag{3-11}$$

式中:P_s 为时段内区域降水量,mm;E_1、E_2 为时段内区域的水汽凝结量和蒸发量,mm;R_m、R_x 为时段内地面径流和地下径流流入量,mm;R'_m、R'_x 为时段内地面径流和地下径流流出量,mm;S_1、S_2 为时段初和时段末的蓄水量,mm。

若该流域为闭合流域,则 $R_m=R_x=0$,令 $R_{tr}=R'_m+R'_x$ 表示流域出口断面的总径流量;$E_{va}=E_2-E_1$ 表示时段内流域蒸散发量;$\Delta S=S_2-S_1$ 表示时段内流域的蓄水变化量,其多年平均值近似等于 0,则闭合流域多年平均的水量平衡方程如下:

$$\overline{R_{tr}}=\overline{P_s}-\overline{E_{va}} \tag{3-12}$$

即

$$\overline{E_{va}}=\overline{P_s}-\overline{R_{tr}} \tag{3-13}$$

式中:$\overline{P_s}$ 为流域多年平均降水深,mm;$\overline{R_{tr}}$ 为流域多年平均径流深,mm;$\overline{E_{va}}$ 为流域多年平均蒸散发量,mm。

利用式(3-12)就可以推算流域的蒸散发量。我国利用中小流域的降水和径流观测资料,采用水量平衡公式推算出了全国各地的蒸散发量,并绘制了全国多年平均蒸散发量等值线图,可供使用。

二、流域蒸散发模式

流域蒸散发量的大小主要决定于气象要素及土壤湿度,可用流域蒸散发能力 E_m 和土壤含水量来表征。流域蒸散发能力是指在当日气象条件下流域蒸散发量的上限,一般无法通过观测途径直接获得,可根据当日水面蒸发观测值通过折算间接获得,即

$$E_m=\beta_1 E_w \tag{3-14}$$

式中:E_m 为流域蒸散发能力,mm;E_w 为水面蒸发观测值,mm;β_1 为折算系数。

当不考虑蒸散发在流域面上分布不均匀的情况下,根据土壤含水量的垂直分布,可采用以下三种模式进行流域蒸散发的计算。

1. 一层蒸发模式

一层蒸发模式把流域的蒸散发层作为一个整体,假定流域蒸散发量与流域的土壤含水量成正比

$$\frac{E_{va}}{W}=\frac{E_m}{W_m} \tag{3-15}$$

即

$$E_{va}=\frac{E_m}{W_m}W \tag{3-16}$$

式中:E_m 为流域蒸发能力,mm;W_m 为流域蓄水容量,mm;E_{va} 为流域蒸散发量,mm;W 为土壤含水量,mm。

一层蒸发模式比较简单,但没有考虑土壤水分的垂直分布情况。当包气带土壤含水量较小,而表层土壤含水量较大时,按一层蒸发模式得出计算值偏小,例如,久旱后降了一场小雨,其雨量仅补充了表层土壤含水量,这种情况下的计算结果会产生较大的误差。

2. 二层蒸发模式

将流域蓄水容量 W_m 分为上层 W_{Um} 和下层 W_{Lm},相应的土壤含水量分别为 W_U 和

W_L。假定降雨量先补充上层土壤含水量,当上层土壤含水量达W_{Um}后再补充下层土壤含水量;蒸发则先消耗上层土壤含水量,蒸发完了再消耗下层的土壤含水量,且上层蒸发E_{Uva}按流域蒸散发能力E_m蒸发,下层的蒸发量E_{Lva}假定与下层土壤含水量成正比,即

$$E_{Uva}=\begin{cases} E_m & W_U \geqslant E_m \\ W_U & W_U < E_m \end{cases} \quad (3-17)$$

$$E_{Lva}=\frac{W_L}{W_{Lm}}(E_m-E_{Uva}) \quad (3-18)$$

流域蒸散发量为上下二层蒸发量之和,即

$$E_{va}=E_{Uva}+E_{Lva} \quad (3-19)$$

二层蒸发模式也存在问题,即久旱以后由于下层土壤含水量很小,计算出的蒸发量很小,流域土壤含水量难以达到凋萎含水量,不太符合实际情况。另外,此模式没有考虑当下层土壤水分蒸发完之后,深层水分对蒸散发的补给作用。

3. 三层蒸发模式

三层蒸发模式是在二层蒸发模式的基础上加入深层蒸发,把可蒸发层分为上、下层和深层,降雨时先补给上层,后满足下层,最后才是深层,计算蒸散发时,确定了一个下层最小蒸发系数C_1(小于1,一般为$0.05 \sim 0.15$),上层蒸发仍按式(3-17)计算,下层蒸发按式(3-20)和式(3-21)计算。

当$W_L \geqslant C_1(E_m-E_{Uva})$时

$$E_{Lva}=\begin{cases} \dfrac{W_L}{W_{Lm}}(E_m-E_{Uva}) & \dfrac{W_L}{W_{Lm}} \geqslant C_1 \\ C_1(E_m-E_{Uva}) & \dfrac{W_L}{W_{Lm}} < C_1 \end{cases} \quad (3-20)$$

当$W_L < C_1(E_m-E_{Uva})$时

$$E_{Lva}=W_L \quad (3-21)$$

三层蒸发模式是分析计算流域蒸散发的主要依据,且流域水量平衡验证表明,三层蒸发模式的精度一般能够满足实际的需要。

思 考 题

1. 什么是蒸散发?流域的蒸散发包括哪几个部分?
2. 什么是土壤蒸发?土壤蒸发包括哪几个阶段?
3. 简述水面蒸发量的确定方法。
4. 试述植物散发的概念及其影响因素。
5. 试述潜在蒸散发的概念及其常用的估算方法。
6. 影响潜在蒸散发的因素有哪些?
7. 什么是流域蒸散发?计算流域蒸散发常用的方法有哪些?

第四章 农业水文化学

农业水文化学研究农业水体内溶质的化学组成、影响因素、动态规律及迁移机理。天然水含可溶性物质（如盐类、可溶性有机物和可溶气体等）、胶体物质（如硅胶、腐殖酸、黏土矿物胶体物质等）和悬浮物（如黏土、水生生物、泥沙、细菌、藻类）等，这些物质会随水流不断迁移和富集，其含量和化学成分在自然条件和人类活动的共同作用下不断改变。同时残留在农田中的化肥、农药等在农业生产过程中随土壤渗透、农田排水、地表径流等进入水体，造成水体潜在污染。因此，运用农业水文化学原理来鉴定农业水文化学条件并评价用水水质标准，可保证人畜饮水卫生，防止水土污染。本章介绍农业灌溉水质的相关知识以及现行的农业水质标准，在此基础上引出土壤溶质的概念，并重点介绍土壤溶质的运移机理、模型、特点。

第一节 农业灌溉水质

一、天然水的化学成分和影响因素

（一）天然水的化学成分

水是良好的溶剂，其溶质主要包括溶解离子（K^+、Na^+、Ca^{2+}、Mg^{2+}、HCO_3^-、NO_3^-、Cl^-、SO_4^{2-}）、气体、生物源物质、有机物质以及微量元素（Fe、Mn、Cu、Ni、P、I、F、Ra、U 等重金属、稀有金属、非金属、卤素和放射性元素等）等。天然水常与大气、土壤、岩石和生物接触，在运动过程中，挟带和溶解大气、土壤、岩石中的许多物质，使其共同参与水分循环，成为复杂的体系；无论哪种天然水，8 种主要离子（K^+、Na^+、Ca^{2+}、Mg^{2+}、HCO_3^-、NO_3^-、Cl^-、SO_4^{2-}）的含量均占溶质总量的 95% 以上。目前在各种水体中已发现共计 87 多种元素。天然水中各物质按性质通常分为溶解物质、胶体物质和悬浮物质。

(1) 溶解物质：粒径小于 1nm 的物质。在水中呈现分子或离子的溶解状态，包括各种气体、盐类以及某些有机化合物。

(2) 胶体物质：粒径为 1～100nm 的多分子聚合体。其中，无机胶体主要是次生黏土矿物和各种含水氧化物，有机胶体以腐殖酸为主。

(3) 悬浮物质：粒径大于 100nm 的物质颗粒。在水中呈悬浮状态，例如泥沙、黏土、藻类、细菌等不溶于水的物质。悬浮物的存在使得水体呈现出一定颜色或变浑浊。

（二）天然水的矿化过程

天然水中含有地壳中已发现的 87 种化学元素，与岩石圈中的这些元素平均组成相差较大。在水循环过程中，溶于水的化学元素和化合物数量、组成成分及存在形态不断变化，该变化过程主要受到两方面因素的制约：①元素和化合物的物理化学性质；②各种环境因素，如天然水的酸碱性质、有机质的数量与组成成分、氧化还原状况以及各种自然环境条件等。天然水的主要矿化作用如下：

(1) 溶滤作用：指土壤和岩石中某些成分或元素溶于水的过程。在水流经土壤或岩石的过程中，不断地溶解其含有的易溶性盐类，提高了矿化度。按其溶解性能可分为两类：一类是按矿物成分的比例全部溶于水中，称全等溶解矿物，如氯化物、硫酸盐及碳酸盐等；另一类是矿物中只有一部分元素进入水中，而原始矿物保持其结晶结构，这一类称不全等溶解矿物，如硅酸盐和铝硅酸盐等。

(2) 吸附性：吸附过程是指天然水中的离子从溶液中转移到胶体上；解吸过程是指胶体上原来吸附的离子转移到溶液中。两者可同时发生。吸附和解吸的结果，表现为阳离子交换。其特征有：①离子交换是可逆反应，处于动态平衡；②离子交换以当量关系进行；③离子交换遵守质量作用定律，即交换速度与离子浓度的乘积成正比。胶体对各种阳离子的吸附能力为 $H^+>Fe^{3+}>Al^{3+}>Ba^{2+}>Ca^{2+}>Mg^{2+}>K^+>NH_4^+>Na^+>Li^+$。

(3) 氧化作用：天然水中的氧化作用包括使水中有机物氧化和使围岩的矿物氧化。例如黄铁矿是岩石中常见的硫化物，含氧的水渗入地下，能够使黄铁矿氧化。

$$2FeS_2 + 7O_2 + 2H_2O = 2FeSO_4 + 2H_2SO_4 \tag{4-1}$$

$$12FeSO_4 + 3O_2 + 6H_2O = 4Fe_2(SO_4)_3 + 2Fe_2O_3 \cdot 3H_2O \tag{4-2}$$

硫化矿物的氧化是地下水中富集硫酸盐的重要途径，游离的硫酸进而侵入围岩中的 $CaCO_3$。

$$CaCO_3 + H_2SO_4 = CaSO_4 + CO_2\uparrow + H_2O \tag{4-3}$$

(4) 还原作用：在还原环境里，天然水若受到过量的有机物污染或与含有机物的围岩（油泥、石油等）接触，碳氢化合物可使硫酸盐还原。

$$CH_4 + CaSO_4 = CaS + CO_2\uparrow + 2H_2O \tag{4-4}$$

硫化物与 CO_2、H_2O 进一步作用生成 $CaCO_3$ 沉淀，进而水中失去了硫酸盐，富集了 H_2S。在油田地下水、河湖底泥中及封闭的海盆底部，水中的有机质受脱硫细菌作用，也会产生同样结果。

$$CaS + CO_2 + H_2O = CaCO_3\downarrow + H_2S \tag{4-5}$$

(5) 蒸发浓缩作用：在干旱地区，内陆湖和地下水由于蒸发浓缩作用正在经历盐渍化威胁。在蒸发浓缩过程中，各种盐类的沉淀顺序为：Al、Fe、Mn 的氢氧化物→Ca、Mg 的碳酸盐、硫酸盐和磷酸盐→Na 的硫酸盐→Ca、Mg 的氯化物→硝酸盐。

(6) 混合作用：雨水渗入补给地下水，地下水补给河水，河水注入湖泊或大海，河口段的潮水上溯，滨海含水层海水入侵等，都是天然水的混合。两种或几种矿化度不同、成分各异的天然水相遇，混合以后的矿化度和化学组成均会发生变化。若混合过程中没有发生沉淀和吸附及阳离子交换作用，混合前后水的矿化度之间呈线性关系。

(三) 环境因素对天然水化学成分的影响

1. 地质因素对天然水化学成分的影响

地下水在岩石的空洞、裂隙、风化壳和土壤毛细管运动过程中，含碳酸水与岩石相互作用，溶解岩石中的各种可溶盐类和部分金属元素，并将这些化学元素带入江河湖泊等水体中，发生沉淀，并随灌溉水进入农田改变土壤成分。因此，某区域地层的岩性基本决定了该区域地下水化学成分，也影响补给河流和湖泊的水化学成分。

被淋溶出来的元素多以溶液形式进行迁移。元素从岩石中转移出来随地下水迁移的强弱程度可用苏联地理学家波雷洛夫（B. B. Polenov）提出的"水迁移系数 K_x"来表示。水迁移系数公式如下：

$$K_x = \frac{M_{ex} \times 100}{M_t n_x} \tag{4-6}$$

式中：K_x 为元素 X 的水迁移系数；M_{ex} 为元素 X 在河流中的含量，mg/L；M_t 为河水中矿物质总含量，mg/L；n_x 为元素 X 占水体中矿物质的百分比，%；K_x 值越大，表示元素从风化壳或岩石中浸出的能力越强，反之越弱。

风化壳中元素的迁移序列见表 4-1。

表 4-1　　　　　　　　　　风化壳中元素迁移序列

元素的序列	迁移序列的成分	水迁移系数
强烈淋出的	Cl、Br、I、S	$2n \times 10^1$
易淋出的	Ca、Na、Mg、K	$n \times 10^0$
活动的	Si、P、Mn	$n \times 10^{-1}$
弱移动的	Fe、Al、Ti	$n \times 10^{-2}$
不移动的	SiO_2（石英）	$n \times 10^{-\infty}$

如表 4-1 所列，不同元素的迁移能力差异较大。最易淋出的元素是 Cl、Br、I 及 S，它们比 Fe、Al、Ti 等元素的水迁移能力高出数千倍。因此，迁移能力最强的 Cl、S（以 SO_4^{2-} 形式）最先参与地下水和河水的循环；其次是 Ca、Na、Mg、K 等；而 Si、P、Mn 的迁移系数只有 $n \times 10^{-1}$，流失较弱。

虽然 Na 和 K 盐（NaCl、KCl、Na_2SO_4）都易溶，而 Ca 和 Mg 盐 [$CaCO_3$、$CaSO_4$、$Ca_3(PO_4)_2$、$MgCO_3$ 等] 不易溶，但 Ca 的迁移能力通常大于 Na 和 K，因为决定元素迁移能力的因素不仅是离子的性质，同时还取决于含该元素矿物的特性和抵抗风化的能力。Na 和 K 主要含在硅酸盐矿物中（长石、云母），这些硅酸盐矿物抵抗风化的能力较含钙的方解石强很多。此外，K 是作物必需的营养元素且极易被土壤和岩石所吸附。因此，水中常见的离子是 Ca^{2+}、Na^+、Mg^{2+}、K^+、Cl^-、CO_3^{2-}、SO_4^{2-} 和 HCO_3^-。

元素在水中的迁移还与其在岩石中存在的状态及含量、化合物的溶解度、介质的氧化还原条件和气候条件有关。因此，分析一个地区的地质情况，有助于估计该区域天然水的化学成分及其状态。

2. 气候因素对天然水化学成分的影响

气候变化会对天然水化学成分造成一定影响。干旱地区植被稀少，风化壳和土壤中易溶盐类以尘埃形式被风带进大气，导致大气的矿化度变高，降水的矿化度也随之变高。据估计，陆地表面化学剥蚀的最大值为每年 36 亿 t，而随大气降水进入陆地的盐分约为每年 18 亿 t。近海地区海水中的盐以"海水泡沫"形式被送入大气，其中以 Na^+ 和 Cl^- 占优势，也包括部分 SO_4^{2-}。在西欧及其毗邻地区，大气降水中的 Cl^- 含量高达 200～300mg/L。

海水产生的无数小水滴蒸发后生成气相硫酸盐,以 2.5mg/L SO_4^{2-} 计,每年由此生成的 SO_4^{2-} 约为 1.3 亿 t,其中约有 10% 的 SO_4^{2-} 以不同形式降落到陆地。不同地理环境下,大气含盐量和含盐性质存在差异。例如,从沿海地区经华北平原到西北干旱地区,大气降水含盐量逐渐减少。在沿海地区,其化学成分受海洋影响,以 $Cl^- - HCO_3^- - Na^+$ 型为主;华北内陆平原属海洋内陆交替带,以 $HCO_3^- - SO_4^{2-} - Na^+$ 型或 $HCO_3^- - Cl^- - Ca^{2+}$ 型为主;在干旱地区,以 $HCO_3^- - SO_4^{2-} - Cl^- - Ca^{2+}$ 型或 $SO_4^{2-} - HCO_3^- - Ca^{2+}$ 型为主。

3. 人类活动对天然水成分的影响

工业排放和农业灌溉等人类生产生活均会对天然水成分产生影响。例如工业大气污染导致的酸雨,农田灌排中的化肥和农药导致的面源污染,城市生活污水、工业废水及工业废渣和城市垃圾的淋溶水等均会导致天然水的化学成分发生变化。

在工业区,煤和石油的燃烧及其他工业废气的排放使大气中 S 及其他有害物质含量显著增高,污染加剧,甚至在局部地区形成酸雨。与数十年前相比,目前的酸雨量显著增加。饱和 CO_2 的雨水,pH 值低至 5.5~5.6,这种高酸性的雨水将使地表酸化,冲蚀土壤。工业废水和城市生活污水排放到江河、湖泊,造成大量金属元素及有机废物进入水体,发生各种吸附、沉淀、降解等物理、化学及生物化学作用,亦会导致天然水成分发生变化。

农田灌溉水能够将土壤中的化学肥料和农药冲洗出来,其主要物质为可溶盐类(如磷酸盐、硝酸盐等),这些可溶盐部分随着地表径流进入江河、湖泊,部分则渗入地下水,两者均可导致天然水成分发生变化。在盐碱地洗盐排水过程中,可使原来盐渍化土壤中的 Na^+、Cl^-、Ca^{2+}、HCO_3^- 等离子发生转移,脱盐淡化,但会在灌溉地区下游造成盐类污染灾害,影响天然水的化学组成。

图 4-1 展示了自然农田水环境循环模式。从图中可知,受工农业、生活等日常水系排放的影响,河流、水库等自然水体的水质遭受不同程度的污染,某些金属和灰分元素随

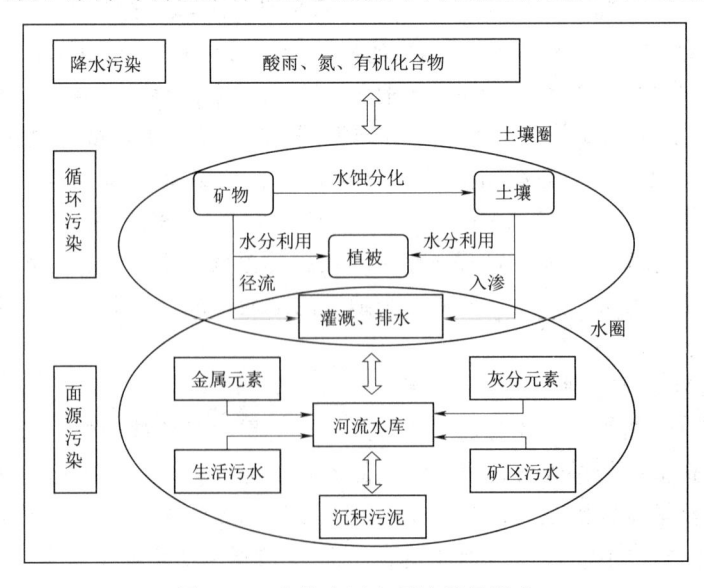

图 4-1 自然农田水环境循环模式

第一节 农业灌溉水质

灌溉水进入土壤，使得有毒有害物质在土壤中不断积累，这些物质随栽培植物的吸收又迁移到植株体内，同时，空气中的有害烟尘随降雨又回归土壤和植物。如此循环的污染对于常规农业生产是比较常见的大田面源污染。要使农业生态环境不受污染，建立和恢复生态系统的良性循环，必须严格控制农业灌溉水质。

二、农业用水水质度量单位

农业用水主要包括灌溉用水和牲畜饮用水。水中溶解物的成分和浓度决定了它们用作灌溉水和饮用水的质量。农业用水水质常规分析的项目有：酸碱度（pH 值）、Ca、Na、Mg、Fe、CO_3^{2-}、HCO_3^-、SO_4^{2-}、Cl、F、P、B、有机质，以及一些对作物生长有害或危及人畜健康的微量元素，如 Li、Pb、Hg、Cd、Cr、Se、As 等。水质浓度主要采用 mg/L 来度量，也常用百万分率（ppm）或十亿分率（ppb）来度量。

分解水中有机物主要采用生物氧化法，这一过程需要消耗水中的溶解氧。在缺氧条件下水体会发生腐败发酵，水质恶化，致使细菌繁生，疾病传染。目前采用需氧量来表示水中有机物含量的指标，主要有生化需氧量、化学需氧量和总需氧量。此外，也可用碳的含量为指标来表示水体有机物含量，例如总有机碳。

1. 生化需氧量

生化需氧量（biochemical oxygen demand，BOD）表示在人工控制的有氧条件下，好氧微生物在单位时间内氧化分解单位体积水样中的有机物所消耗的游离氧的数量。BOD 的大小，可以间接地反映水中有机污染物含量的高低。BOD 越高，表示水体的有机污染越严重。微生物的活动与温度有关，一般以 20℃ 为测定的标准温度。污水中各种有机物得到完全氧化分解的时间约需 100 天。为了缩短检测时间，一般以被检验的水样在 20℃ 下 5 天内的耗氧量为代表，称为五日生化需氧量，简称 BOD_5。对生活污水来说，BOD_5 约等于完全氧化分解耗氧量的 70%。相应地，还有 BOD_{10}、BOD_{20}。

2. 化学需氧量

化学需氧量（chemical oxygen demand，COD）是用化学氧化剂氧化水中有机污染物时所需的氧量。COD 越高，表示水中所含有机物越多。COD 测定快速，但是不同氧化反应条件的测出值不同，测定时不包括化学上较为稳定的有机物。因此它只能相对地反映水中有机物的含量。常用的氧化剂是高锰酸钾（$KMnO_4$），所测指标用 COD_{Mn} 来表示。

3. 总需氧量

总需氧量（total oxygen demand，TOD）是指水中的还原性物质，是有机物质在燃烧中变成稳定的氧化物所需要的氧量。TOD 值能反映几乎全部有机物质经燃烧后变成 CO_2、H_2O、NO、SO_2 等所需要的氧量。它比 BOD、COD 和高锰酸盐指数更接近于理论需氧量值。但它们之间也没有固定的关系。有研究指出，$BOD_5/TOD=0.1\sim0.6$，$COD/TOD=0.5\sim0.9$，具体比值取决于废水的性质。

4. 总有机碳

总有机碳（total organic carbon，TOC）是指水体中溶解性和悬浮性有机物含碳的总量。TOC 是一个快速检定的综合指标，它以碳的数量表示水中含有机物的总量。但由于它不能反映水中有机物的种类和组成，因而不能反映总量相同的 TOC 所造成的不同污染后果。由于 TOC 的测定采用燃烧法，因此能将有机物全部氧化，它比 BOD_5 或 COD 更能直接表示有机物的总量,是评价水体有机物污染程度的重要依据。

以上各指标测定过程中,同一水体一般满足:TOD>COD>BOD_{20}>BOD_{10}>BOD_5>COD_{Mn}>TOC。

三、灌溉用水水质评价要素及方法

灌溉用水的水质,应以满足作物正常生长、改善土壤理化性状、不污染地下水源以及保证农产品质量为要求。决定灌溉水质的要素应有:①可溶性盐类的总浓度;②Na^+和其他离子的相对比例;③HCO_3^-浓度与Mg^{2+}、Ca^{2+}浓度的关系;④B、Cl等元素的浓度;⑤某些微量元素如Cd、Se、Pb、Hg的潜在危害性。上述五点大致归结为盐害、碱(钠)害及特殊离子危害。

常规的水质分析项目中,有些指标对于作物生长至关重要,灌溉水质必须考虑。例如酸碱度(pH值),水体酸碱失衡会改变水体的自净能力,这种水用于灌溉会导致土壤酸化或碱化。最适宜农作物生长的水和土壤的pH值为6.0~7.5,灌溉水偏酸或偏碱时,均可使作物直接受害。酸性过高的水(pH值为2~4)不宜用于灌溉。根据盆栽试验,pH值为2.5的灌溉水,对水稻危害严重,使产量降低27%~50%,如此酸性的水不但容易腐蚀管道和渠道建筑物,还容易造成土壤中重金属溶解而危害作物。另外,长期使用pH值大于8的水进行灌溉,会引起土壤碱化,影响土壤养分的转化和有效利用,对作物根系有抑制作用,进而导致作物生长缓慢。有些指标不是灌溉水质必须考虑的,这些指标只在某些特定条件下才有意义。例如COD不是灌溉水质必须考虑的项目,但是在土气性较差、排水不良的情况下,不宜使用COD高的水进行灌溉。灌溉水质一般不考虑病原有机物,但当给饲料作物灌溉时,就应考虑病原有机物的影响,在最后一次灌溉与收获之间,留有较长时间以便消除病毒残留。

灌溉水质的优劣在农业生产中至关重要,需要采用合理方法进行灌溉水质评价。目前国内外灌溉水质评价方法很多,但由于不同地区的自然条件、作物品种、农业技术和管理水平的不同,选取的评价指标和等级标准也有差别,而且水质评价受诸多物理、化学、生物因素的影响,具有不确定性和模糊性,所以还没有一种完全令人满意的综合评价方法。目前主要的灌溉水质评价方法如下。

(一)以含盐量为基础的灌溉水质评价方法

含盐量或矿化度是衡量农田灌溉用水水质的主要标准之一。在非盐碱化土壤上,当地下水位在临界深度以下时,采用矿化度小于2g/L的水灌溉,对小麦、高粱、玉米、甘薯、棉花、黄豆等作物生长无不良影响,不会造成土壤次生盐碱化;采用矿化度为2~3g/L的水灌溉,在一定条件下,对作物生长无大影响;采用矿化度为4~6g/L的水灌溉,土壤积盐明显,对作物有一定影响,灌溉时要有防盐害措施。植物耐盐能力相差很大,且灌溉水的矿化度与土壤水的含盐量受气候、农田管理、土壤性质等因素影响。因此,很难制定一个统一的灌溉水矿化度标准。

水溶液的电导率可间接地反映溶液的含盐量,因此常用电导率来表示灌溉水的矿化度。灌溉水矿化度与土壤溶液相互作用时,考虑到蒸发和排水的影响,灌溉水电导率的极限值应满足下式要求:

$$E_{ci}=F_1 E_{cd} \tag{4-7}$$

式中：E_{ci}为灌溉水的电导率，S/m；E_{cd}为作物底部根层耐受的最大电导率，S/m；F_l为淋洗分数。

降水或灌溉水分进入土壤，受重力作用沿土壤孔隙向下层运动，向下运动的水分将溶解的盐分、营养物质和未溶解的细小土壤颗粒带到土体深层的过程称为淋洗过程。在农业灌溉中，每次灌溉都会增加土壤中的盐分，如果这些盐在根层的深度内积聚到损伤性的浓度，那么它们将使作物的产量减少。因此，需要使用充足的水进行淋洗，以便使一部分积累的盐分随着水一起渗到根区以下。根区深度的灌溉用水深度与渗透到根区以下的灌溉用水深度的比值称为淋洗分数。淋洗分数可由下式给出：

$$F_l = f_0 - \frac{E_0 T_p}{f_0 T_{ir}} \tag{4-8}$$

式中：f_0为土壤平均下渗率，cm/d；E_0为平均蒸发率，cm/d；T_p为总灌溉周期，d；T_{ir}为灌溉历时，d。

有关作物底部根层耐受的最大电导率，可从作物的相对耐盐性图表（L.A.理查兹主编的《盐碱土的鉴别和改良》）中查得。因此，当F_l和E_{cd}范围给定时，灌溉水允许的最大电导率可由表4-2查得。

表4-2　　　　　　　　　　灌溉水允许的最大电导率表

土壤水允许的最大电导率 E_{cd}/(S/m)	淋　洗　分　数			
	0.1	0.2	0.3	0.4
	灌溉水允许的最大电导率 E_{ci}/(S/m)			
2	0.2	0.4	0.6	0.8
4	0.4	0.8	1.2	1.6
8	0.8	1.6	2.4	3.2
18	1.6	3.2	4.8	6.4

（二）以碱度为指标的灌溉水质评价方法

碱害是指土壤中盐分，特别是易溶的盐类过多时对植物的伤害，其症状是植株萌芽受阻和减缓，幼株生长纤细并呈病态、叶片褪绿，不能达到开花和结果的成熟状态。有些盐类如$CaSO_4$和$CaCO_3$对作物没有危害。而钠盐，如$NaCl$、Na_2CO_3和Na_2SO_4则对作物危害较大。当灌溉水中钠相对于Ca、Mg含量过高时将害及土壤并影响作物生长，造成碱（钠）害。当灌溉水的$Na_2CO_3 < 1g/L$、$NaCl < 2g/L$、$Na_2SO_4 < 3g/L$时灌溉农田是安全的。

为了评价灌溉水是否会引起碱害，必须精确指出水的阳离子浓度和土壤交换性钠之间的比例关系。钠吸附比（sodium adsorption ratio，SAR）是表示土壤溶液或灌溉水中与土壤进行代换反应的Na^+的相对活度的一个比值，是评价灌溉水质的重要化学指标，常用于指示灌溉水质对土壤和植物产生钠危害的程度，也是划分钠质和非钠质土壤的关键参数。灌溉水的SAR可用于评价灌溉水质。$SAR < 10$为低钠水，$10 \leqslant SAR < 18$为中钠水，$18 \leqslant SAR < 26$为高钠水，$SAR \geqslant 26$为极高钠水。SAR计算公式为

$$SAR = \frac{Na^+}{\sqrt{(Ca^{2+}+Mg^{2+})/2}} \quad (4-9)$$

式中：SAR 为钠吸附比，$(mmol/L)^{1/2}$；Na^+、Ca^{2+}、Mg^{2+} 为相应的离子浓度，$mmol/L$。

碱化度（exchangeable sodium percentage，ESP）又称交换性钠饱和度，是指盐碱土中交换性 Na^+ 占阳离子交换量的百分率，常被用作碱土分类及碱化土壤改良的指标和依据。一般来说 ESP 越高，土壤碱化程度越高，土壤性状越恶劣。我国常用的土壤碱化分级标准为：$5\% \leqslant ESP \leqslant 10\%$ 为弱碱土，$10\% < ESP \leqslant 15\%$ 为中度碱化土，$15\% < ESP \leqslant 20\%$ 为强碱化土，$ESP > 20\%$ 为碱土。ESP 一般是通过测定土壤中交换性 Na^+ 和阳离子交换量来确定的，但由于测定方法冗长、操作要求较高且易产生误差，因此学者们常根据 SAR 值来计算 ESP，计算公式如下

$$ESP = \frac{100 \times (-0.0126 + 0.01475 SAR)}{1 + (-0.0126 + 0.01475 SAR)} \quad (4-10)$$

该式表明，灌溉水的 SAR 越大，土壤交换性 Na^+ 的百分数也越大，碱害增加。

上述任何单独考虑盐害和碱害的方案都有片面性。沧州市农林科学院结合当地具体条件提出了一个兼顾盐害和碱害的水质分类方案。根据沧州地区地下水化学成分，建立了灌溉效果与灌溉水钠吸附比 SAR 和矿化度 K 之间的关系，以综合危害系数 K_h 表示。

$$K_h = 12.4K + SAR \quad (4-11)$$

$$K = \frac{M_1 - M_0}{V_w} \times 10^3 \quad (4-12)$$

式中：M_1 为容器和残渣的总质量，g；M_0 为容器质量，g；V_w 为水的体积，L。

按综合危害系数 K_h 的大小，结合灌溉效果，将部分区域农田灌溉用水分为四级，见表 4-3。

表 4-3　　　　　　　　　　农田灌溉水质标准评价表

级别	水质类型 名称	综合危害系数 K_h	灌溉效果 高钠水	灌溉效果 低钠水
一	淡水	$K_h \leqslant 25$	灌后无不良作用，增产显著，允许按作物需水进行长年灌溉	灌后无不良作用，增产显著，允许按作物需水进行长年灌溉
二	一般水	$25 < K_h \leqslant 36$	灌后土壤发板，增产效果较好，可适当灌溉，灌后应及时中耕	灌后田埂沟边有返白现象，增产效果较好，宜适当灌溉
三	微咸水或微碱水	$36 < K_h \leqslant 44$	灌后土壤板结，有增产效果，应增施有机肥，灌后应及时中耕	灌后地面有返白现象，但有增产效果，宜抗旱灌溉
四	咸水或碱水	$K_h > 44$	灌后土壤盐碱化，K_h 值偏低者可用点种起到保苗作用，高者一般不易灌溉	灌后土壤易于盐化，K_h 值偏低者，可用以点播起到保苗作用，高者一般不易灌溉

(三) 氯害和硼害的评价

1. 氯害

氯对某些树木和蔓生作物有特异毒性。在水稻对氯化物最敏感的返青期，灌溉水中氯

化物的安全浓度在 600mg/L 以下，抑制浓度为 600~1000mg/L，危害浓度为 1200~1500mg/L。考虑对作物生长的影响，我国限定灌溉水中氯化物的标准为非盐碱土不超过 300mg/L。由于植物的耐氯性与植物特性有关，对氯化物敏感的木本植物，灌溉水中允许的氯含量可由下式得出：

$$C_{li} = F_1 C_{ld} \tag{4-13}$$

式中：C_{li} 为使植物正常生长灌溉水中允许的氯含量，mg/L；F_1 为土壤的淋洗分数，计算见式（4-8）；C_{ld} 为使植物正常生长土壤水中所允许的氯的最大含量，mg/L，C_{ld} 值可参考有关资料。

在不同的土壤淋洗分数和植物耐受土壤水中最大氯浓度条件下，灌溉水允许的最大氯浓度可参考表 4-4。

表 4-4　　　　　　　　　　灌溉水允许的最大氯浓度

植物耐受土壤水中最大氯浓度 /(mg/L)	淋 洗 分 数			
	0.1	0.2	0.3	0.4
	灌溉水允许的最大氯浓度/(mg/L)			
10	1	2	3	4
20	2	4	6	8
30	3	6	9	12
40	4	8	12	16
50	6	10	15	20

2. 硼害

硼是一切植物生长必需的营养元素，但需要量很低。作物硼中毒指的是作物吸收过量硼，生理代谢失调，生长发育受阻而表现中毒症状。土壤或灌溉水中含硼量过高或施硼肥过量都会使植物受害，其中尤以工业含硼废水或废渣不经处理或处理不当施入农田最易引起硼中毒。当土壤含硼 0.05~0.1mg/L 时，许多作物是安全的，但当土壤含硼 0.5~1.0mg/L 时，会引发作物硼中毒。安全浓度与中毒浓度之间相差很小，需注意评估灌溉用水的硼含量。

（四）微量元素危害的评价

微量元素在植物体内的含量极少，但在植物生理过程中发挥的作用与主要元素同样重要。从植物养分观点看，灌溉水中的部分微量元素是植物生长所必需的养分，同时会直接影响土壤的化学性质。若微量元素过量则不利于植物生长，进而影响以该植物为饲料的动物。

铜是植物必需的一种微量营养元素，但对水生生物危害较大。灌溉水中的铜会在土壤中积累。当土壤中积累铜元素过量时，将对作物产生危害。日本灌溉用水标准铜含量为不超过 0.04mg/L，美国灌溉用水标准为不超过 0.2mg/L，我国拟定灌溉水中铜及其化合物的标准为不超过 1.0mg/L。

锌是植物必需的微量元素之一，但过多会影响作物生长。长期灌溉下锌会在粮食和土壤中积累，我国拟定灌溉水中锌及其化合物的标准为不超过 3mg/L。

硒是人畜必需的微量元素，摄入量过低或过高都会引起不良后果。目前认为人的克山病与缺硒关系密切。盆栽试验证明灌溉水中含硒 0.01mg/L 时，产得的糙米中硒含量为 0.58mg/L。美国农业用水标准规定硒的最高允许限量为 0.05mg/L，我国标准规定为不超过 0.01mg/L。

硫是作物生长不可缺少的营养元素。例如硫对水稻光合作用、呼吸作用以及对磷素的吸收和转化乃至生长发育都有重要的影响，当灌溉水中硫含量低于 2.8mg/L 时，水稻将严重缺硫，因为水稻仅可以吸收灌溉水中 54% 的硫；当灌溉水中硫含量达 6mg/L 时，才可提供水稻生长所需的全部硫。因此，当灌溉水中的硫不足以满足作物需要时，则须施用硫肥进行补充。但硫化物是水体污染的一项重要指标，硫化物浓度即使很低也会使土壤有臭味，国标要求灌溉水中硫化物的含量应小于 1.0mg/L，硫含量为 1mg/L 的灌溉水不会对地面水和地下水造成污染。

镉元素主要存储在人体的肝脏或者肾脏里面，可促进脂肪的代谢和调节胰岛素的分泌，但摄入过量会对人体产生危害。日本的骨痛病即由食用"镉米"引起。沈阳某地调查表明，灌溉水含镉 0.007mg/L 的地区，土壤和粮食已受到污染，因此我国规定灌溉水中镉含量不超过 0.005mg/L。日本、美国农业用水标准规定镉含量分别不超过 0.01mg/L 和 0.005mg/L。

其他一些有害元素如汞、铅、砷、铬、氰化物和氟化物在我国拟定的灌溉水标准中都有说明，此处不再赘述。

第二节 农业水质标准

据 2021 年度《中国水资源公报》显示，我国农业用水为 3644.3 亿 m³，占用水总量的 61.5%，农业仍是我国第一用水大户。我国的农业相关水质标准分别由国家、行业及地方制定，其级别不同，制定的意义不同，但它们也相互协调、相互补充。因此，讨论农业用水及其水质标准很有现实意义，了解和掌握这些标准是较好地开展农业环境管理、进行农业生产和水域生态环境评价的基础。

一、农村居民生活用水水质标准

良好的水质是人民生活必不可少的。选择农村居民生活用水水源必须考虑下述原则：

（1）无传染疾病。以水为媒介传播的疾病很多，如伤寒、副伤寒、副霍乱、痢疾、病毒性肝炎及各种肠道寄生虫等，细菌和微生物可在水中存活几天或几个月。由于农村多数人饮用同一水源，所以传染病的流行一般是暴发型的。因此，农村居民生活用水要求卫生可靠，不传播疾病。

（2）控制水中有毒物质及其浓度。生活用水对水中含有的有毒物质有着严格的要求。有毒元素在饮用水中含量过高，原因之一是由环境污染引起的。例如，农业上施用肥料对潜水或上层滞水的化学成分的影响很大。由于大量使用肥料，潜水、江河和塘水的矿化度、磷酸离子、氨和对人体有害的亚硝酸盐的浓度均显著增高。因此，环境污染是影响饮用水质的一大关键。

（3）适于人体需要的水化学成分。饮用水的水质应适合人体的生理要求，所含元素应不会损害身体健康。近年来，国内外科学工作者对人体中的化学元素做了大量的分析研究，发现地壳中的元素在人体中几乎都有，且其丰度与地壳的元素丰度相似；人体对常量元素的耐受适应性较大，但对微量元素的适应性则非常敏感。如长期饮用氟含量超过11mg/L的水，会引起斑釉齿病；饮用硫、硒、锶和腐殖酸含量高的水，会引起大骨节病；世界卫生组织的资料显示，富含钙镁离子的水，对心血管疾病具有良好的预防作用。

（4）感官性状良好。水的颜色、味道、嗅味及透明度是说明水是否遭受污染的重要指标。生活饮用水要求感官良好，无色、无味、无嗅且没有悬浮物。

2006年颁布实施了修订版《生活饮用水卫生标准》（GB 5749—2006）。该标准加强了对水质有机物、微生物和水质消毒等方面的要求，新标准中的饮用水水质指标由原标准的35项增至106项，增加了71项；统一了城镇和农村饮用水卫生标准，参考了世界卫生组织的《饮用水水质准则》，实现饮用水标准与国际接轨。生活饮用水水质常规指标见表4-5。

表4-5　　　　　　　　生活饮用水水质标准——水质常规指标

	项　目	标　准
感官性状和一般化学指标（15项）	色度	色度不超过15度，并不得呈现其他异色
	浑浊度	不超过1度，特殊情况不超过3度
	臭和味	无异臭、异味
	肉眼可见物	无
	pH值	6.5～8.5
	总硬度（以碳酸钙计）	450mg/L
	铁	0.3mg/L
	锰	0.1mg/L
	铜	1.0mg/L
	锌	1.0mg/L
	挥发酚类（以苯酚计）	0.002mg/L
	阴离子合成洗涤剂	0.3mg/L
	硫酸盐	250mg/L
	氯化物	250mg/L
	溶解性总固体	1000mg/L
毒理学指标（15项）	氟化物	1.0mg/L
	氰化物	0.05mg/L
	砷	0.01mg/L
	硒	0.01mg/L
	汞	0.001mg/L
	镉	0.005mg/L
	铬（六价）	0.05mg/L
	铅	0.01mg/L
	硝酸盐（以氮计）	20mg/L

续表

项　　目		标　　准
毒理学指标 （15项）	三氯甲烷	0.06mg/L
	四氯化碳	0.002mg/L
	溴酸盐	0.01mg/L
	甲醛	0.9mg/L
	亚氯酸盐	0.7mg/L
	氯酸盐	0.7mg/L
细菌学指标 （3项）	菌落总数	100CFU/mL
	总大肠菌群	不得检出
	游离余氯	在与水接触30min后不应低于0.3mg/L。集中式给水除出厂水应符合上述要求外，管网末梢水不应低于0.05mg/L
放射性指标 （2项）	总α放射性	0.1Bq/L
	总β放射性	1Bq/L

二、牧场家畜饮水水质标准

在牧区，寻找合适的牲畜饮水水源是一个重要问题。对于人类安全的饮用水，供家畜饮用也是安全的。那些能引起人体潜在病变的微量元素的规定，对家畜同样适用。虽然目前的家畜饮用水质标准中没有规定微量元素的界限，但是也可以予以考虑。国外对家畜饮用水的水质较为关注，例如南非和澳大利亚等。表4-6列出了澳大利亚西部家畜饮用水含盐量的极限值。

表4-6　　　　　　　　澳大利亚西部家畜饮用水含盐量的极限值

动物	极限含盐浓度/(mg/L)	动物	极限含盐浓度/(mg/L)
家禽	2860	乳牛	7150
猪	4292	食用牛	10000
马	6435	羊	12000

三、渔业用水水质标准体系

我国的水环境质量是按照水域功能分区管理的。因此，综合性水环境质量标准都是分功能区制定浓度限值的。例如，《地表水环境质量标准》（GB 3838—2002）依据地表水使用功能和保护目标将其划分为5类，其中Ⅱ类水适用于鱼虾产卵场等，Ⅲ类水适用于水产养殖区等渔业水域，而《渔业水质标准》（GB 11607—1989）等专门渔业保护标准则制定了单一的限制浓度值。表4-7列出了我国部分渔业相关水质标准。

表4-7　　　　　　　　　　　渔业相关水质标准

编　号	名　称	标准类别
GB 11607—1989	渔业水质标准	国家标准
GB 3838—2002	地表水环境质量标准	国家标准

续表

编　　号	名　　　　称	标准类别
GB 3097—1997	海水水质标准	国家标准
GB/T 18407.4—2001	农产品安全质量 无公害水产品产地环境要求	国家标准
SL 63—1994	地表水资源质量标准	水利部行业标准
NY 5051—2001	无公害食品 淡水养殖用水水质	农业部行业标准
NY 5052—2001	无公害食品 海水养殖用水水质	农业部行业标准
NY/T 391—2021	绿色食品 产地环境质量	农业农村部行业标准

四、农田灌溉水质标准

灌溉水质主要是指水的化学、物理性状及水中含有物的成分及其含量。此外，灌溉水源的水质应符合作物生长和发育的要求。

（一）灌溉水质的分析项目

农田灌溉水质，主要指水中可溶性化学组分的种类、性质、数量及其相互关系。灌溉水中的总盐度（矿化度）和特殊离子的含量可直接影响作物的生长和产量，一般把 C、H、O、N、P、K、Ca、Mg、S 视为作物生长所必需的元素，Fe、Mn、Cu、Zn、B、Mo、Cl 视为必需的微量元素；其他，如 Hg、Cd、Cr、Se、As 等是灌溉水必须严格控制的有毒元素。

由于灌溉水与土壤和土壤溶液之间存在相互作用，因此在评价灌溉水质时，除水质本身外，还要考虑土壤性质和施肥、土壤改良情况。如排水性能好的土壤可以允许矿化度较高的灌溉水灌溉作物；土壤中的某些矿物风化释放出钙、镁、钠等盐类也会改变土壤溶液的成分；土壤中的矿物表面是带电荷的，当灌溉水渗入土壤时，灌溉水与土壤胶体发生离子交换，会改变土壤水的离子成分；土壤耕层的熟化程度也影响土壤水中盐分运移。施肥和土壤改良给土壤人为外加了一些盐类，它们会在不同条件下发生溶解，参与离子的交换和沉淀作用。

由此可见，评价灌溉水质是个复杂的问题，应有一个综合性、因地制宜的标准。从农业和经济角度出发，影响农业用水水质标准的基本因素有：①使用范围，如户外种植、温室种植和家畜饮用水源等；②所规定生长物的类型，如水果、蔬菜、根茎作物、谷物及观赏植物等；③土壤的类型，如红壤、棕壤、褐土、黑土、栗钙土、漠土、潮土（包括砂姜黑土）、灌淤土、水稻土、湿土（草甸、沼泽土）、盐碱土、岩性土和高山土等；④土壤质地，如砂质土、黏质土和壤土等；⑤灌溉水的来源；⑥喷洒灌溉用水量；⑦灌溉方法，如灌溉设备和工艺。

（二）农田灌溉用水水质标准

根据我国情况，1978 年、1985 年、1991 年、1992 年、2005 年先后对农田灌溉水质标准进行了修订和完善。2021 年 7 月 1 日由生态环境部和国家市场监督管理总局发布并正式实施《农田灌溉水质标准》（GB 5084—2021）。表 4-8、表 4-9 分别列出了 GB 5084—2021 农田灌溉用水中基本控制项目和选择控制项目应符合的水质标准。

表 4-8　　　　农田灌溉用水基本控制项目水质标准（GB 5084—2021）

序号	项目类别		作物种类		
			水田作物	旱地作物	蔬菜
1	BOD_5/(mg/L)	≤	60	100	40[a]，15[b]
2	COD/(mg/L)	≤	150	200	100[a]，60[b]
3	悬浮物/(mg/L)	≤	80	100	60[a]，15[b]
4	阴离子表面活性剂	≤	5	8	5
5	水温/℃	≤	35		
6	pH 值		5.5～8.5		
7	全盐量/(mg/L)	≤	2000（盐碱土地区） 1000（非盐碱土地区）		
8	氯化物（以 Cl^- 计）/(mg/L)	≤	350		
9	硫化物（以 S^{2-} 计）/(mg/L)	≤	1		
10	总汞/(mg/L)	≤	0.001		
11	总镉/(mg/L)	≤	0.01		
12	总砷/(mg/L)	≤	0.05	0.1	0.05
13	总铬（六价）/(mg/L)	≤	0.1		
14	总铅/(mg/L)	≤	0.2		
15	粪大肠杆菌数/(个/100mL)	≤	40000	40000	20000[a] 10000[b]
16	蛔虫卵数/(个/L)	≤	20		20[a]，10[b]

注　1. a：加工、烹调及去皮蔬菜；b：生食类蔬菜、瓜果和草本水果。
　　2. 水田作物指适于水田淹水环境生长的农作物，如水稻等。旱地作物指适于旱地、水浇地等非淹水环境生长的农作物，如小麦、玉米、棉花等。

表 4-9　　　　农田灌溉用水选择控制项目水质标准（GB 5084—2021）

序号	项目类别		作物种类		
			水田作物	旱地作物	蔬菜
1	氰化物（以 CN^- 为计）/(mg/L)	≤	0.5		
2	氟化物（以 F^- 为计）/(mg/L)	≤	2（一般地区），3（高氟区）		
3	石油类/(mg/L)	≤	5	10	1
4	挥发酚/(mg/L)	≤	1		
5	总铜/(mg/L)	≤	0.5		1
6	总锌/(mg/L)	≤	2		
7	总镍/(mg/L)	≤	0.2		
8	硒/(mg/L)	≤	0.02		
9	硼/(mg/L)	≤	1[a]，2[b]，3[c]		
10	苯/(mg/L)	≤	2.5		
11	甲苯/(mg/L)	≤	0.7		

第二节 农业水质标准

续表

序号	项目类别		作物种类		
			水田作物	旱地作物	蔬菜
12	二甲苯/(mg/L)	≤	0.5		
13	异丙苯/(mg/L)	≤	0.25		
14	苯胺/(mg/L)	≤	0.5		
15	三氯乙醛/(mg/L)	≤	1		0.5
16	丙烯醛/(mg/L)	≤	0.5		
17	氯苯/(mg/L)	≤	0.3		
18	1,2-二氯苯/(mg/L)	≤	1		
19	1,4-二氯苯/(mg/L)	≤	0.4		
20	硝基苯/(mg/L)	≤	2.0		

注 a. 对硼敏感作物，如黄瓜、豆类、马铃薯、笋瓜、韭菜、洋葱、柑橘等；
b. 对硼耐受性较强的作物，如小麦、玉米、青椒、小白菜、葱等；
c. 对硼耐受性强的作物，如水稻、萝卜、油菜、甘蓝等。

(三) 污水在农业上的应用及其对环境的影响

当进入水体的外来污染物质的数量超过了水体的自净能力，并达到破坏水体原有用途的程度，即构成水污染而成为污水。污水中含有大量非病原微生物和少量能引起人类传染病的病原微生物。污水按其成因分为天然污水和城市污水两大类，城市污水又分为生活污水和工业废水。

1. 天然污水

天然污水是指含一定数量硝态氮的浅层地下水，凡硝态氮含量大于 15mg/L 的井水均有肥田的效用，也称为肥水。我国一般把氮含量在 60mg/L，矿化度小于 3g/L 的肥水用于灌溉。肥水的形成主要来源于家畜粪便、生活污水淋滤渗透，或河床三角洲地带河水夹带生物有机体被快速掩埋。在还原条件下，土壤中有机体分解使硝酸盐积聚于一定地层从而形成肥水储藏层。用其进行灌溉也需经过处理，处理要求和标准同于一般污水。近年来的调查说明，我国北方的东北平原、华北平原、淮北平原、山东半岛、黄土高原和汉中盆地都有肥水的储藏。

2. 城市污水

(1) 生活污水。生活污水是居民日常生活中排出的废水，主要来源于居住建筑和公共建筑，如住宅、机关、学校、医院、商店、公共场所及工业企业卫生间等。生活污水所含的污染物主要是有机物（如蛋白质、碳水化合物、脂肪、尿素、氨氮等）和大量病原微生物（如寄生虫卵和肠道传染病毒等）。存在于生活污水中的有机物极不稳定，容易腐化而产生恶臭。细菌和病原体以生活污水中有机物为营养而大量繁殖，可导致传染病蔓延流行。农村排放的生活污水分为黑水和灰水。黑水是指粪便污水，含有粪便物质的生活污水或厕所污水。灰水是指人们生活中除黑水以外的所有用水，例如厨房洗涤、洗衣、洗澡等所产生的比黑水较干净的污水，其数量比黑水大很多。

根据来自城市居民的洗涤、厨房、卫生废水成分分析，平均每个居民每天排入下水道的污水含悬浮物 35~50g、氯化物 8.5~9g、铵态氮 7~8g、磷 1.5~1.8g、钾 3g。一般生活污水中含有大量的氮、磷、钾，其中，有机物占60%，无机物占40%。南京市大厂镇于1963年建成一座污水灌溉工程，据分析，污水肥分中，含氮15.5mg/L，含磷2.95mg/L，含钾6.61mg/L。

生活污水的成分与当地居民的生活习惯、季节有关，即使同一地点，污水的浓度也有很大的变化。生活污水含肥效浓度列于表4-10。

表4-10 生活污水含肥效浓度

项目	总氮	氨氮	磷	钾
浓度/(mg/L)	39.8~45.1	17.2~30.1	8.5~18.2	13.1~20.4

(2) 工业废水。工业废水是指工业生产过程中产生的废水、污水和废液，其成分主要取决于生产过程中工业生产用料、中间产物和产品应用的材料和化学品以及产生的污染物。如电解盐工业废水中含有汞，重金属冶炼工业废水含铅、镉等各种金属，电镀工业废水中含氰化物和铬等各种重金属，石油炼制工业废水中含酚，农药制造工业废水中含各种农药等。大部分工业废水经过处理都可用于灌溉，使用经过处理的工业废水进行灌溉可以有效利用其成分中含有的较多氮、钾和磷，起到改良土壤的作用。

污水灌溉对作物生长有益，其主要优势包括可缓解水资源的短缺、消除污染、改善环境、提高土壤肥力、降低污水处理成本及增加粮食产量等。污水中含有大量有机物和营养物质，合理利用污水灌溉可增加土壤的有机质和营养物质，提高土壤肥力。以往研究发现污水灌溉能改善土壤质量，增加土壤有机质、全氮、速效氮、速效磷的含量，增加土壤阳离子代换量。此外，污水灌溉有明显的增产效果，研究发现小麦污水灌溉比对照增产6.99%~19.40%，砂、壤、黏质土中以砂质土增产效果最好，增产19.40%。但污水中含有大量的有毒有害物质，若污水中污染物浓度过高，超过水体和土壤的自净能力，势必给环境带来危害。不当的污水灌溉亦可造成作物体内重金属等有害元素的过量残存，从而造成粮食污染。污水中的重金属不仅能导致土壤肥力降低，还能使农作物产量降低、品质下降，甚至通过食物链影响人体健康。

据环保部门2006年公布的数据显示，我国污水灌溉约使217万hm^2农田受到污染，全国累计因耕地污染而造成的粮食减产损失达150亿kg，农畜产品平均污染物超标率为18.5%（以产量计）。20世纪80年代，我国污水灌区农业环境质量普查协作组对20个灌区的地下水污染情况调查发现，我国86%的污水灌溉区水质不符合灌溉要求，仅贵州清镇、株洲湘氮、上海川沙、乌鲁木齐四宫4个灌区未受到污染，洛阳、房山、蔡冲、沈抚4个灌区严重污染，其余12个灌区地下水轻度污染，污水灌溉直接危害着污灌区人们的饮水及食物安全。

利用污水灌溉应考虑以下方面：①不使作物减产；②不使土壤污染和盐碱化；③不污染地面水和地下水；④注意硒、镉、汞、铅、铬等特殊离子在土壤和植物体中的累积，避免种植对这些元素吸收能力强的作物。

利用污水灌溉还应加强田间管理，完善工程设施，注意渠道防渗。在地下水露头区、生活用水井附近不要使用污水灌溉。在岩层渗透良好地区使用污水灌溉要慎重。生吃菜类不可用污水灌溉，否则应消毒后食用。本着一般项目从宽、危害水质项目从严的原则。污水灌溉水质标准见表4-11。

表4-11　　　　　城市污水灌溉农田水质标准（参考指标）

项　目	灌溉标准允许值	备　注
pH值	5.5～8.5	酸性土壤可高些 碱性土壤可低些
温度/℃	≤35	
悬浮物/(mg/L)	300	
矿化物/(mg/L)	800～1000	
氯化物/(mg/L)	300	
总固体/(mg/L)	1500	溶解固体500mg/L
油脂类/(mg/L)	20～30	
硫化物/(mg/L)	5	养鱼池为2mg/L
挥发酚/(mg/L)	5	
氰化物/(mg/L)	0.1	
砷/(mg/L)	0.2	
铅/(mg/L)	0.1	
铬/(mg/L)	0.1	
汞/(mg/L)	0.005	
镉/(mg/L)	0.1	

利用污水灌溉，除了利用它的水分和有效肥分外，还须严格控制它的有毒成分，如砷、油、酚、氰化物及某些重金属等，因为用含有这些成分的水灌溉，土壤易留有有害残留物。有的地方用制革工业污水灌田，结果菠菜含铬0.193mg/L，胡萝卜含铬0.028mg/L，稻谷含铬0.062mg/L。用含氟的工业废水灌溉，土壤明显残留氟元素。有些有毒的元素可以通过水—土壤—植物发生累积，动物和人食用以后可能中毒致病。因此使用污水灌溉必须十分慎重。

第三节　土壤溶质和污染物迁移

土壤溶质是指溶解于土壤水溶液中的化学物质，包括污染物。土壤溶质运移主要研究溶质和污染物在土壤中运移的过程、规律和机理。土壤中的液相部含有各种无机、有机溶质，溶质在土壤中的运移状况不仅与土壤水的流动有关，也与溶质的性质及其在随水移动过程中所发生的物理、化学和生物过程有关。土壤溶质运移研究是生产和环境保护的需要，如工业废水、污染物的处理，农药、重金属、硝酸根离子等在土壤中的移动及其对土壤和水体的污染等问题，都必须根据土壤溶质运移的理论和方法进行研究。

一、土壤溶质的组成和化学过程

（一）土壤溶质的来源

土壤溶质主要来源于：自然条件如岩石矿物风化及其风化物的迁移、降雨携带的物质、古含盐地层中盐类的迁移、生物过程中所形成的有机质中的可溶性部分；人类活动如工业生产中产生的废气、废水以及农业生产中化肥的施用和农药的使用等。

1. 岩石风化及迁移

在自然环境影响下，岩石进行物理、化学和生物风化过程，形成的风化产物溶于土壤水，从而成为土壤溶质。由于岩石矿物种类不同以及各地区的植被、气候条件存在差异，其风化类型和风化产物也各不相同，如在干旱、半干旱地区以物理风化为主，但在湿润地区则以化学风化为主，导致土壤溶质组成也各不相同。此外，在相同气候条件下，岩石风化所产生的土壤溶质由于地貌、水文地质等条件的不同也存在迁移过程的差异。

2. 降水

雨水降落的过程中会挟带空气中某些组分如 CO_2、O_2、工厂释放的硫和氮的氧化物以及空气中悬浮颗粒所含的盐分等。滨海地区海水浪花所产生的含盐水滴因气流带至空中，形成高盐化水滴的雾，或变成悬浮的盐晶；它们要么随降水湿沉降至地面，要么在两次降水期间干沉降至地面，称为"循环盐"。在内陆地区，干沉降所带来的盐分占沉降至地面总量的 25%～30%。

3. 古含盐地层

早年被沉积下来的富含盐类的沉积层大部分是海相或湖相沉积层，或古代积盐层经地质构造运动而隆起的高地。这些盐层要么裸露地表、要么埋藏深处，后经人类活动和自然因素的影响，被释放而进入土壤。如河流在经过含盐沉积层时，河水含盐浓度会增大，若用其灌溉土壤，会使土壤盐分倍增。此外，含盐地层的盐分在地下水上升时被挟带至上部土层，导致土壤盐化，如我国新疆、甘肃、宁夏等地山前的残积含盐层。

4. 工业或火山影响

科学研究发现并证实，SO_2 及氮的氧化物（NO_x）是酸雨的主要成因，约 60% 的酸雨起因于 SO_2，约 40% 起因于 NO_x。火山气体中含有大量 SO_2 会被排放到大气中，而在工业区燃烧含硫量较高的煤也会人为排放大量 SO_2，这些气体会被降水冲刷而沉降，形成酸雨。

5. 生物过程

土壤中生物活动所产生的部分可溶有机物，如游离的氨基酸和糖类等会成为土壤溶质的一部分。

6. 农业生产活动

农业生产活动也会对土壤溶质的成分产生较大影响。例如，当农业灌溉不当时，会引起地下水位上升超过其临界值，使盐分通过毛细管上升，聚集地表导致土壤次生盐碱化；当灌溉水质较差时，盐分或污染物质随灌溉水进入土壤，会引起土壤盐分和重金属元素的积累；此外，化肥、除草剂（或杀虫剂）的使用也会增大土壤盐分含量。

（二）土壤溶质的组成

土壤溶液是土壤水分、溶质和悬浮物质的总称，其溶质分为有机和无机两部分，有机部分包括氨基酸、腐殖酸、糖类和有机－金属离子的络合物等；无机部分其主要组成为阳离子 K^+、Na^+、Ca^{2+}、Mg^{2+}、NH_4^+ 和阴离子 HCO_3^-、CO_3^{2-}、NO_3^-、Cl^-、SO_4^{2-} 以及少量的化合物，如铁、锰、锌、铜等盐类化合物。以上组分可呈离子态、水合态和络合态等多种形态。由于人类活动的影响，溶液中也可能含有一些有机污染物、无机污染物、重金属元素及农药等。

（三）土壤溶质的化学过程

在自然条件和人为作用影响下，土壤中的三相物质（固相、气相和液相）不断发生变化和相互作用。土壤溶液是土壤化学过程和溶质运移进行的场所，也是土壤中最活跃的部分。土壤溶液的变化打破了土壤液相与气、固相之间的平衡，其中伴随着各种化学过程。

土壤溶液的化学过程较一般均相溶液中的化学过程要复杂得多。主要特点如下：①土壤溶液与土壤固相之间存在表面化学过程和相变过程；②土壤溶液的化学过程是一种动态过程，不仅要用化学平衡原理来研究，还需从化学动力学角度来进行分析；③土壤溶质的化学过程与物理过程紧密相关。

土壤溶质的化学过程主要包括以下五个方面。

1. 吸附与交换过程

土壤中大量存在的有机和无机胶体带有电荷，能对溶液中的离子产生吸附作用。由于范德华力、氢键、离子键、质子化等作用，土壤固相又可吸附一些分子态物质。离子交换过程是指土壤溶液中的离子取代已被土壤胶体吸附的离子的过程。

2. 水解与络合过程

水解反应是指溶液中的水合物或水合离子失去质子的过程，一般反应式如下：

$$[Me(H_2O)_x]^{n+} \rightleftharpoons [Me(OH)_y(H_2O)_{x-y}]^{(n-y)+} + yH^+ \tag{4-14}$$

络合物是指金属离子与电子给予体以配位键方式结合而成的化合物。络合物一般以一个中心金属离子（一般为多价离子）为核心，与一个或多个配位体（电子给予体）相键合形成，其中，配位体可以是离子或分子。

3. 溶解与沉淀过程

土壤溶液中化学物质与土壤矿物质之间的溶解与沉淀过程遵循化学平衡原理。影响土壤溶液中离子活度及其他条件的因子会对溶解沉淀过程产生影响，主要影响因素有盐效应、同离子效应和络合物的形成等。

4. 氧化与还原过程

土壤中同一物质可区分为氧化态（剂）和还原化态（剂），构成相应的氧化还原体系。土壤中主要的氧化剂 O_2，在通气良好的土壤中，氧体系控制氧化还原反应，使多种物质呈氧化态，如 NO_3^-、Fe^{3+}、Mn^{4+}、SO_4^{2-} 等。土壤中主要的还原剂是有机质特别是新鲜有机物，在土壤缺 O_2 条件下，将氧化物转化为还原态。土壤中氧化还原体系可分为无机体系和有机体系。无机体系的反应一般是可逆的，有机体系和微生物参与条件下的反应是半可逆或不可逆的。

5. 生物化学过程

土壤中许多化学反应都离不开微生物的作用，尤其是土壤中有机质的分解和氮素转化过程。

二、土壤溶质运移机理

土壤溶质运移过程是指可溶性物质以水为媒介，在土体内的迁移过程，包括对流、水动力弥散（扩散和机械弥散）等可溶性物质的运移过程，也包括溶质的源汇和动态存储。

（一）对流

土壤溶质随运动着的土壤水而移动的过程称为对流。对流引起的溶质通量与土壤水通量和溶质的浓度有关，表达为

$$J_c = q_w C_s \qquad (4-15)$$

式中：J_c 为溶质的对流通量，是指单位时间、单位面积土壤上由于对流作用所通过的溶质的质量或物质的量，$mol/(m^2 \cdot s)$；q_w 为水通量，m/s；C_s 为溶质浓度，mol/m^3。

如果用孔隙流速和含水量的乘积来表示水通量，有

$$q_w = v_k \theta_v \qquad (4-16)$$

则式（4-15）可表达为

$$J_c = v_k \theta_v C_s \qquad (4-17)$$

式中：v_k 为平均孔隙流速，m/s，是指含水孔隙中水的平均流速，即单位时间内水通过土壤的直线长度，不考虑孔隙通道的曲折途径，也称为平均表观流速；θ_v 为体积含水量，m^3/m^3，饱和流的 θ_v 为土壤的有效孔隙度。

（二）扩散

扩散是由于离子或分子的热运动而引起的混合和分散的作用，是一种不可逆过程。它是由溶液浓度梯度引起的，只要浓度梯度存在，土壤溶液不流动时扩散作用也存在。扩散作用常用菲克（Fick）第一定律来表示，即

$$J_d = -D'_s \frac{dC_s}{dx} \qquad (4-18)$$

式中：J_d 为溶质的扩散通量，$mol/(m^2 \cdot s)$；D'_s 为溶质有效扩散系数，m^2/s；dC_s/dx 为浓度梯度。

D'_s 一般小于该溶质在纯水中的扩散系数 D_0，因为在土壤中 D'_s 还受孔隙弯曲度 $(L_d/L_e)^2$、带电荷颗粒对水的黏滞度 (α_v) 以及阴离子排斥作用对带负电颗粒附近水流的阻滞作用 γ_r 的影响。D'_s 可表示为

$$D'_s = \theta_v \left(\frac{L_d}{L_e}\right)^2 \alpha_v \gamma_r D_0 \qquad (4-19)$$

式中：L_d 为扩散的宏观平均途径；L_e 为实际的弯曲途径。

由于 L_d/L_e、α_v、γ_r 均小于1，所以 D_s 小于 D_0。

20世纪80年代以后，对土壤溶质扩散这一过程做的描述，多采用下式

$$J_d = -\theta_v D_s \frac{dC_s}{dx} \qquad (4-20)$$

其中

$$D_s = D_0 \tau \qquad (4-21)$$

式中：D_s 为扩散系数；τ 为土壤通道的弯曲度，无量纲，对大多数土壤而言，其变化范围为 0.3～0.7。

在降水、灌溉入渗或饱和水流动中，溶质扩散作用的比重较小，往往可以忽略。但在流速较慢的情况下，扩散作用很重要。

（三）机械弥散

溶质的机械弥散作用是由土壤孔隙水的微观流速变化引起的，具体有以下几方面

原因:

(1) 孔隙的中心和边缘的流速不同,如图 4-2 (a) 所示。在一半径为 a_r 的毛管中,流入液以稳定速度 v_0 进入毛管,可以用抛物线方程来表示

$$v_r = 2v_0 \left(1 - \frac{r_1^2}{a_r^2}\right) \tag{4-22}$$

式中:a_r 为毛管半径,m;r_1 为离毛管轴的距离,m;v_r 为离毛管中心 r_1 处的速度,m/s。因此,在管中心的流速为 $2v_0$,管壁处的流速为 0。

(2) 孔隙直径大小不一,其流速不同,如图 4-2 (b) 所示。根据泊肃叶 (Poiseuille) 定律,流量与压力梯度和管半径的四次方成正比,说明了流速与管径的关系。

(3) 孔隙的弯曲程度不同和封闭孔隙或团粒内部孔隙水流基本上不流动,而使微观流速不同,如图 4-2 (c) 所示。

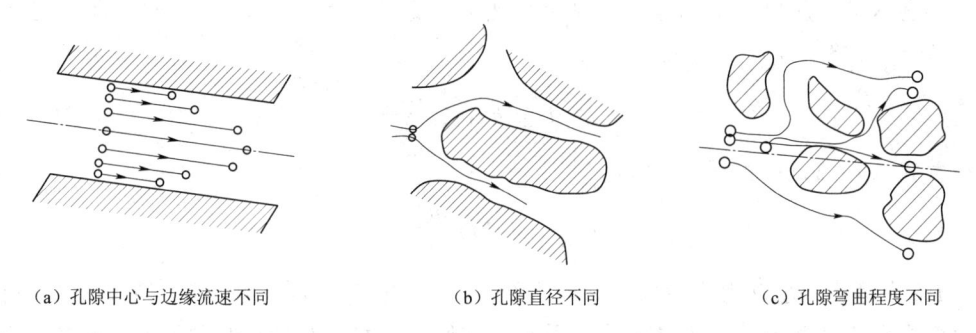

(a) 孔隙中心与边缘流速不同　　(b) 孔隙直径不同　　(c) 孔隙弯曲程度不同

图 4-2　机械弥散作用产生的机理示意

由于机械弥散的复杂性,用具有明确物理意义的定量表达式描述较困难。泰勒 (Taylor) 首先定量地研究了毛管中沿水流方向的纵向弥散作用,之后有学者将泰勒的方法应用于不规则形状的毛管,认为局部的速度分布不是抛物线,另一些学者将多孔体视为毛管的随机网络,但应用这种几何模型来描述弥散时仍有其局限性。随后有学者应用统计方法,将多孔体作为一个黑箱,溶质运移的途径是未知的、现象是随机的,发现溶质的概率函数成高斯 (Gauss) 正态分布。用统计方法可以证明,机械弥散虽然在机制上与分子扩散不同,但可以用相似的表达式,有

$$J_h = -\theta_v D_h \frac{dC_s}{dx} \tag{4-23}$$

其中

$$D_h = \alpha_h |v_k|^n \tag{4-24}$$

式中:J_h 为溶质的机械弥散通量,$\text{mol}/(\text{m}^2 \cdot \text{s})$ 或 $\text{kg}/(\text{m}^2 \cdot \text{s})$;$D_h$ 为机械弥散系数,m^2/s,是平均孔隙流速的函数;n 一般可近似取 1;α_h 为弥散率或弥散度,为 0.2~0.55cm。

弥散率可视为土壤不均一性的尺度,根据所研究问题对象的不同,田间的 α_h 要比实验室所得到的 α_h 大 1~3 个数量级。在二维情况下,α_h 由平行于水流方向的纵向弥散度 α_{hL} 和垂直于流向的横向弥散度 α_{hT} 组成。在直角坐标系中 D_h 由 D_{xx}、D_{xy}、D_{yx}、D_{yy} 组成,其计算公式为

$$\begin{cases} D_{xx} = \dfrac{\alpha_{hL} v_{kx}^2}{v_k} + \dfrac{\alpha_{hT} v_{ky}^2}{v_k} \\ D_{xy} = \dfrac{(\alpha_{hL} - \alpha_{hT}) v_{kx} v_{ky}}{v_k} = D_{yx} \\ D_{yy} = \dfrac{\alpha_{hT} v_{kx}^2}{v_k} + \dfrac{\alpha_{hL} v_{ky}^2}{v_k} \end{cases} \quad (4-25)$$

式中：v_{kx}、v_{ky} 分别为沿 x、y 方向的平均孔隙流速，m/s。根据试验报道，α_{hL} 往往比 α_{hT} 大 3～20 倍。

机械弥散和扩散都引起土壤溶质浓度的混合和分散，由于微观流速不易测定，弥散与扩散也不易区分，所以在实际应用中常将两者联合起来，称为水动力弥散，合并式（4-18）和式（4-23）得

$$J_{sh} = D_{sh}(\theta_v, v_k) \frac{dC_s}{dx} \quad (4-26)$$

合并式（4-20）、式（4-23）得

$$J_{sh} = -\theta_v D \frac{dC_s}{dx} \quad (4-27)$$

式中：J_{sh} 为溶质的水动力弥散通量，mol/(m²·s) 或 kg/(m²·s)；$D_{sh}(\theta_v, v_k)$、D 分别为有效水动力弥散系数和水动力弥散系数。它们是含水量和平均孔隙流速的函数，在一维情形下，据式（4-18）、式（4-21）和式（4-24），可给出

$$D_{sh}(\theta_v, v_k) = \alpha_v |v_k|^n + D_s' \quad (4-28)$$

$$D = \alpha_v |v_k|^n + D_0 \tau \quad (4-29)$$

通过实验得到溶质穿透曲线，便可求出水动力弥散系数 D。应用量纲分析法可以证明无量纲数 D/D_s 是另一无量纲数 Pe 的函数。

$$Pe = \frac{v_k d_s}{D_s} \quad (4-30)$$

式中：Pe 称贝克来（Peclet）数；d_s 为多孔介质的平均粒径或其他介质的特征长度，m。

在实验室和田间土壤溶质运移的情况下，如不考虑湍流和裂隙流等，根据 Pe 的大小，可以把水动力弥散过程分成 4 个区，见表 4-12。

表 4-12　　　　　　　　水动力弥散过程分区

分区	Pe	D	分区	Pe	D
1	<0.3	$D = D_s$, $D_h \ll D_s$	3	5～20	$D_h < D < (D_s + D_h)$, $D_h > D_s$
2	0.3～5	$D = D_s + D_h$, $D_h \approx D_s$	4	>20	$D = D_h$, $D_h \gg D_s$

上述一维水动力弥散现象虽可反映水动力弥散系数与速度分布、分子扩散及介质特性之间的关系，但这种研究不可能认识到水动力弥散系数的张量特征。实际上，在各向同性的多孔介质中，纵向和横向水动力弥散彼此不同。当推广至各向异性介质时，这一问题将变得更为复杂。

三、土壤溶质运移模型

一个完整的土壤溶质运移模型，包括基本的土壤水分运动方程和土壤溶质运移方程。在第五章的第二节中将介绍土壤水分运动方程，此处重点介绍溶质运移方程。溶质运移是对流和水动力弥散（机械弥散和扩散）作用的结果，可将式（4-15）和式（4-27）合并得出，即

$$J=-\theta_{\mathrm{v}}D\frac{\mathrm{d}C_{\mathrm{s}}}{\mathrm{d}x}+q_{\mathrm{w}}C_{\mathrm{s}} \tag{4-31}$$

或

$$J=-\theta_{\mathrm{v}}D\frac{\mathrm{d}C_{\mathrm{s}}}{\mathrm{d}x}+v_{\mathrm{k}}\theta_{\mathrm{v}}C_{\mathrm{s}} \tag{4-32}$$

上式为浓度和通量不变情况下的方程。但在自然情况下一般都是瞬态过程，应按质量守恒定律列出连续方程。

取土壤一单元六面体为一单位容积土壤体，如图 4-3 所示，其边长各为 Δx、Δy、Δz。在 Δt 时段内，该单元体内溶质的变化符合质量守恒定律，无源汇过程，即进出该单元体的溶质质量的差等于 Δt 时段内该单元体内溶质质量的变化。

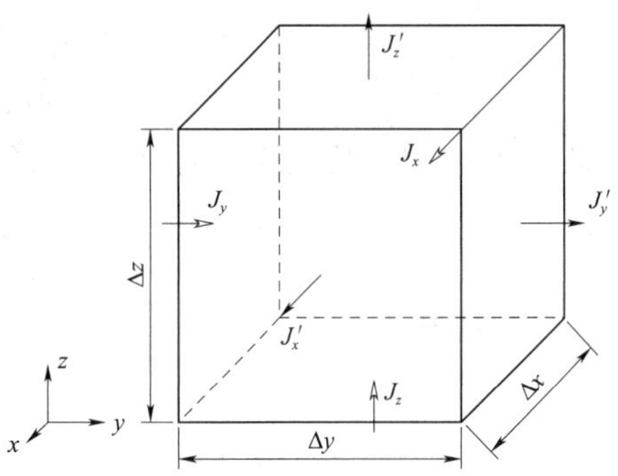

图 4-3　直角坐标系中连续方程单元体示意

令进入左面的溶质通量为 J_x，那么 Δt 时段由进入左面的溶质质量为

$$M_x=J_x\Delta y\Delta z\Delta t \tag{4-33}$$

流出右面的溶质通量为

$$J_x'=J_x+\frac{\partial J_x}{\partial x}\Delta x \tag{4-34}$$

Δt 时段内流出右面的溶质质量为

$$M_x'=\left(J_x+\frac{\partial J_x}{\partial x}\Delta x\right)\Delta y\Delta z\Delta t \tag{4-35}$$

在 Δt 时段内沿 x 轴方向的溶质流入与流出单元体的溶质质量差值为

$$\begin{aligned}\Delta M_x&=J_x\Delta y\Delta z\Delta t-\left(J_x+\frac{\partial J_x}{\partial x}\Delta x\right)\Delta y\Delta z\Delta t\\&=-\frac{\partial J_x}{\partial x}\Delta x\Delta y\Delta z\Delta t\end{aligned} \tag{4-36}$$

类似地，沿 y 轴和 z 轴方向的溶质流入与流出量之差分别为

$$\Delta M_y=-\frac{\partial J_y}{\partial y}\Delta x\Delta y\Delta z\Delta t \tag{4-37}$$

$$\Delta M_z=-\frac{\partial J_z}{\partial z}\Delta x\Delta y\Delta z\Delta t \tag{4-38}$$

所以在 x、y、z 三个方向上溶质流入量和流出量的总差值为

$$\Delta M = -\left(\frac{\partial J_x}{\partial x} + \frac{\partial J_y}{\partial y} + \frac{\partial J_z}{\partial z}\right)\Delta x \Delta y \Delta z \Delta t \tag{4-39}$$

在 Δt 时段内，该单元体中溶质质量的变化应为 $\frac{\partial(\theta_v C_s)}{\partial t}\Delta x \Delta y \Delta z \Delta t$，根据质量守恒定律得到

$$\frac{\partial(\theta_v C_s)}{\partial t}\Delta x \Delta y \Delta z \Delta t = -\left(\frac{\partial J_x}{\partial x} + \frac{\partial J_y}{\partial y} + \frac{\partial J_z}{\partial z}\right)\Delta x \Delta y \Delta z \Delta t \tag{4-40}$$

式（4-40）两边同时除 $\Delta x \Delta y \Delta z \Delta t$，得

$$\frac{\partial(\theta_v C_s)}{\partial t} = -\left(\frac{\partial J_x}{\partial x} + \frac{\partial J_y}{\partial y} + \frac{\partial J_z}{\partial z}\right) \tag{4-41}$$

或

$$\frac{\partial(\theta_v C_s)}{\partial t} = -\sum\frac{\partial J_i}{\partial x_i} \tag{4-42}$$

在一维情况下

$$\frac{\partial(\theta_v C_s)}{\partial t} = -\frac{\partial J_x}{\partial x_x} \tag{4-43}$$

将式（4-31）代入式（4-43），可得

$$\frac{\partial(\theta_v C_s)}{\partial t} = \frac{\partial}{\partial x}\left(\theta_v D \frac{\partial C_s}{\partial x}\right) - \frac{\partial(q_w C_s)}{\partial x} \tag{4-44}$$

在二维情况下

$$\frac{\partial(\theta_v C_s)}{\partial t} = -\left(\frac{\partial J_x}{\partial x} + \frac{\partial J_y}{\partial y}\right) \tag{4-45}$$

将式（4-31）代入式（4-45），展开可得

$$\frac{\partial(\theta_v C_s)}{\partial t} = \frac{\partial}{\partial x}\left(\theta_v D_{xx}\frac{\partial C_s}{\partial x} + \theta_v D_{xy}\frac{\partial C_s}{\partial y}\right) + \frac{\partial}{\partial y}\left(\theta_v D_{yy}\frac{\partial C_s}{\partial y} + \theta_v D_{yx}\frac{\partial C_s}{\partial x}\right) - \frac{\partial q_{wx}C_s}{\partial x} - \frac{\partial q_{wy}C_s}{\partial y} \tag{4-46}$$

为方便起见，通常情形下，仅考虑对流、水动力学弥散的土壤水溶质运移方程，用爱因斯坦求和约定表达，其标量形式为

$$\frac{\partial(\theta_v C_s)}{\partial t} = \frac{\partial}{\partial x_i}\left(\theta_v D_{ij}\frac{\partial C_s}{\partial x_j}\right) - \frac{\partial(q_{wi}C_s)}{\partial x_i} \quad (i,j=1,2,3 \text{ 或 } x,y,z) \tag{4-47}$$

式（4-47）即为常用的溶质运移基本方程。

如果溶质是易挥发性物质（如大部分农药），在运移过程中要考虑其在固相、液相和气相中浓度的变化，同时伴随源汇过程的发生，考虑到气相中溶质的扩散，据式（4-42）和式（4-47），可以推导得出溶质在土壤中运移过程的综合表达式

$$\frac{\partial}{\partial t}[\theta_v C_s + \rho_s C_2 + (p_s - \theta_v)C_g] = \frac{\partial}{\partial x_j}\left[\theta_v D_{ij}\frac{\partial C_s}{\partial x_j} + (p_s - \theta_v)D_{gij}\frac{\partial C_g}{\partial x_i}\right]$$
$$- \frac{\partial(q_{wi}C_s)}{\partial x_i} + \sum_k \Phi_k \quad (i,j=1,2,3 \text{ 或 } x,y,z) \tag{4-48}$$

式中：θ_v 为体积含水量，m^3/m^3；如果是饱和流，C_s 为溶质浓度，mol/m^3；ρ_s 为土壤容

重，mol/m^3；C_2 为溶质在固相中的浓度，mol/m^3；p_s 为总孔隙度，无量纲；C_g 为溶质在气相中的浓度，mol/m^3；D_g 为溶质在气相中的扩散系数；Φ_k 为源汇项，$mol/(m^2 \cdot s)$，包括生物吸收、化学反应、衰变等其他过程。本教材在阐述过程中，如不特殊说明，一般是指非挥发性溶质。而本节讨论的仅是非挥发性与土壤固相不发生任何反应的溶质。

当为饱和流时，式（4-47）变为

$$\frac{\partial C_s}{\partial t} = \frac{\partial}{\partial x_i}\left(D_{ij}\frac{\partial C_s}{\partial x_j}\right) - \frac{\partial(v_{ki}C_s)}{\partial x_i} \tag{4-49}$$

当为稳态流时，式（4-49）变为

$$\frac{\partial C_s}{\partial t} = D_{ij}\frac{\partial}{\partial x_j}\left(\frac{\partial C_s}{\partial x_i}\right) - v_{ki}\frac{\partial C_s}{\partial x_i} \tag{4-50}$$

一维情形下，式（4-50）即为

$$\frac{\partial C_s}{\partial t} = D\frac{\partial^2 C_s}{\partial x^2} - v_k\frac{\partial C_s}{\partial x} \tag{4-51}$$

因此，从理论上讲，田间土壤水分运动和溶质运移是相互联系和影响的。

四、土壤污染物类型和迁移特点

（一）土壤污染物类型及特点

土壤污染物是指由自然或人为因素进入土壤并通过影响土壤的理化性质和组成，导致土壤质量恶化、土壤环境系统自然功能失调的物质。

1. 按污染物种类及其性质分类

按污染物种类及其性质分类可分为以下几类：

（1）重金属污染物。土壤中重金属元素主要是指相对密度大于 $5g/cm^3$ 的微量金属。较常见的一些重金属污染物有 Hg、Cd、Cr、Pb、Cu、Zn、Co、Ni 以及类金属 As 等，其中，Hg、Cd、Cr、Pb、As 这 5 种元素对生物体危害性很大，被称为"五毒元素"；而 Cu、Zn 等元素是生物生长发育必需的微量元素，过多、过少都会对生物体产生危害。重金属污染物是土壤污染中最难以治理的一种，其特点为形态稳定、隐蔽性强、潜伏期长、易富集、难分解、危害大以及可以通过食物链在动植物体内累积，最终危害人类。

（2）农药、化肥类污染物。在农业生产上，人们为了追求粮食产量而大量地施用农药和化肥，导致这些化学物质在土壤中大量残留，使土壤环境恶化。农药主要包括杀虫剂、除草剂以及杀菌剂，除草剂所占的比例最大，杀虫剂其次，杀菌剂最少。目前使用的农药种类主要包括有机氯农药如六六六、狄氏剂，以及有机磷农药如对硫磷、敌敌畏等。农药在土壤中可长期残留且呈现较高毒性，尤其一些有机氯类农药在土壤中残留时间较长、危害大，对农作物生长造成影响。据生态环境部统计，2019 年我国化肥年施用量达 5400 万 t，而有效利用率仅为 40% 左右。大量施用化肥（尤其氮素肥料）、农药，造成耕地质量不断下降，硝酸盐在土壤中大量积聚。

（3）有机类污染物。土壤中的有机类污染物除化肥、农药外，还有石油、化工、制药、油漆及染料等行业排放废弃物中的有机污染物，其中石油烃类、多环芳烃、多氯联苯、酚类等有机污染物的性质稳定，能在土壤中长期残留，导致土壤的透气性降低，含氧量减少，影响土壤微生物活性和作物的生长，并富集在生物体内，危害生态系统。

(4) 酸、碱、盐类污染物。土壤中还可能存在酸类或碱类污染物，例如工厂向大气中排放的 SO_2、CO_2、NO_x 等废气不断增加，这些酸性气体通过干湿沉降进入土壤，会导致土壤酸化；碱法造纸、制碱、制革以及炼油等工业废水进入土壤，可造成土壤碱化。酸性废水或碱性废水中和处理后可产生盐，因此，土壤遭受酸和碱的污染必然伴随着无机盐类的污染。此外，灌溉不合理，加之特殊的生产环境条件，也会导致土壤盐渍化问题。当前，硝酸盐、硫酸盐、氯化物等无机盐类污染物常见且大量存在，会使土壤板结，改变土壤结构，导致土壤盐渍化甚至影响水质等。

(5) 放射性污染物。放射性污染物能够使土壤的放射性水平高于自然本底值。放射性元素如锶（Sr）、铯（Cs）、铀（U）等，主要来自核工业、核爆炸以及核设施泄漏，可通过放射性废水排放、放射性固体埋藏以及放射性物质沉降等途径进入土壤并造成污染。放射性物质与重金属一样因不能被微生物分解而残留于土壤，这些射线会对土壤微生物、作物以及人体造成持久的伤害。

(6) 病原菌类污染物。土壤中的病原菌污染物，主要包括病原菌和病毒等，主要来自人畜的粪便及未经处理的生活污水，特别是医疗废水。直接接触含有病原微生物的土壤或食用被病原微生物污染的土壤中种植的蔬菜和水果，会导致牲畜和人患病。

2. 按污染途径分类

按污染途径，一般可将污染类型分为水体污染型、大气污染型、农业污染型和固体废弃物污染型。

(1) 水体污染型。水体污染型是指受污染水体使污染物进入土壤，导致土壤污染。受污染水体主要包括工业废水、城乡生活污水和受污染的地表水等。水体型污染是主要的土壤污染类型，占土壤污染的 80% 左右，污水灌溉是典型的水体型污染。这类污染的特点是土壤污染物沿河流、灌溉干、支渠等呈树枝状或片状分布。

(2) 大气污染型。大气污染型是指大气污染物通过干、湿沉降作用进入土壤并对土壤造成污染。主要污染物为大气中的三氧化硫（SO_3）、二氧化硫（SO_2）、氮氧化物（NO_x）以及含有重金属和放射性物质的粉尘等。土壤受到污染主要表现为 pH 值变化、重金属和放射性元素含量增多等。这类污染的特点是以大气污染源为中心，呈扇形或条带状分布，污染物主要集中于耕层土壤。

(3) 农业污染型。农业污染型是指在农业生产过程中，农药、化肥等长期使用对土壤造成的污染，主要污染物为化学除草剂、土壤杀菌消毒剂和植物生长调节剂以及化学肥料和农膜等。其污染程度与化肥和农药的用量、种类、施用方式及耕作制度等有关，污染物主要集中于耕作表层。

(4) 固体废弃物污染型。固体废弃物污染型是指固体废弃物在地表堆放或处置过程中通过扩散、降水淋滤等途径直接或间接对土壤造成的污染。污染物主要包括工矿企业排放的废渣、尾矿、污泥以及城乡生活垃圾等。固体废弃物污染属于点源污染，污染物的种类和性质较为复杂。

污染物以不同途径进入土壤后，一般会经历吸附—解吸、挥发、渗滤、溶解—沉淀、氧化—还原、络合—解离、降解和积累放大等一系列物理、化学以及生物过程，完成其在土壤中的迁移转化。在这一过程中，土壤系统的功能、原始平衡以及物理化学性质都会发生改变，与此同时，污染物自身的物理化学性质及其毒性也会发生改变，这是土壤污染发生机理的重要环节。

（二）有机污染物在土壤中的迁移转化

土壤中有机污染物包括农药、石油烃类和化工污染物等，这些污染物进入土壤后通过径流、吸附—解吸、挥发、扩散、渗滤、生物吸收、生物降解、化学降解和光降解等途径进行迁移转化。这些过程往往同时发生，相互作用，并通过食物链对人体产生危害。

1. 有机污染物在土壤中的迁移途径

有机污染物在土壤中的迁移途径主要包括分配、挥发和机械迁移。

（1）分配。分配作用是指有机污染物与土壤固相之间相互作用的过程，包括吸附和土壤颗粒中有机质溶解两种机制。土壤颗粒越小、比表面能越大，土壤颗粒对有机污染物吸附性就越强；当有机污染物被吸附后，其活性和毒性都会有所降低。土壤颗粒中含有的有机碳越多，对有机污染物的溶解性越强。因此，土壤颗粒越小，有机碳含量越多，对有机污染物的分配作用越强。

（2）挥发。挥发是指有机污染物以分子扩散的形式从土壤中逸出进入大气的过程，是土壤中有机污染物重要的迁移途径。挥发作用的大小取决于有机污染物的蒸汽压、土壤颗粒组成、土壤孔隙度、土壤含水量和温度等因素。如有机磷和某些氨基甲酸酯类农药蒸汽压高，而DDT、狄氏剂、林丹等则较低，蒸汽压大，挥发作用就强。研究表明，土壤温度越高、土壤含水量越大、地表空气流速越快，有机污染物挥发作用就越强。

（3）机械迁移。机械迁移是指土壤中有机污染物随水分子运动进行扩散，包括两种形式，一种是有机污染物直接溶于水；另一种是有机物被吸附在土壤固体颗粒表面随水分运动。水溶性有机污染物容易随着水分的运动进行水平或垂直方向的迁移，难溶性有机污染物则大多被土壤有机质和黏土矿物强烈吸附，一般在土体内不易随水分运动进行迁移，但在土壤发生侵蚀的情况下可通过地表径流进入水体，造成水体污染。

2. 有机污染物在土壤中的转化

有机污染物在土壤中的转化主要是降解作用。降解包括化学降解、光降解和生物降解，它是有机污染物从环境中消除的最根本途径。

（1）化学降解。化学降解可分为化学水解和化学氧化两种形式。化学水解是有机污染物在土壤中的重要转化途径，能够改变有机污染物的结构和性质。化学氧化是指有机污染物在氧化剂的作用下，大分子氧化分解成小分子的过程，如林丹、艾氏剂和狄氏剂在臭氧的氧化作用下均能够被去除。

（2）光降解。光降解作用是指吸附于土壤表面的有机污染物在光的作用下，将光能直接或间接转移到分子链上，使分子键断裂，大分子变成小分子最后降解为水、无机盐和CO_2的过程。光降解分为直接光解、间接光解和光氧化降解。土壤中有机污染物的光降解一般是直接光解，在有机物污染的土壤治理上提倡水田改旱田、增加耕翻次数和垄作等管理方式，主要是为了增强光降解能力。

（3）生物降解。生物降解作用是指通过生物的生命活动将有机污染物去除的过程。参与降解的生物包括微生物、高等植物和动物，其中，微生物以酶促、分解、解毒等多种方式代谢土壤有机污染物。按照微生物对有机污染物的降解方式可分为生长代谢和共代谢。

生长代谢是指有机污染物本身能够为微生物生命活动提供能源和碳源，维持微生物的生命活动，这类污染物大多是易降解的有机污染物；共代谢是指微生物只有在初级能源物质存在时才能进行的有机污染物降解，主要是一些难降解的有机污染物，如 DDT、六六六等。微生物对有机污染物的代谢受外部环境的影响很大，如土壤环境温度、水分、通透性、酸碱度等。

（三）无机污染物在土壤中的迁移转化

土壤中无机污染物迁移转化主要包括物理过程、物理化学过程、化学过程和生物迁移过程。重金属在土壤中的迁移转化行为主要包括物理过程、物理化学过程和生物迁移过程。

1. 物理过程

重金属进入土壤后一部分被土壤胶体所吸附，一部分溶解在土壤溶液中。在降水和灌溉水的作用下，土壤溶液中的重金属离子，或在土壤中迁移，或迁移至地下水中，或随径流到地表水体中；土壤颗粒吸附的重金属能够随水冲刷、入渗或在风的作用下发生机械迁移。此外，具有挥发形态的重金属也可以通过挥发作用进入大气发生迁移，如甲基汞。

2. 物理化学过程

重金属在土壤中发生吸附—解吸、溶解—沉淀、氧化—还原、中和—解离等过程引起的迁移转化，使重金属离子的形态、毒性发生变化的过程，称为物理化学过程。溶解—沉淀是重金属迁移转化的主要形式，以氢氧化合物形式存在的重金属溶解性较低，土壤中重金属的溶解和沉淀也受到土壤 pH 值和土壤中其他物质的影响。在酸性条件下，重金属离子比较活泼，土壤有机质可与重金属进行络合-螯合或吸附交换反应，重金属离子浓度较低时，以络合-螯合作用为主，浓度高时以吸附交换作用为主；而土壤胶体对重金属离子吸附强度主要取决于土壤胶体的性质以及金属离子之间的吸附能，吸附能大的优先被吸附。土壤中胶体对重金属离子吸附顺序为：$Cu^{2+}>Ni^{2+}>Zn^{2+}>Ba^{2+}>Rb^{2+}>Sr^{2+}>Ca^{2+}>Mg^{2+}>Na^{2+}>Li^{2+}$。

矿物胶体对重金属离子吸附能力也不同，蒙脱石的吸附顺序是：$Pb^{2+}>Cu^{2+}>Ca^{2+}>Ba^{2+}>Mg^{2+}>Hg^{2+}$，高岭石的吸附顺序是：$Hg^{2+}>Cu^{2+}>Pb^{2+}$。

3. 生物迁移过程

生物迁移是指土壤中重金属等污染物进入生物体内富集、分散的过程。植物对重金属的吸附、吸收是土壤中重金属的重要生物迁移途径，也是治理重金属污染土壤最具有发展潜力的技术手段。此外，土壤微生物和土壤动物也能通过不同途径吸附或吸收土壤中的重金属。影响重金属生物迁移的主要因素包括重金属在土壤环境中的形态和浓度、重金属种类和土壤环境性质以及生物种类等。

思 考 题

1. 名词解释：化学需氧量，生化需氧量，总需氧量，溶解物质，胶体物质，悬浮物质，吸附性，氧化还原作用，水迁移系数，富营养化，地下水，水田作物，旱地作物，污水灌溉，黑水，灰水。

思 考 题

2. 天然水的化学成分中主要包含哪些阳离子、哪几种阴离子、哪些微量元素？
3. 天然水的主要矿化作用有哪些？在蒸发浓缩过程中，各种盐类的沉淀顺序是什么？
4. 简述土壤中污染物的化学行为。
5. 土壤中污染物包含哪些类型？污染物来源有哪些？
6. 农业用水主要包含哪几个方面？其中必须分析的水质因子有哪些？
7. 农村居民生活用水水源的选择必须考虑哪些因素？决定灌溉水质的主要因素有哪些？
8. 《农田灌溉水质标准》（GB 5084—2021）较 2005 年颁布实施的标准主要修订了哪几部分内容？基本控制项目包含哪 16 种元素？
9. 盐碱土地区和非盐碱土地区的全盐量限值（mg/L）分别是多少？对于水田作物、旱地作物和蔬菜，五日生化需氧量 BOD_5 和化学需氧量 COD 的限值（mg/L）分别是多少？

第五章 农业水文循环过程

农业水文循环过程是指田间土壤水分在太阳能的驱动下，通过根系吸水和蒸发蒸腾作用进入植物和大气，并随着降水，在水势驱动下入渗，重新进入农田土壤并再分配的一系列过程。研究农业水文循环过程对于理解作物生长以及农田水利的规划、设计及管理工作都有十分重要的意义。本章首先介绍农田水量平衡原理、土壤-作物-大气连续体等基本概念，然后对土壤水分运动规律进行介绍，在此基础上分析农田耗水过程，重点阐述农田蒸散发的监测、作物需水量等内容。此外，对特殊土的水分运动做简单介绍。

第一节 农田水量平衡

农田水量平衡研究是理解农业水文循环过程的重要手段，主要包括农田生态系统中水的循环、水热交换、不同尺度下水分转化等。20 世纪 90 年代初开始的几个大型国际计划，如国际地圈-生物圈计划（International Geosphere - Biosphere Programme，IGBP）、国际水文计划（International Hydrological Programme，IHP）、世界气候研究计划（World Climate Research Programme，WCRP）、联合国环境计划（United Nations Environment Programme，UNEP）、全球水量与能量平衡计划（Global Energy and Water Cycle Experiment，GEWEX）均把各种尺度下通过土壤-植物-大气连续体中（SPAC 系统）的水分运送过程作为重要的研究内容。即使到今天，农田生态系统中的水量平衡研究也依旧是农业水文学的重要研究领域。

一、农田水量平衡原理

农田作物主要分为水田作物（如水稻）和旱地作物（如小麦）两种。因此，农田水量平衡将分水田和旱地两个方面进行描述。

（一）水田的田间水量平衡

为满足水稻的生理需求，在生长阶段田面要经常维持一定的水层，其水深应保持在适宜水层上限 H_{max} 和适宜水层下限 H_{min} 之间。当田面水层降至适宜水层下限时，应及时进行灌溉，适宜水层上、下限之差，即为时段内应灌溉的水量。当降水过大而使田面水层超过最大允许蓄水深度 H_a 时，应及时将多余水排除，排至最大允许蓄水深度 H_a，淹深与 H_a 之差即为需排出的水量。水稻不同生育阶段的适宜水层上限和下限是不同的，如烤田时水面放干至田面。田面水层示意如图 5-1 所示。以天（或旬）为时段的田间水量平衡方程式如下：

$$H_2 = H_1 + P_s + m_i - (E_b + R_{fl}) \tag{5-1}$$

灌溉的条件是：当 $H_2 = H_1 + P_s + m_i - (E_b + R_{fl}) < H_{min}$ 时，则时段灌溉水量为

$$m_i = H_{max} - H_2 \quad (5-2)$$

排水的条件是：当 $H_2 = H_1 + P_s + m_i - (E_b + R_{f1}) > H_a$ 时，则时段排涝水量为

$$M_r = H_2 - H_a \quad (5-3)$$

式中：H_1 为时段初田间水层深，mm；H_2 为时段末计算所得的田间水层深，mm；H_a 为最大允许蓄水深度，mm；P_s 为时段内降水量，mm；m_i 为时段内灌溉水量，mm；M_r 为时段内排涝水量，mm；E_b 为时段内田间蒸散发量，mm；R_{f1} 为时段内水田的下渗量，mm。

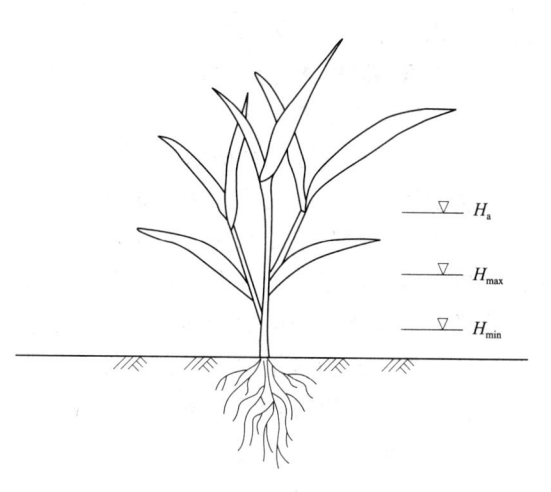

图 5-1 田间水层示意

（二）旱地的田间水量平衡

旱地作物的生长要求在耕作层土壤内保持适宜的含水量，这一适宜的含水量通常以田间持水量为上限，以田间持水量的 50%～60%为下限。天然的土壤含水量由于降水补充和蒸散发消耗而处于不断的消长过程中。当土壤中含水量低于适宜含水量下限时，需要灌水；当土壤中含水量高于田间持水量时，需要排水。其水量平衡方程如下

$$W_{\beta e} H_s = W_{\beta i} H_s + P_s - R_d - (E_b + R_{f2}) \quad (5-4)$$

灌溉的条件是：如遇无雨或小雨，$R_d = 0$，$R_{f2} = 0$，$W_{\beta e} H_s = W_{\beta i} H_s + P_s - E_b < (0.5 \sim 0.6) W_{\beta f} H_s$ 时，时段所需灌溉水量为

$$m_i = W_{\beta f} H_s - W_{\beta e} H_s = (W_{\beta f} - W_{\beta e}) H_s \quad (5-5)$$

排水的条件是：如遇降雨过大，地下水面上升到耕作层以上，甚至到达地面，此时地下水埋深 Δh_z 小于耕作层厚度 H_s，则时段内排渍水量为耕作层以上的重力水量，即

$$M_r = (H_s - \Delta h_z) \mu_w \quad (5-6)$$

式中：H_s 为耕作层厚度，mm；$W_{\beta e}$ 为时段末土壤含水量，%；$W_{\beta i}$ 为时段初土壤含水量，%；$W_{\beta f}$ 为土壤的田间持水量，%；R_d 为时段内降雨产生的径流量，mm；R_{f2} 为时段内渗入耕作层以下的水量，mm；Δh_z 为地下水埋深，mm；μ_w 为给水度，无量纲；其余符号意义同前。

农田水量平衡的关键问题是平衡方程式中各分量的精确测定，包括降水量、灌水量、径流量、入渗量、排水量、土面蒸发量和作物蒸腾量。蒸散量和排水量是水量平衡分量中最主要又最难测算的两项"失水量"。因此，农田水量平衡的研究，过去及目前主要集中在蒸散量和排水量的测定与计算上。蒸散量的测算是农田水量平衡研究中的难点。可以说，蒸散量测量与计算的进步就是农田水量平衡研究的进步（详见本章第三节）。另外，根区土壤水分变化对农田作物生长具有十分显著的影响，随着计算机和传感器技术的进步，土壤水分观测和模拟已逐渐成为一个独立的学科，并在农田水分管理及排水量估计中发挥越来越重要的作用。因此，农田水量平衡的发展必不可少地需要对土壤水分动力学过

程进行研究（详见本章第二节）。

二、土壤-植物-大气连续体水分运动

在有作物覆盖的农田中，植物蒸腾是田间水分循环的重要组成部分。由于水势梯度的存在，土壤中水分通过根系吸收进入植物体，除部分消耗于植物生长和代谢作用外，大部分又由植物体通过叶面气孔向大气扩散。因此，在研究有作物覆盖的农田水分运动时，不仅需要分析农田水分状况和水分在土壤中的运动，还需要考虑土壤水分向根系的运动、植物体中液态水分的运动以及自植物叶面和土层向大气的水汽扩散运动等。田间水分运动是在水势梯度的作用下产生的，各环节之间是相互影响和相互制约的，为了完整地解决农田水分运动问题，必须将土壤-植物-大气看作一个连续体（soil-plant-atmosphere continuum）统一考虑，称为SPAC系统。

SPAC系统是一个物质和能量连续的系统，在这个系统中，不论在土壤还是在植物体中水分的运动，都受到势能的支配，水分总是从水势高的地方向水势低的地方移动。植物根系从土壤中吸取水分，经根、茎运移到叶部，在叶部细胞间的空隙中蒸发，水汽穿过气孔腔进入与叶面相接触的空气层，再穿过这一空气层进入湍流边界层，最后再转移到大气层中，形成一个连续的过程，如图5-2所示。

由于植物的生长是缓慢的，在一定时间内，植物吸收的水分中很少一部分用于形成植物体本身和消耗于植物的代谢作用，绝大部分消耗于蒸腾，因此，可以将流经植物体中的水流看作是稳定流动的，这样，这个系统中不同部位的水势差将与水流阻力成正比，并可近似用下式表示：

$$q_w = \frac{\Delta\varphi_1}{R_{i1}} = \frac{\Delta\varphi_2}{R_{i2}} = \frac{\Delta\varphi_3}{R_{i3}} = \frac{\Delta\varphi_4}{R_{i4}} \quad (5-7)$$

式中：q_w 为水流通量；$\Delta\varphi_1$、$\Delta\varphi_2$、$\Delta\varphi_3$、$\Delta\varphi_4$ 分别为水流在土壤与根表面、根表面与根导管、根导管与叶面和叶面与大气之间的水势差；R_{i1}、R_{i2}、R_{i3}、R_{i4} 分别为相对应的各流段水流阻抗。

在水流通量一定时，阻抗越大，水势差越大。从土壤到大气，总水势差可达数百兆帕，在干燥的条件下甚至可达上千兆帕。各流段的水势差中以从叶面至大气的水势差最大。SPAC系统中水势分布如图5-3所示。图中曲线1表示土壤较湿（水势较高）的情况；曲线2表示土壤较湿，但蒸发强度较大情况；曲线3表示土壤较干的情况；曲线4表示土壤较干且蒸发强度又较大的情况。图5-3表明土壤越干燥，蒸发强度越大，叶水势越低，当叶水势低于某一临界值，如-30MPa左右，将会因失水过多而导致植物

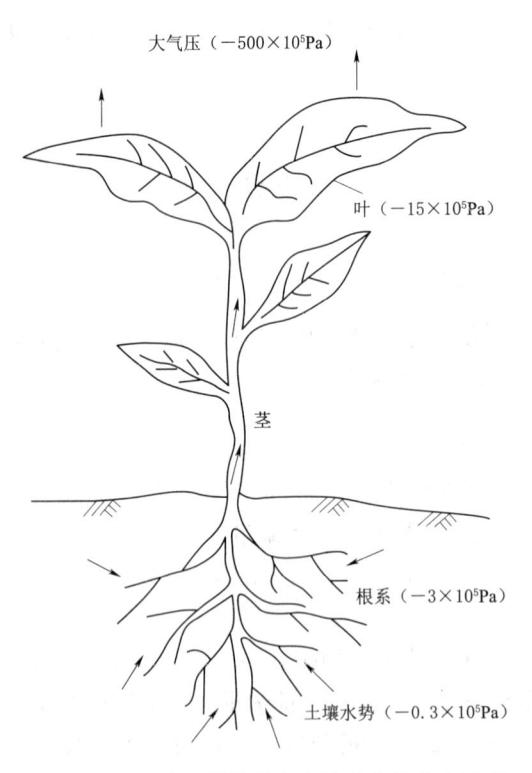

图5-2 土壤和植物体中水流及水势分布示意

蔫萎。

在 SPAC 系统中水分运动比较复杂。植物能否得到足够的水分供应，不单纯取决于土壤含水率及相应的土壤水势，还决定于土壤的导水性能、植物根系的吸水能力、植物体的输水性能以及大气的状况。在根系吸水速率能够满足蒸腾要求的情况下，植物才可以正常生长；当根系吸水速率低于蒸腾速率时，植物体将损失一定的水分，影响其正常生长，久之将导致植物枯萎。因此，引起植物枯萎的含水率（即枯萎点）并不是一个固定不变的土壤特性常数，而应是在 SPAC 系统中植物自土壤中所吸取的水分不足以平衡大气所需求的蒸腾速率且产生枯萎危害时的土壤含水率。在有植物生长条件下，土壤水分运动除与土面蒸发、降雨和灌水有关之外，还受到根系吸水的影响。因此为了研究农田水分调节的具体灌溉排水措施和方法，必须着重关注 SPAC 系统中有根系吸水存在时的土壤水分运动，以及农作物的蒸腾量和根系吸水率与土壤含水率（土壤水势）的关系。

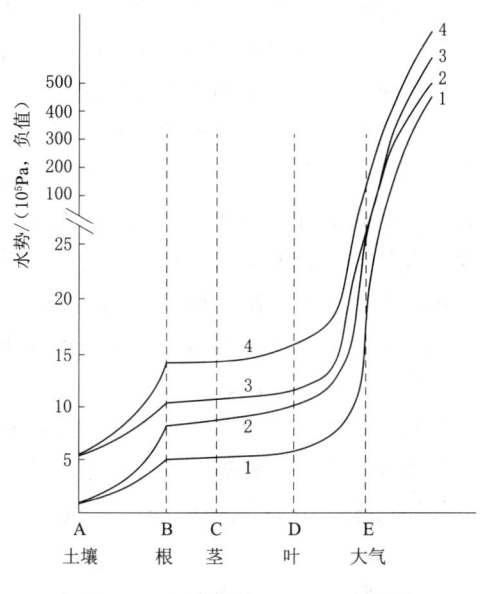

图 5-3　不同条件下 SPAC 系统中水势的分布

第二节　土壤水分运动规律

土壤水分运动的研究有毛管理论和势能理论两种途径。前者把土壤看作一束均匀的不同管径的毛管，将土壤水运动简化为水在毛管中的运动。毛管理论清晰易懂，20 世纪 60 年代以前应用比较广泛，目前仍有一定的实际意义。但这种方法仅适用于简单问题的分析。势能理论是利用土壤水势及质量守恒定律推导出的扩散方程来研究土壤水分运动。这种方法比较严谨，可以适用于各种边界条件，有广阔的应用前景，因此本节主要介绍这一理论。

一、土壤水分

农田水分存在三种基本形式，即地面水、土壤水和地下水，其中，土壤水是与作物生长联系最密切的水分存在形式。

（一）土壤水分类型

土壤水按其形态不同可分为气态水、吸着水、毛管水和重力水等。气态水是存在于土壤空隙中的水汽，有利于微生物的活动和植物根系的生长，但数量很少，在计算时常略而不计。吸着水包括吸湿水和薄膜水两种形式。吸湿水被紧束于土粒表面，不能在重力和毛管力的作用下自由移动，不能被植物吸收利用；吸湿水达到最大时的土壤含水率称为吸湿系数。薄膜水又称膜状水，吸附于吸湿水外部，只能沿土粒表面进行速度极小的移动；薄膜水达到最大时的土壤含水率称为土壤的最大分子持水率。毛管水是在毛管作用下土壤中所能保持的那部分水分，即在重力作用下不易排除的水分中超出吸着水的部分。超出毛管含水率的水分在重力作用下很容易排出，称为重力水。在这几种土壤水分形式之间并无严格的分界线，其所占比例视土壤质地、结构、有机质含量和温度等而异。

从土壤水分相互作用力的角度分析，保持在土体颗粒间的水分受到分子引力的影响，土壤水又可分为束缚水和自由水两种。其中束缚水包括吸湿水和薄膜水，自由水包括毛管水和重力水。毛管水分为上升毛管水及悬着毛管水，上升毛管水系指地下水沿土壤毛细管上升的水分；悬着毛管水系指不受地下水补给时，上层土壤由于毛细管作用所能保持的地面渗入的水分（来自降雨或灌水）。重力水分为仅在重力作用下经较大孔径的非毛管孔隙由土壤表面向下渗透的自由重力水和受地下水供给而维持在毛管孔隙中的支持重力水。

（二）土壤水分常数

按照土壤水分的形态概念，土壤中各种类型的水分都可以用数量进行表示，而在一定条件下每种土壤中各种类型水分的最大含量又经常保持着相对稳定的数量。因此，可将土壤中各种类型水分达到最大量时的含水量称为土壤水分常数。以下是几种常见的水分常数：

（1）吸湿系数：干燥的土粒能吸收空气中的水汽而成为吸湿水，当空气相对湿度接近饱和时，土壤的吸湿水量达到最大，这时的土壤含水量称为土壤的吸湿系数，又称最大吸湿量。处于吸湿系数范围内的水分因被土粒牢固吸持而不能被作物吸收。

（2）凋萎系数：是指作物发生永久凋萎时的土壤含水量，包括全部吸湿水和部分膜状水。由于此时土壤水分处于不能补偿作物耗水量的状态，故通常把它作为作物可利用水量的下限。凋萎系数一般可用吸湿系数的 1.5～2.0 倍代之，也可通过实测求得。

（3）毛管断裂含水量：土壤中的悬着毛管水由于作物吸收和土表蒸发，其数量会不断减少。当减少到一定程度时，其连续状态会遭到破坏而断裂，从而停止悬着毛管水的运动，此时的土壤含水量，称为毛管断裂含水量。在此状态下，作物虽仍能从土壤中吸收水分，但因水分补给不足，处于供不应求的状态，吸水困难，而使生长受到阻滞，故一般又将其称为生长阻滞含水量。当土壤含水量高于这一点时，土壤水分的有效性会显著提高，能迅速满足作物对水分的需求。因此，毛管断裂含水量是土壤水分对作物是否显著有效的一个转折点。毛管断裂含水量因土壤质地、结构和孔隙状况的不同而异，一般为田间持水量的 65%～75%，可用它作为灌水的下限。

（4）最大分子持水量：是指土壤保持最大量膜状水时的含水量百分数。膜状水是受分子引力和静电引力所吸引，包围在吸湿水外层的水，溶解物质的能力很低。其含量与土壤质地、有机质含量和土壤溶液浓度等有关。在最大分子持水量时，植物可利用其一部分。

（5）田间持水量：是指土壤中悬着毛管水达到最大量时的土壤含水量。它包括全部吸湿水、膜状水和悬着毛管水，常用作计算灌水定额的依据。当进入土壤的水分含量超过田间持水量时，过剩的水分将以重力水的形式向下渗透。

（6）土壤饱和含水量：是指在自然条件下，土壤孔隙（包括毛管孔隙和非毛管孔隙）全部充满水分时的含水量。它代表土壤最大容水能力。也就是土壤颗粒间所有孔隙都充满水时的含水量，亦称持水度。

土壤水分有效性是指土壤水分是否能被作物利用及其被利用的难易程度。土壤水分有效性的高低，主要取决于它存在的形态、性质和数量，以及作物吸水力与土壤持水力之差。当土壤水分不能满足作物需要时，作物会呈现凋萎状态。夏季光照强、气温高，作物蒸腾作用大于吸水作用，叶片会蜷缩下垂，呈现凋萎状，但当气温下降、蒸腾减弱时，又可恢复正常，作物的这种凋萎称为暂时凋萎。当作物呈现凋萎后，即使灌水也不能使其恢复生命活动，这种凋萎称为永久凋萎。凋萎系数是当作物出现永久凋萎时的土壤含水量，此时土壤的持水力与作物的吸水力基本相等（约 1.6MPa），作物吸收不到水分。因此，凋萎系数是土壤有效水分的下限。

旱地土壤所能保持水分的最大量或有效水分的上限是田间持水量。当水分超过田间持水量时，会出现重力水下渗流失的现象。因此，土壤最大有效含水量就是田间持水量与凋萎系数之间的水分，即

$$Q_w = W_{\beta f} - \theta_{wp} \tag{5-8}$$

式中：Q_w 为土壤最大有效含水量，%；$W_{\beta f}$ 为田间持水量，%；θ_{wp} 为凋萎系数，%。

凋萎系数与毛管断裂含水量之间的水分所受的吸力虽小于作物的吸水力，但因其移动缓慢，只能维持作物蒸腾的消耗，难以满足作物生长发育的需要，故一般称为难有效水。因此，在确定是否需要灌水时，其下限不能以凋萎系数为标准，而应参照毛管断裂含水量来确定。毛管断裂含水量到毛管持水量之间的水分，因受土壤的吸力很小，可沿着土壤毛管孔隙自由移动，能够不断地满足作物的需水要求，故一般称为易有效水。

（三）土壤含水量

土壤含水量又称土壤湿度、土壤含水率，它是指单位土壤中所含水分的多少。土壤含水量是研究土壤水分的基本指标和依据，在土壤水分状况、农田灌排和植物蒸腾等方面的研究中是一项重要的指标。

土壤含水量有质量含水量和体积含水量两种表示方法。质量含水量 θ_m 定义为土壤中所含的水分质量占烘干土重的百分数。体积含水量 θ_v 是指单位容积的土壤中，水分容积所占的百分数，表征土壤水分占据土壤孔隙的程度。由于土壤水分容积在田间不易直接测出，故往往先求出土壤水分质量百分数，然后再换算成体积含水率。其换算关系为

$$\theta_v = \frac{V_w}{V_s} = \frac{m_w/\rho_w}{m_s/\rho_s} = \theta_m \rho_s / \rho_w \tag{5-9}$$

式中：V_w 和 V_s 为水和松散土壤的（总）体积，m³；m_w 为水的质量，kg；ρ_w 为水的密度，kg/m³；ρ_s 为土壤容重，kg/m³；m_s 为干土的质量，kg。

土壤含水量测定方法可分为取样测定法和定位测定法两大类。取样测定法包括烘干法和化学法；定位测定法包括非放射性法和放射性法。根据测定方法基本原理的不同，又可归纳为以下几种：

（1）重量法。测定干湿土样的重量变化，据此确定含水量。这是最常用的方法，如烘干称重法、烧干称重法和比重法。

（2）电测法。测定土壤中的电学反应特性，确定土壤含水量，如电阻法、电容法、电位差法、极化法等。

（3）热学法。测定土壤导热性能，确定土壤含水量，如热电偶法、热传导法。

（4）吸力法。测定土壤中负压或土壤水分子吸附力，确定土壤含水量，如张力计法。

（5）射线法。测量γ射线或中子射线在土壤中的变化，确定土壤含水量，如γ射线法和中子法。

（6）遥感法。通过遥感技术或其他技术测定发射或反射电磁波的能量，确定土壤含水量。

（7）化学法。测定土壤水分与其他物质的化学反应，确定土壤含水量，如碳化钙法、浸入法和浓硫酸法等。

目前仍以烘干法作为标准方法。其中，在点尺度上，较为流行的测量方法为电容法中的时域反射仪法（time domain reflectometry，TDR）和频域反射仪法（frequency domain reflectometry，FDR）；在面尺度上，微波遥感可以反演大面积表层土壤的含水率。

二、土壤水势

土壤水分处于一定的能量状态，水分往往从能量高的地方向能量低的地方运动，最后达到平衡状态。根据不同原理来表示的土壤水分能量状态术语曾被不断提出，目前应用较广的是"土水势"。

孔隙介质中水的能量有动能和势能两种。由于水在孔隙介质中运移的速度很小，其动能常忽略不计，只考虑势能的变化。水分在土壤中移动做功所需要的能量即单位数量的水，在恒温恒压条件下，从参照状态移到土壤中某一点所需做的功，即为该系统的土壤水势能或简称土水势。两点间土壤水势梯度是水分运动的驱动力。

简单地说，土水势就是指单位数量土壤水分的势能。单位数量可以是指单位质量、单位容积或单位重量。单位质量水的势能可用 J/kg 表示；单位容积水的势能则以压力（Pa）为单位；单位重量水的势能一般以相当于一定压力的水柱高度（或汞柱高度）的厘米数表示。表 5-1 展示了土水势的单位和量纲。

表 5-1　　　　　　　　　　土水势的单位/量纲

土水势表示方法	名称	量纲	SI 单位	以重力势为例
能量 E	土壤水势	ML^2/T^2	J	mgh
能量 E/质量 m	土壤水势	L^2/T^2	J/kg	gh
能量 E/容积 V	土壤水势	M/LT^2	N/m² （Pa）	ρgh
能量/重量（ρgV）	土壤水头	L	m	h

用热力学理论来解释土水势，总土水势为五个分势之和：①重力所做的功而相应的势能称为重力势，记为 φ_g；②因压力变化而引起的自由能增加量，称为压力势，记为 φ_p；③由于土壤介质对土壤水分的吸持力所做的功，称为基质势，记为 φ_m；④由于渗透压力的存在对土壤水分所做的功，称为溶质势，记为 φ_s；⑤因为温度变化而引起的自由能增量，称为温度势，记为 φ_T。

（一）重力势 φ_g

重力势是由于土壤水在重力场中位置不同于参考状态水平面所引起的势能变化。其定义是：将单位数量的土壤水分从某一点移动到标准参考状态平面处，而其他各项均维持不变时，土壤水所做的功即为该点土壤水的重力势 φ_g。其大小是由土壤水在重力场中的位置相对于参照面的高差所决定的。

(二) 压力势 φ_p

压力势是由于土-水系统中的压力超过参照状态下的压力而引起的土水势。其定义是：单位数量的土壤水分由该点移至标准参考状态，仅由附加压强的存在对土壤水分所做的功。在饱和土壤中，由于存在滞水层或悬着水柱，土-水系统的任一点上受有超过参照压力的静水压力，土壤水势增加。若以静水压强来表示压力势 φ_p，则

$$\varphi_p = \rho_w g h_w \tag{5-10}$$

式中：ρ_w 为水的密度，kg/m^3；g 为重力加速度，m/s^2；h_w 为上覆饱和水层的深度，m。在非饱和土壤中，土壤孔隙与大气处处相通，土壤水处处受到与参照压力相同的大气压力，因此 φ_p 为零。

(三) 基质势 φ_m

在非饱和土壤中，土壤基质对水分有吸持作用。将水分由非饱和土壤中的一点移至标准参考状态，需克服基质对水分的吸持作用，因此必须对土壤水做功，这种功即为该点土壤水分的基质势。非饱和土壤水的基质势永远为负值，即 $\varphi_m < 0$；饱和土壤水基质势 $\varphi_m = 0$。单位重量水的基质势 φ_m 也可用水头表示。

在非饱和介质中埋设一个透水不透气的多孔杯，并与充水的 U 形管连接（图 5-4），由于存在基质势 φ_m，当 U 形管水面稳定时，多孔杯附近的土壤水势将与 U 形管中任一点处的水势相等，即 A 点的土水势 φ_A 和 B 点的土水势 φ_B 相等。由于无溶质浓度和温度的差别，A、B 两点的溶质势和温度势均相等。取过 B 点的水平面为参考平面，分别写出两点的重力势、压力势、基质势和总水势为：$\varphi_{Ag} = Z_A$，$\varphi_{Ap} = 0$，$\varphi_A = Z_A + \varphi_{Am}$；$\varphi_{Bg} = 0$、$\varphi_{Bp} = 0$、$\varphi_{Bm} = 0$、$\varphi_B = 0$。由 $\varphi_A = \varphi_B$，便可得出 A 点的基质势

$$Z_A + \varphi_{Am} = 0, \varphi_{Am} = -Z_A \tag{5-11}$$

正的压力势 φ_p 和负的基质势 φ_m 在机理上有着本质的区别，但有时为了分析问题的方便又常将两者统一起来，并称基质势为负压势。此时，若压力势 φ_p 以压力水头 h（>0）表示，基质势 φ_m 则用负压水头 h_m（<0）或 h（<0）表示，这种统一对于分析饱和-非饱和流动是十分有利的。

(四) 溶质势 φ_s

溶质势是土壤溶液中所有溶质对土壤水分综合作用的结果。其定义为：单位数量的土壤水分从土壤中一点移动到标准参考状态时，其他各项维持不变，仅由土壤水溶液中溶质的作用，土壤水所做的功。当把一定浓度的水溶液与纯水用半透性膜（可以通过水而不能通过溶质）分开时，水将通过渗透膜渗透或扩散至水溶液中。将装有水溶液并与玻璃管连接的半透性膜置于纯水中（图 5-5），初始时玻璃管中水溶液的高度与水面齐平。由于溶

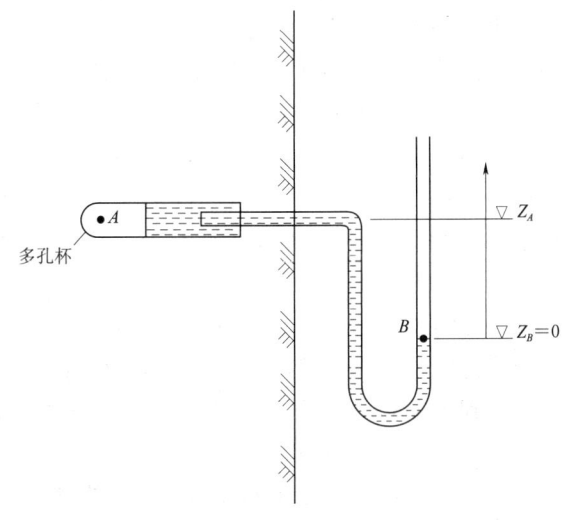

图 5-4 非饱和土壤中的负压势

质分子对水的吸持作用,水分子不断通过半透性膜进入水溶液中,使管中水溶液的液面不断上升。当上升至一定高度 h_s 时,水分子的渗透达到动态平衡。两管的液面差可视为阻止水的渗透而必须在溶液液面上施加的压力,此压力就是在渗透作用发生前半透膜两侧所存在的压力差,称为原溶液的渗透压。水分子通过半透膜从纯水移入溶液的事实,表明溶质的存在降低了水的势能,故其势能为负值 h_s,h_s 即为该溶液的溶质势能或渗透势。地下水中含有溶质不影响水分运动,这是因为多孔介质中一般不存在半透膜。但在研究植物根系与土壤的相互作用时,溶质势不容忽视。

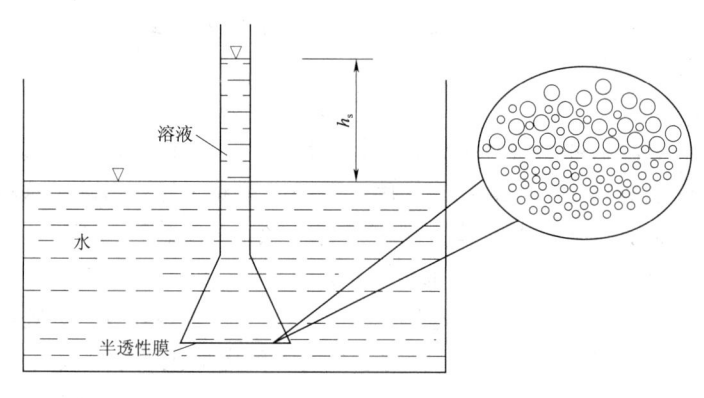

图 5-5 水溶液的溶质势

(五) 温度势 φ_T

温度势是由于温度场的温差所引起的。土壤中任一点土壤水分的温度势由该点温度与标准参考状态的温度差所决定。由热力学知识可知,温度高的物体内能大,分子活动能力强,因此,宏观上温度高处的土壤水有向温度低处运移的趋势。田间温度变化不大时,温差造成土壤水分运动的通量很小,常可忽略。然而土壤中温度的分布和变化对土壤水分运动的影响又是多方面的,例如,温度能够影响水的物理化学性质(黏滞性、表面张力和渗透压等),进而影响基质势和溶质势的大小及土壤水分运动参数。

土水势的五个分势在实际问题中重要性是不同的。分析田间土壤水分运动时,溶质势和温度势一般都可以不考虑。对于饱和土壤水,由于基质势 $\varphi_m=0$,因此总水势 φ 由压力势 φ_p 和重力势 φ_g 组成,若用单位重量土壤水分所具有的水势表示,水势即通常所说的水头。对于饱和土壤水,总水势或总水头可写为 $\varphi=h\pm z$,h 为压力水头,即地下水面以下的深度,z 为位置水头。对于非饱和土壤水,在不考虑压力势的情况下,压力势 $\varphi_p=0$,其总水势 φ 由基质势 φ_m 和重力势 φ_g 组成,可写为 $\varphi=\varphi_m\pm\varphi_g=h\pm z$,其中 $h=\varphi_m$ 为负压水头,z 为位置水头。

三、土壤水运动数学物理方法

当研究实验室或田间尺度土壤水运动规律时,依据达西(Darcy)定律和质量守恒定律推导得到的 Richards 方程是被广泛认可的物理模型。

(一) Richards 方程及推导

一般情况下,达西定律同样适用于非饱和土壤水分运动。忽略溶质势和温度势,在水平和垂直方向的达西渗流速度 v_x、v_z 可分别写成

$$\begin{cases} v_x = -K(\theta_v)\dfrac{\partial \varphi}{\partial x} \\ v_z = -K(\theta_v)\dfrac{\partial \varphi}{\partial z} \end{cases} \quad (5-12)$$

式中：φ 为土壤总水势，$\varphi = h + z$；h 为压力水头，在饱和土壤（地下水）的情况下压力水头为正值，在非饱和土壤中 h 为毛管势（或基质势）水头，为负值；z 为位置水头（重力势水头），坐标 z 向上为正，位置水头取正值。单位均为 m。

设土壤水在垂直平面上发生二维运动，取微小体积 $\Delta x \Delta z \cdot 1$，如图 5-6 所示，则在 x、z 方向进入和流出此体积的差值为 $-\left(\dfrac{\partial v_x}{\partial x} + \dfrac{\partial v_z}{\partial z}\right)\mathrm{d}x\mathrm{d}z$。单位时间土壤体积中储水量的变化率为 $\dfrac{\partial \theta_v}{\partial t}\mathrm{d}x\mathrm{d}z$，式中，$\theta_v$ 为体积含水率，$\mathrm{cm}^3/\mathrm{cm}^3$。根据质量守恒定律，$\dfrac{\partial \theta_v}{\partial t}\mathrm{d}x\mathrm{d}z$ 应与 $-\left(\dfrac{\partial v_x}{\partial x} + \dfrac{\partial v_z}{\partial z}\right)\mathrm{d}x\mathrm{d}z$ 相等，从而得到土壤水流连续方程

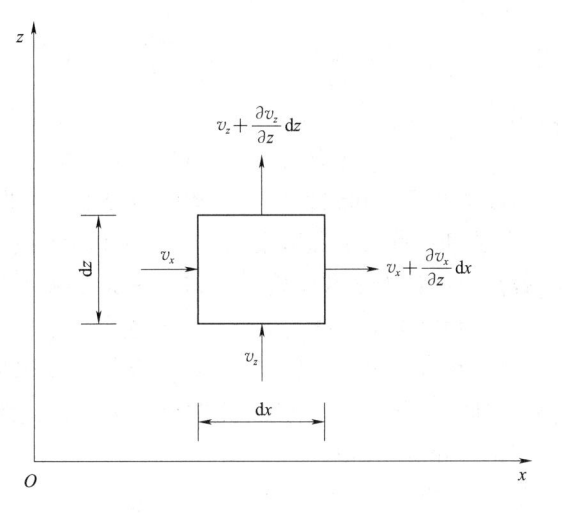

图 5-6 微小土体土壤水运动示意

$$\dfrac{\partial \theta_v}{\partial t} = -\left(\dfrac{\partial v_x}{\partial x} + \dfrac{\partial v_z}{\partial z}\right) \quad (5-13)$$

将 v_x、v_z 代入式（5-13），可得

$$\dfrac{\partial \theta_v}{\partial t} = \dfrac{\partial}{\partial x}\left[K(\theta_v)\dfrac{\partial \varphi}{\partial x}\right] + \dfrac{\partial}{\partial z}\left[K(\theta_v)\dfrac{\partial \varphi}{\partial z}\right] \quad (5-14)$$

考虑到 $\varphi = h + z$，$\dfrac{\partial \varphi}{\partial x} = \dfrac{\partial h}{\partial x}$，$\dfrac{\partial \varphi}{\partial z} = \dfrac{\partial h}{\partial z} + 1$，代入式（5-14），得

$$\dfrac{\partial \theta_v}{\partial t} = \dfrac{\partial \left[K(\theta_v)\dfrac{\partial h}{\partial x}\right]}{\partial x} + \dfrac{\partial \left[K(\theta_v)\dfrac{\partial h}{\partial z}\right]}{\partial z} + \dfrac{\partial K(\theta_v)}{\partial z} \quad (5-15)$$

该式称为混合型 Richards 方程。

考虑到 $\dfrac{\partial h}{\partial x} = \dfrac{\partial h}{\partial \theta_v}\dfrac{\partial \theta_v}{\partial x}$，$\dfrac{\partial h}{\partial z} = \dfrac{\partial h}{\partial \theta_v}\dfrac{\partial \theta_v}{\partial z}$，并令 $D(\theta_v) = K(\theta_v)\dfrac{\partial h}{\partial \theta_v}$，代入式（5-15），得

$$\dfrac{\partial \theta_v}{\partial t} = \dfrac{\partial \left[D(\theta_v)\dfrac{\partial \theta_v}{\partial x}\right]}{\partial x} + \dfrac{\partial \left[D(\theta_v)\dfrac{\partial \theta_v}{\partial z}\right]}{\partial z} + \dfrac{\partial K(\theta_v)}{\partial z} \quad (5-16)$$

式中：$D(\theta_v)$ 为扩散度，m^2/s，表示单位含水率梯度下通过单位面积的土壤水流量，其值为土壤含水率的函数。

式（5-16）称为含水量型 Richards 方程。

由于土壤含水率与土壤压力水头 h 之间存在函数关系，渗透系数 K 也可写成压力水

头 h 的函数,因此,土壤水运动基本方程可写成另一种以 h 为变量的形式。因 $\dfrac{\partial \theta_v}{\partial t} = \dfrac{\partial \theta_v}{\partial h}$ 以及 $\dfrac{\partial h}{\partial t} = C(h)\dfrac{\partial h}{\partial t}$,代入式(5-16),得

$$C(h)\frac{\partial h}{\partial t} = \frac{\partial\left[K(h)\dfrac{\partial h}{\partial x}\right]}{\partial x} + \frac{\partial\left[K(h)\dfrac{\partial h}{\partial z}\right]}{\partial z} + \frac{\partial K(h)}{\partial z} \qquad (5-17)$$

式中:$C(h)$ 为容水度,$C(h) = \dfrac{\mathrm{d}\theta_v}{\mathrm{d}h}$,表示压力水头减小一个单位时,单位体积土壤释放的水体积,L^{-1}。

式(5-17)称为负压型 Richards 方程。

在初始条件和边界条件已知的情况下,可根据这些定解条件解式(5-16)或式(5-17),求得各点土壤含水率或土壤负压和土壤水流量的计算公式,或用数值计算法直接计算各点土壤含水率(或负压)和土壤水的流量。

(二)土壤水力特性曲线

Richards 方程是典型的非线性方程,体积含水率 θ_v、土壤压力水头 h、渗透系数 K 三者之间相互依赖,需要补充两个土壤水力特性曲线关系才能求解,即土壤水分特征曲线和非饱和导水率曲线。

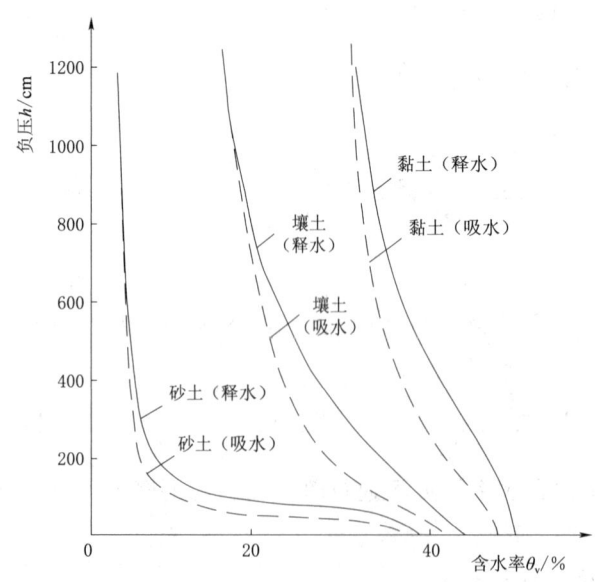

1. 土壤水分特征曲线

土壤水分特征曲线反映了土壤压力水头(基质势)和土壤含水率的关系(图5-7),可通过试验确定。它表示基质吸力随土壤水分的增大而减少的过程,是连接土壤水量变化和水量运动的关键信息。为方便模型计算,一般采用连续、光滑的函数形式拟合土壤负压和土壤含水率的关系,最著名的即 van Genuchten 模型(表5-2)。

测定水分特征曲线的方法有多种,常用的有张力计法和压力膜法。

2. 非饱和导水率曲线

非饱和导水率曲线是准确计算非饱和达西流速的前提,描述非饱和导水率与土壤含水率或基质势的函数关系,较难直接用实验测得。一般采用水分特征曲线模型和 Campbell 或 Mualem 概念模型来推导,表示为

$$K = K_s \tau \frac{R_{sr}}{R_{pr}} \qquad (5-18)$$

式中:K_s 为饱和导水率,cm/s;τ 为土壤通道的弯曲度,无量纲,土

图 5-7 土壤水分特征曲线示意

壤越干，弯曲度越大；R_{pr}为土壤颗粒平均半径，mm；R_{sr}为饱和土壤颗粒平均半径，mm。

在毛管力的作用下，细管的水分上升高度较高，粗管上升高度较低。若假设土壤是一系列半径大小不同的毛管，知道土壤水分特征曲线，即知道了概念模型中不同管径的分布，由此可以推求式（5-18）中的弯曲度和一定含水量下的平均饱和半径，从而推求非饱和导水率曲线。

常见的土壤水力特性曲线模型见表 5-2。

表 5-2　　　　　　　　　常见的土壤水力特性曲线模型

模型名称	模 型	参考文献
Gardner 指数模型	$S_e = e^{\alpha_1 h}$ $K = K_s e^{\alpha_1 h}$	Gardner，1968
Brooks-Corey 模型	$S_e = (-\alpha_1 h)^{-n}$ $K = K_s S_e^{(2/n+3)}$	Brooks and Corey，1964
van Genuchten 模型	$S_e = [1+(-\alpha_1 h)^n]^{-m}$ $K = K_s S_e^{1/2}[1-(1-S_e^{1/m})^m]^2$	van Genuchten，1980
Kosugi 模型	$S_e = 0.6\,\mathrm{erfc}[\ln(h/\alpha_1)/(\sqrt{2}n)]$ $K = K_s S_e^{1/2}\{0.6\,\mathrm{erfc}[\ln(h/\alpha_1)/(\sqrt{2}n)+n/\sqrt{2}]\}$	Kosugi，1996

注　有效饱和度 $S_e = (\theta_v - \theta_r)/(\theta_s - \theta_r)$，$\theta_s$ 和 θ_r 分别为饱和含水量与残余含水量，%；α_1 为进气值的倒数，L^{-1}；n 为与土壤颗粒级配有关的经验性参数。除指数模型外，其他非饱和水力传导度模型均是根据 Mualem（1976）提出的方法得到。van Genuchten 模型中 $m = 1 - 1/n$。

（三）根系吸水过程

由于根系吸水过程比较复杂，考虑大田作物根系吸水的特点，一般只考虑土壤水垂直方向的运动而不考虑侧向运动。由式（5-7）可知，土壤与根部之间的水流通量 $q_w = \Delta\varphi_1/R_{il}$，即根系吸水速率主要决定于土壤与根部之间的水势差和土壤与根表面之间的阻力。单位体积土壤中的根系在单位时间内吸取的水量即为根系吸水率 S_w（定义为 $1/t$，t 为时间），表示为

$$S_w = \frac{\Delta\varphi}{R_i} = (h_r - h_s)/(R_{is} + R_{ir}) \tag{5-19}$$

式中：h_r 为以水头表示的作物根部的水势，cm；h_s 为以水头表示的土壤水势，cm；R_{is} 为单位根长土壤对水流的阻抗，cm·d，近似等于 $1/BKL_m$，B 为无量纲比例常数，K 为土壤的水力传导度，cm/d，L_m 为根系密度，表示单位土体中根系长度，cm/cm³；R_{ir} 为单位长度根系对水流的阻抗，cm·d。

若忽略根系对水流的阻力，则可改写为

$$S_w = -BKL_m(h_s - h_r) \tag{5-20}$$

由于根密度和根水势等都是难以确定的参数，为了简化计算，一些学者提出将作物蒸腾量在深度上按比例分配，从而得到了多种形式的吸水函数公式。其中最简单的形式是莫尔茨（Molz）和伦森（Remson）提出的作物蒸腾量（即根系吸水总量）在有效根长土层

中按 4:3:2:1 的比例分配。自地表算起，第一、二、三、四个 1/4 有效根长（$L_r/4$）土层中根系吸水量分别占总吸水量的 40%、30%、20% 及 10%，在这种情况下，根系吸水率在根层内按线性分布，即

$$S_w = T_r \left(\frac{1.8}{L_r} - \frac{1.6}{L_r^2} z_d \right) \tag{5-21}$$

式中：T_r 为蒸腾强度，mm/d；L_r 为有效根层深度，cm；z_d 为地表以下深度，cm。

若将式（5-21）沿 L_r 积分，则

$$\int_0^{L_r} T_r \left(\frac{1.8}{L_r} - \frac{1.6}{L_r^2} z_d \right) dz_d = T_r \tag{5-22}$$

有关以水势差为基础的根系吸水函数和以蒸腾量按比例分配为基础的根系吸水函数均有多种形式，读者可参阅有关文献。

在 SPAC 系统中由于有根系吸水的存在，土壤水运动的基本方程中应增加根系吸水项，在这种情况下一维水流方程式变为

$$\frac{\partial \theta_v}{\partial t} = \frac{\partial}{\partial z_d} \left[D(\theta_v) \frac{\partial \theta_v}{\partial z_d} \right] - \frac{\partial K(\theta_v)}{\partial z_d} - S_w \tag{5-23}$$

$$C(h) \frac{\partial h}{\partial t} = \frac{\partial}{\partial z_d} \left[K(h) \left(\frac{\partial h}{\partial z_d} - 1 \right) \right] - S_w \tag{5-24}$$

不同边界条件下土壤剖面上各点含水率的分布、表层入渗量和蒸发量均可以通过数值计算求解。

第三节 农田耗水过程

农田水分消耗主要包括作物需水量和深层渗漏量（或田间渗漏）两个部分。实际上，作物需水量包括组成作物体的水量、作物蒸腾及棵间蒸发，由于作物体的水量仅为后两者之和的百分之一，故将此部分忽略不计，即认为作物需水量（water requirement of crops）为植株蒸腾和棵间蒸发两者消耗的水量的总和，这两者合称为蒸散发量（evapotranspiration）。蒸散发量的大小及其变化规律，主要取决于气象条件、作物特性、土壤性质和农业技术措施等，而渗漏量的大小与土壤性质、水文地质条件等因素有关，它和蒸散发量的性质完全不同。因此，作物蒸散发量与渗漏量是分开计算的。对于旱田作物，作物需水量就是指植株蒸腾和棵间蒸发；对水田来说，田间深层渗漏量也计入需水量之内，通常称为"田间耗水量"。

当土壤含水量超过田间持水量时即会产生深层渗漏，因此将田间持水量作为判别是否发生深层渗漏的指标。深层渗漏对旱作物来说是无益的，且会造成水分和养分的流失，合理的灌溉应尽可能地避免深层渗漏。在水田中，由于水田经常保持一定的水层，所以深层渗漏是不可避免的，且水量较大。适当的渗漏，可以促进土壤通气，改善还原条件，消除有毒物质，有利于作物生长。但是渗漏量过大，会造成水量和肥料的流失，与开展节水灌溉有一定矛盾。

作物耗水量是与作物需水量极为相近的概念，目前国内外尚无一个权威性的概念或定

义。有的学者将其等同于作物需水量,也有的学者认为作物需水量是在特定(适宜)条件下的作物耗水量。一般来说,就某一地区而言,作物耗水量是指具体条件下作物获得一定产量时实际所消耗的水量。需水量是一个理论值,又称潜在蒸散量,而耗水量是一个实际值,又称实际蒸散量。需水量与耗水量的单位是相同的,常以 $m^3/$ 亩或 mm 水层表示。

根据大量灌溉试验资料分析,蒸散发量的大小与气象条件(温度、日照、湿度及风速)、土壤含水状况、作物种类及其生长发育阶段、农业技术措施、灌溉排水措施等因素有关。这些因素对蒸散发量相互交织影响,难以从理论上对蒸散发量进行精确的计算。在生产实践中,一方面是通过田间试验直接测定蒸散发量;另一方面常采用某些理论或经验计算方法确定蒸散发量。

一、农田蒸散发量的监测

目前常用的蒸散发观测手段包括光合作用测定系统、茎流计、蒸渗仪、波文比系统、涡度相关系统和闪烁仪系统等,可实现由叶片尺度(厘米级)到景观尺度(千米级)的蒸散发观测。

1. 光合作用测定系统

光合作用测定系统(Li-6800、CI-340等)是通过红外线气体分析仪测定进出叶室的水汽含量差值从而获得叶片蒸腾速率的技术,可以获得精确的瞬时叶片蒸腾量和气孔导度。由于光合作用测定系统的叶片夹会损伤叶片,因此不能长时间的连续观测。叶片尺度的蒸腾存在较大的空间变异性,故会造成光合作用测定系统观测代表性不足的问题,因此光合作用测定系统一般用于获取气孔导度参数和分析不同尺度蒸发特征。

2. 茎流计

茎流计是通过加热植物茎干来测量茎流速率进而获得植物蒸腾量的一种仪器。基于不同的工作原理,多种类型的茎流计被开发出来,包括基于热脉冲速率法和热扩散速率法的插针式茎流计、基于热平衡法的包裹式茎流计以及基于激光热脉冲法的非接触式茎流计。该技术能够测定连续时间的单株植物蒸腾速率。但和光合作用测定系统相似,茎流计观测代表性不足,难以准确反映田间尺度蒸散发。茎流计目前较多的用于不同尺度蒸散发特征分析、蒸腾蒸发分割和冠层导度参数的研究中。

3. 蒸渗仪

蒸渗仪利用水量平衡原理,通过测量降雨、灌溉、深层渗漏和土壤水变化,获得蒸散发观测,是一种直接测量蒸散发的方法。目前有三种类型的蒸渗仪:非称重式固定地下水位蒸渗仪、非称重式排水式蒸渗仪和称重式蒸渗仪。蒸渗仪的观测精度可以达到 $0.01mm$,观测时间间隔可以灵活调整。它是一种点尺度观测仪器,观测范围一般为 $0.06\sim40m^2$。蒸渗仪观测不能反映大尺度蒸散发,但能够量化均质下垫面的蒸散发。

4. 波文比系统

感热通量与潜热通量的比值为波文比。波文比系统基于地表能量平衡方程和近地表梯度扩散理论,利用垂向温度梯度和水汽压梯度计算波文比,然后分割可利用能量(净辐射与土壤热通量之差)进而获取潜热通量即蒸散发。波文比系统是非接触观测,测量过程不影响植物生长,因此,曾在蒸散发测量中得到广泛应用。但需要依赖地表能量闭合和水汽湍流扩散系数与热湍流扩散系数相等的两个假设。由于冠层能量储量、平流、水平湍流等因素，感热通量和潜热通量之和低于可利用能量，存在能量不平衡问题；水汽和热扩散系数相等也仅在中性大气条件下成立。故在实际应用中，波文比系统会获得-1左右的波文比值，从而产生不合理的蒸散发观测。因此该方法近年来应用较少。

5. 涡度相关系统

涡度相关系统是目前蒸散发观测的标准方法。该技术基于大气湍流理论，不引入任何经验常数，通过获取高频三维风速、水汽等，计算垂向风速脉冲值和水汽脉冲值的协方差获得垂向水汽通量，即蒸散发。涡度相关系统也用于观测感热通量、CO_2通量等。涡度相关系统目前有比较成熟的数据质量控制体系和通量贡献源区计算模型。其观测范围一般在百米级别，能够反映区域蒸散发。但是，通量观测易受到仪器观测高度、风向、空气动力学粗糙度（与地形、植被覆盖和风速有关）和大气稳定度等特征参数的影响。

6. 闪烁仪系统

闪烁仪是近年来兴起的一种大尺度（200m～10km）蒸发观测技术。其基本原理是电磁波在传播过程中受到大气湍流的影响，产生信号强度的波动，这一现象称为闪烁。闪烁仪由发射端和接收端组成，接收端根据信号强度变化计算空气折射指数和结构参数，从而进一步获取蒸散发。根据发射光波波长可分为大孔径闪烁仪和微波闪烁仪，前者可独立用于观测显热通量，两者联合使用可获取显热与潜热通量。闪烁仪实现了区域尺度通量的连续观测，为遥感蒸发产品验证提供了有力的支撑，但有信号饱和、水汽吸收等理论缺陷。

二、作物需水量的计算

目前作物需水量的计算方法可分为三大类，第一类是先计算全生育期总需水量，然后用阶段需水模系数分配各阶段需水量，即"惯用法"；第二类是直接计算各生育阶段作物需水量；第三类是先用气象因素计算各阶段参考作物蒸发蒸腾量，然后乘以作物系数求各阶段作物需水量。本节主要介绍以下三种常用的方法。

（一）以产量为参数的需水系数法

以产量为参数的需水系数法（简称"K值法"）中作物产量是太阳能的累积与水、土、肥、热、气等因素的协调及农业措施综合作用的结果。在一定的气象条件和一定范围内，作物需水量随产量的增加而提高，但需水量的增加并不与产量成比例，如图5-8所示。

图5-8中，单位产量需水量随产量的增加而逐渐减小。说明当作物产量达到一定水平后，要进一步提高产量不能仅靠增加水量，而必须同时改善作物生长所必需的其他条件。作物总需水量的表达式为

$$ET_p = K_d Y \quad (5-25)$$

或

$$ET_p = K_d Y^n + c \quad (5-26)$$

式中：ET_p为考虑气象和植被因素的潜在蒸散量，即作物全生育期内总需水量，m^3/亩；Y为作物单位面积产量，kg/亩；K_d为以产量为指标的需水系数，可通过

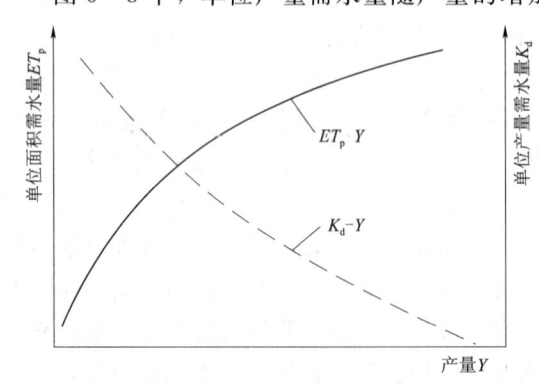

图5-8 作物需水量与产量关系示意

试验确定，对于式 (5-25)，则 K_d 为单位产量的需水量，m^3/kg；n、c 分别为经验指数和常数。

此法只要确定计划产量后便可算出作物需水量，比较简便；同时使作物需水量与产量相联系，便于进行灌溉经济分析。对于旱作物，因土壤水分不足而影响产量时，作物需水量随产量提高而增大，推算较可靠。但对于土壤水分充足的旱田以及水田，作物需水量主要受气象条件影响，产量与作物需水量之间的关系不明确，推算的误差较大。

使用上述两个公式中的任意一个，即可确定全生育期作物需水量，然后按照各生育阶段需水规律以一定比例进行分配

$$ET_i = \frac{1}{100} K_i ET_p \tag{5-27}$$

式中：ET_i 为某一生育阶段作物需水量，mm；K_i 为需水模比系数，即生育阶段作物需水量占全生育期作物需水量的百分数，可以从试验资料中取得。

（二）以水面蒸发为参数的需水系数法

大量灌溉试验资料表明，气象因素与当地的水面蒸发量之间有密切关系，而水面蒸发量又与作物需水量之间存在一定程度的相关关系。因此，可用水面蒸发量来衡量作物需水量的大小。这种方法的计算公式一般为

$$ET_0 = \alpha E_w \tag{5-28}$$

或

$$ET_0 = a E_w + b \tag{5-29}$$

式中：ET_0 为参照作物需水量，mm；E_w 为同时段的水面蒸发量，mm，一般采用80cm口径蒸发皿的蒸发值；α 为需水系数，为需水量与水面蒸发量之比；a、b 为经验常数。

由于该方法只需水面蒸发量资料，易于获得且比较稳定，所以该法在我国水稻产区曾被广泛应用。多年来的实践证明，用此法时除了必须注意使水面蒸发量的规格、安设方式及观测场地规范化外，还须注意非气象条件（如土壤、水文地质、农业技术措施、水利措施等）对 α 值的影响，否则会给资料整理工作带来困难，并使计算结果产生较大误差。

然而，按需水模比系数法和需水系数法估算作物需水量的方法存在较大的缺点。例如需水系数 α 值和需水模比系数 K_i 均非常量，而是各年不同的。所以按平均的 α 值和 K_i 值计算作物需水量，计算结果不仅失真，而且导致需水时程分配均匀化。因此，近年来，在计算作物需水量时，一般根据试验测得的阶段需水系数 α 和需水模比系数 K_i 直接推求。

（三）通过计算参照作物需水量计算实际作物需水量

土壤-植物-大气系统的连续传播过程中，大气、土壤、作物三个组成部分中的任何一部分的有关因素都影响作物需水量的大小。在土壤水分充足的条件下，大气因素是影响需水量的主要因素，其余因素的影响不大。反之，大气和其余因素对需水量都有重要影响。目前对作物实际需水量的研究主要是研究在土壤水分充足条件下的各项大气因素与其关系，普遍采用的方法是通过参照作物需水量 ET_0 来计算，理论上比较完善。有了 ET_0，再考虑作物系数进行修正，即可根据作物生育阶段分段计算求出作物实际需水量 ET_c。常用的有单作物系数法 [式 (5-30)] 或双作物系数法 [式 (5-31)]，即

$$ET_c = K_c ET_0 \tag{5-30}$$

$$ET_c = (K_{ws}K_{cb} + K_e)ET_0 \qquad (5-31)$$

式中：K_c 为综合作物系数；K_{cb} 为基础作物系数；K_{ws} 为水分胁迫系数；K_e 为土壤蒸发系数。各系数的详细计算过程参考 FAO-56 方法。

1. 作物系数

作物系数是指某一阶段的作物需水量与相应阶段内的参考作物需水量的比值，它反映了作物本身的生物学特性、产量水平、土壤耕作条件等对作物需水量的影响。它可以用一个系数来综合反映（单作物系数法），也可以用两个系数来分别描述对蒸发和蒸腾的影响（双作物系数法）。根据各地的试验，在单作物系数法中，K_c 不仅随作物而变化，也随作物生育阶段而异，生育初期和末期的 K_c 较小，而中期的较大。

大田作物和蔬菜在中期、后期的 K_c 值见表 5-3。

表 5-3　　　　　大田作物和蔬菜在中期、后期的 K_c 值

作物	生育阶段	最低相对湿度>70%		最低相对湿度<20%	
		风速 0~5m/s	风速 5~8m/s	风速 0~5m/s	风速 5~8m/s
玉米	中期	1.05	1.10	1.15	1.20
	后期	0.55	0.55	0.60	0.60
棉花	中期	1.05	1.10	1.15	1.20
	后期	0.65	0.65	0.65	0.70
花生	中期	1.05	1.10	1.15	1.20
	后期	0.55	0.55	0.60	0.60
薯类	中期	1.05	1.10	1.15	1.20
	后期	0.7	0.7	0.75	0.75
大豆	中期	1.05	1.10	1.15	1.20
	后期	0.45	0.45	0.45	0.45
小麦	中期	1.05	1.10	1.15	1.20
	后期	0.25	0.25	0.20	0.20
十字花科植物	中期	0.95	1.10	1.05	1.10
	后期	0.80	0.85	0.90	0.95
黄瓜	中期	0.90	0.90	0.95	1.00
	后期	0.70	0.70	0.75	0.80

表 5-4 为主要作物各生育阶段的作物系数 K_c 值。

表 5-4　　　　　主要作物各生育阶段的作物系数 K_c 值

作物	初期	前期	中期	后期	收获期	全生育期
小麦	0.3~0.4	0.7~0.8	1.05~1.20	0.65~0.75	0.20~0.25	0.80~0.90
玉米	0.3~0.5	0.7~0.85	1.05~1.20	0.8~0.95	0.55~0.6	0.75~0.90
棉花	0.4~0.5	0.7~0.8	1.05~1.25	0.8~0.9	0.65~0.70	0.80~0.90
高粱	0.3~0.4	0.7~0.75	1.0~1.15	0.75~0.8	0.5~0.55	0.75~0.85

续表

作物	初期	前期	中期	后期	收获期	全生育期
大豆	0.3~0.4	0.7~0.8	1.0~1.15	0.7~0.8	0.4~0.5	0.75~0.9
花生	0.4~0.5	0.7~0.8	0.95~1.10	0.75~0.85	0.55~0.60	0.75~0.80
向日葵	0.3~0.4	0.7~0.8	1.05~1.2	0.7~0.8	0.35~0.45	0.75~0.85
马铃薯	0.3~0.5	0.7~0.8	1.05~1.2	0.85~0.95	0.70~0.75	0.75~0.90

2. 参照作物需水量的估算

参照作物需水量是指在一片有着相同高度、生长活跃、完全覆盖地面并且水分供应充足的假设作物中产生的蒸散量,这种作物的高度统一为12cm,表面阻力为70s/m,反射率为0.23。

国外曾研究过许多计算参照作物需水量的公式,其中最有名的、应用最广的是英国的彭曼(Penman)公式。公式是1948年提出来的,后来经过多次修正。1979年,联合国世界粮农组织对彭曼公式又做了进一步修正,并正式认可向各国推荐作为计算参照作物需水量的通用公式。其基本形式如下:

$$ET_0 = \frac{\dfrac{p_0}{p}\dfrac{\Delta}{\gamma} + E_a}{\dfrac{p_0}{p}\dfrac{\Delta}{\gamma} + 1} \tag{5-32}$$

式中:ET_0 为参照作物需水量,mm/d;$\dfrac{\Delta}{\gamma}$ 为标准大气压下的温度函数,其中 Δ 为饱和水汽压曲线斜率,即 $\dfrac{de_s}{dT_{ave}}$,e_s 为饱和水汽压,hPa,T_{ave} 为平均气温,℃;γ 为干湿计常数;$\dfrac{p_0}{p}$ 为海拔影响温度函数的改正系数,p_0 为海平面平均气压,$p_0 = 1013.25$hPa;p 为计算地点的平均气压,hPa;E_a 为干燥力,mm/d,$E_a = 0.26(1+0.54u_2)(e_s - e_a)$,其中,$e_a$ 为当地的实际水汽压,hPa,u_2 为离地面2m高处的风速,m/s。

除了彭曼公式外,ET_0 的计算还有多种理论和方法。由于 ET_0 主要受气象条件的影响,因此需要根据当地气象条件分阶段(月和旬)进行计算。ET_0 计算公式具体可分为温度法、辐射法、蒸发皿系数法和综合法。其中 ET_0 综合法涉及的因素更多,因此应用最广泛(表5-5)。

表5-5　　　　　　　　　　　ET_0 综合法计算公式

文 献	公 式
Doorenbos and Pruitt (1977)	$ET_0 = c_2 \left[0.408 \dfrac{\Delta}{\Delta + \gamma}(R_n - G_s) + 2.7 \dfrac{\gamma}{\Delta + \gamma}(1 + 0.846u_2) \right]$
Wright (1982)	$ET_0 = \dfrac{\Delta}{\Delta + \gamma}(R_n - G_s) + 6.43 \dfrac{\gamma}{\Delta + \gamma} W_f (e_{zs} - e_z)$
George et al. (1985)	$ET_0 = \dfrac{\Delta}{\Delta + \gamma}(R_n - G_s) + 0.268 \dfrac{\gamma}{\Delta + \gamma}(a_w + b_w u_z)(e_s - e_a)$

续表

文献	公式
Shuttleworth and Maidment（1993）	$ET_0 = \dfrac{\Delta}{\Delta+\gamma} R_n + \dfrac{\gamma 6340(1+0.536 u_2)(e_s-e_a)}{\Delta+\gamma}$
Valiantzas（2006）	$ET_0 \approx 0.051(1-\alpha_{us})(T_a+9.5)^{0.5} R_s - 2.4(R_s/R_a)^2 + 0.00012Z + 0.048(T_a+20)(1-RH/100)(0.5+0.536 u_2)$
Valiantzas（2012）	$ET_0 \approx 0.0393 R_s (T_a+9.5)^{0.5} - 0.024(T_a+20)(1-RH/100) - 2.4(R_s/R_a)^2 + 0.066 W_{aero}(T_a+20)(1-RH/100) u_2^{0.6}$
Valiantzas（2013a）	$ET_0 \approx 0.0393 R_s (T_a+9.5)^{0.5} - 0.19 R_s^{0.6} \varphi_1^{0.15} + 0.048(T_a+20)(1-RH/100) u_2^{0.7}$
Allen et al.（1998）（FAO56 PM）	$ET_0 = \dfrac{0.408\Delta(R_n-G_s)+\gamma u_2(e_s-e_a)[900/(T_2+273)]}{\Delta+\gamma(1+0.34 u_2)}$
Allen et al.（2005）（ASCE PM）	$ET_0 = \dfrac{0.408\Delta(R_n-G_s)+\gamma u_2(e_s-e_a)[C_n/(T_{2ave}+273)]}{\Delta+\gamma(1+C_d u_2)}$

注　c_2 为补偿日夜气候效应的校正系数；α_{us} 为下垫面反射率；C_n 和 C_d 为参考类型和计算步长相关的常数；T_2 为 2m 高处的温度，℃；T_{2ave} 为 2m 高处的平均温度，℃；R_n 为太阳净辐射，以所能蒸发的水层深度计，mm/d，可用经验公式计算，从有关表格中查得或用辐射平衡表直接测取；其他符号意义同前。

三、影响作物需水量的主要因素

（一）作物因素

不同作物的需水量有很大的差异，就小麦、玉米和水稻而言，水稻的需水量最大，其次是小麦，玉米的需水量最小。

每种作物都有需水高峰期，一般处于作物生长旺盛阶段，如冬小麦有两个需水高峰期，第一个高峰期在分蘖期，第二个高峰期在开花—乳熟期；大豆的需水高峰期在开花结荚期；谷子的需水高峰期为开花—乳熟期；玉米为抽雄—乳熟期。

作物任何时期缺水，都会对其生长发育产生影响，作物在不同生育时期对缺水的敏感程度不同。通常把作物整个生育期中对缺水最敏感、缺水对产量影响最大的生育期称为作物需水临界期或需水关键期。各种作物需水临界期不完全相同，但大多数出现在从营养生长向生殖生长的过渡阶段，例如小麦在拔节抽穗期，棉花在开花结铃期，玉米在抽雄—乳熟期，水稻为孕穗—扬花期等。

表 5-6 反映了 C_3 作物（如小麦、水稻、大麦、大豆、马铃薯等温带作物）与 C_4 作物（如玉米、甘蔗、高粱等热带植物）需水量有很大差异。还有研究表明：C_3 作物的需水量显著高于 C_4 作物，C_4 作物玉米制造 1g 干物质约需水 349g，而 C_3 作物小麦制造 1g 干物质需水 557g，水稻为 682g。

（二）气象因素

气象因素是影响作物需水量的主要因素，它不仅影响蒸腾速率，也直接影响作物生长发育。气象因素对作物需水量的影响，往往是几个因素同时作用，因此各个因素的作用，很难一一分开。由表 5-7 可以看出，当气温高、日照时数多、相对湿度小时，作物需水量会增加。

表 5-6　　　　　　　不同作物生育盛期平均日需水量和最大日需水量

作物种类	作物名称	生育阶段	测定年份	平均日需水量/mm 需水量	平均日需水量/mm 平均值	最大日需水量/mm 需水量	最大日需水量/mm 平均值
C_4 作物	玉米	抽雄期	1982	4.4	5.1	8.1	8.3
C_4 作物	谷子	灌浆期	1965	5.7	5.1	8.5	8.3
C_3 作物	小麦	灌浆期	1982	10.7	11.2	14.9	17.4
C_3 作物	大豆	开花期	1964	11.2	11.2	14.6	17.4
C_3 作物	棉花	结铃期	1983	11.7	11.2	22.6	17.4

表 5-7　　　　　　　　　气象因素对作物需水量的影响

年　份	降水量/mm	0℃以上积温/℃	相对湿度/%	日照时数/h	土壤含水量/%	蒸发量/mm	需水量/mm
1973—1974	102.8	2183.5	58.6	1634.6	17.2～25.7	1069.1	392.71
1974—1975	179.4	2148.7	66.8	1434.0	18.5～36.0	894.8	295.95

（三）土壤因素

影响作物需水量的土壤因素有土壤质地、颜色、含水量、有机质含量和养分状况等。砂土持水力弱，蒸发较快，因此，种植在砂土、砂壤土上的作物需水量就大。就土壤颜色而言，黑褐色的土壤吸热较多其蒸发较大，作物需水量就大，而颜色较浅的黄白色反射较强，相对蒸发较少，作物需水量就少。当土壤水分较多时，蒸发强烈，蒸发量较大，作物需水量则大；相反，土壤含水量较低时，蒸发量较小，作物需水量较少。

（四）农业技术

农业栽培技术水平的高低直接影响灌溉水的利用效率。粗放的农业栽培技术，会导致大量水分无效消耗。灌水后适时耕耙、保墒、中耕、松土，使土壤表面有一个疏松层，可以减少水量消耗。密植，相对来说需水量会低一些，两种作物间作，也可相互影响彼此的需水量。

四、主要农作物需水量

（一）小麦需水量

由于不同品种小麦生长发育本身和环境条件不同，需水量也有很大差别。从各地试验资料来看，冬小麦的每公顷需水量均在 4498m^3 以上；春小麦需水量每公顷为 3748～4498m^3，一般不低于 3748m^3。当研究人员使用喷滴灌研究小麦需水量时，也发现冬、春小麦需水量差异较大。中国农业科学院农田灌溉研究所在河南喷灌冬小麦，每公顷产 5998～7092kg，需水量为每公顷 4543～5307m^3；陕西省水利科学研究所在渭北黄土高原喷灌冬小麦，每公顷产 4146～6522kg，需水量每公顷为 4543～4682m^3；吉林省农业科学院喷灌冬小麦，每公顷产 4498～5997kg，需水量每公顷 3748m^3 上下。

小麦生长期需水量，主要消耗于蒸散发。在小麦生长前期，由于苗小生长慢，叶面积小，棵间土壤蒸发占优势，通过叶面蒸腾散失的水分少；随着小麦生长，叶面积增大以及气温的升高，小麦需水量就以叶面散发为主。小麦各生育期需水量的多少，取决于生育期的长短和每天耗水强度。冬小麦从播种到越冬，每日需水量逐渐减小，越冬期由于气温降低，地上生长缓慢或停止，每日每公顷需水量仅为 7.5m³ 左右。春季返青后，随着气温逐渐回升，小麦生长加快，每日需水量也逐渐增多，一直到抽穗开花期，需水量达到高峰。虽然灌浆期到成熟期气温继续升高，但由于植株衰老，每日需水量由多变少。由此可见，冬小麦的需水量同生长发育时期直接相关。

(二) 玉米需水量

在苗期，玉米叶片数目少，叶面积小，散发量较低，因此，需水量也相对较少，但从整个生育期来看玉米由于植株高大，且需要制造大量的有机物，总需水量并不少。山西农业科学院在 1959 年研究玉米需水量，春玉米每公顷为 4723～5127m³，夏玉米每公顷为 3838～4228m³。新疆生产建设兵团石河子垦区车排子农业试验站在 1956—1958 年研究春玉米需水量，每公顷为 5247～5997m³。陕西渭惠渠灌溉试验站 1954—1956 年研究夏玉米需水量，每公顷为 4183～4438m³。玉米需水量同其他作物需水量的共同特点是变化范围大，这不仅与玉米生长发育有密切关系，也与当地的气候条件有关，如山西长治地区春玉米播种时气温比较低，播种到出苗平均每公顷每天需水量约为 15m³，而山东德州夏玉米播种到出苗气温高，平均每公顷每天需水量为 36.5m³。

玉米是中耕作物，苗期棵间土壤蒸发量较大，应加强中耕疏土，切断表层毛细管，减少水分消耗，促使根系下扎，可防旱防倒伏。玉米拔节后生长加快，需水量增大，到抽雄期需水强度达到高峰，称为玉米需水的"临界期"。拔节抽穗期需水量占全生长期总水量的 50% 以上，而拔节抽穗天数占全生长期的 39.6%～43.1%。拔节抽穗期时间短暂且需水量高，故在该阶段应保证土壤水分相对充足，为植株制造有机物、实现高产创造条件。灌浆期，是玉米茎叶光合产物和累积的营养物质大量向籽粒输送时期，需水量也比较多，平均每公顷每天需水强度在 30m³ 以上。玉米只有到成熟期植株衰老，叶片散发减少时，每日需水量强度才迅速下降。

近年来，我国不少单位对玉米进行了喷灌田间需水量试验，其需水规律同地面灌溉基本一致，需水量虽然没有减少，但灌水效率大大提升，降低了总体的灌溉量。如辽宁水利水电科学研究院，玉米喷灌需水量每公顷为 4169m³，而沟灌需水量为 4334m³，相差仅 165m³。陕西省水利科学研究所，夏玉米喷灌需水量为 4169～4511m³。这同陕西渭惠渠灌溉试验站 1954—1956 年地面灌溉玉米需水量每公顷 4183～4438m³ 基本相同。

(三) 棉花需水量

棉花由于生长期长，有强大的根系，能吸取较深层的土壤水分，抗旱能力强。我国各棉花种植区由于气候、土壤、品种和栽培技术差别很大，棉花需水量也尽不相同，灌溉排水措施也应因地而异。如我国西北内陆棉区，降雨量少，气候干燥，日光充足，只要有灌溉条件，配合农业技术进行合理灌溉，即可丰收。而华北和长江流域棉区，不仅要适时、适量灌水，还要在雨季做好排涝工作，使棉田保持较适宜的水分状况。

棉花需水量与棉花生长发育有密切的关系，各地试验结果表明，棉花在花铃期需水量最多。根据陕西省渭惠渠试验站和河北省农业科学院资料，整个生长期需水量每公顷为 5247～7946m³。播种出苗期，20cm 土层中的水分保持田间最大持水量的 70% 左右为宜；苗期耗水量占总耗水量的 15% 以下，日耗水强度为 7.5～22.5m³/hm²；现蕾后，耗水量占 12%～20%，日耗水强度为 22.5～30m³/hm²；花铃期，耗水量占 45%～65%，日耗水强度为 37.5~45m³/hm²；吐絮以后，日耗水降为 30m³/hm² 以下，耗水量占 10%~20%。

（四）水稻需水量

水稻蒸散发量以及渗漏量，受水稻生育期长短、气候条件、土壤、农业技术和水层深浅的影响而变化很大。如南方老稻田由于土壤黏重，透水性差，渗漏量就小；而北方新稻田土壤沙性大，透水性能好，渗漏量就大。秦岭淮河以北地区多系新稻区，渗漏量占总耗水量的 43%~63%，而长江以南老稻区，叶面散发和棵间蒸发量为耗水量的 71%~93%，渗漏量仅占耗水量的 7%~29%。因此，在北方新稻田减少渗漏量，节约用水非常重要。有些地方水稻田采用湿润灌溉来减少稻田渗漏。在河南新乡进行了水稻复青后逐渐开始湿润灌溉一直到黄熟的试验，结果显示湿润灌溉既能满足稻苗的生理需水，又可以节约用水和减少孑孓滋生；湿润灌比淹灌增产 2.7%~5.5%，节约用水 16.1%~41.1%，减少孑孓 89.1%~91.1%，同时，还改善了土壤的通气状况，提高了土壤氧化作用，减轻了还原物质的危害。

（五）高粱需水量

高粱根系较发达且抗旱耐涝，合适的水分条件可以促进高粱的生长和发育。播种时，土壤含水量不应过高。从出苗到苗期，植株很小，生长缓慢，需水量只占全生育期需水量的 20%。适当控制土壤水分不仅有利于幼苗生长，而且能加速营养器官的形成。

拔节到孕穗期是生长非常快的一个时期，这个时期对水的需求量也是比较高的，是决定高粱产量和品质的关键时期，该阶段需水量约占总需水量的 38%。抽穗开花期是穗部转化和分化的重要阶段，叶子和茎迅速生长，穗子逐渐形成，这个阶段缺水会影响花的数量、花粉和柱头的活力，可能导致受精不良、穗分化和秃尖等现象的发生，此阶段，需水量约占总需水量的 20%。开花后，植物的营养大部分转移到穗里，需要大量的水供应，抽穗期水分过多容易导致穗下部分枝和小穗退化。灌浆成熟期所需水量约占总需水量的 12%，此阶段缺水将导致灌浆不足并影响颗粒重量，而过多的水很容易导致高粱贪青晚熟，甚至遭受霜害。

（六）谷子需水量

谷子是我国传统的主要农作物之一。谷子浅层根系比较发达，主要吸收利用浅层土壤水分与养分，谷子还有耐土地贫瘠、耐干旱的特点。灌溉试验证明，谷子是一种喜水喜肥作物，在生育期间若满足其需水需肥要求，在良种配合下，单产也可达 400kg 左右，增产潜力很大，经济效益也很显著。

谷子从播种到成熟的全生育期，由于品种、地区气候差异，播期不同，生育期的长短有较大变化，分中、晚熟品种，因而需水量也有所不同。但它们也有相似的规律。谷子一生对水分需求的一般规律可概况为苗期宜旱、需水较少，中期喜湿、需水量较大，后期需水相对减少但怕旱。

谷子播种时耕作层土壤含水量占田间持水量的 70% 以上，即可满足发芽需要。出苗至拔节需水量 60mm 左右，占总需水量的 14%，日需水强度 2.1mm。谷子生育前期（5—6 月），即分蘖时期，该阶段谷子主要是营养生长，地上部分生长缓慢，而地下根系发育较快，因而需水量不大。

谷子生育中期（7—8 月中旬），即孕穗期，该阶段是一生中需水量最大、最迫切的时期，需水量为244.3mm，占总需水量的54%，日平均需水强度在5.0mm左右，最大为8.2mm；该阶段缺水、干旱对谷子穗长、穗重影响严重。

谷子生育后期（8—9月下旬），即灌浆至成熟期。该阶段谷子处于生殖生长期，植株体内养分向籽粒运转，仍然需要满足充分的水分供应。需水量为112.9mm，占总需水量的32%，日平均需水强度3.2mm，该阶段需水量由大逐渐变小。

（七）大豆需水量

大豆相对其他作物需水较多，"旱谷涝豆"是有科学道理的。研究证明，大豆每生产一千克干物质需消耗600~1000m³水。大豆不同生长期的需水量不同。夏大豆苗期土壤含水量应为最大土壤含水量的65%~70%，水分过多容易造成"芽涝"和过度生长"脚高"，不利于蹲苗，容易造成倒伏；水分过少易造成缺苗断垄、"老苗"。

大豆整个生育期从开花到鼓粒期间，需水量占全生育期总耗水量的60%~70%。幼苗期和成熟期耗水量只占30%~40%。大豆在幼苗期需水量较少，只占总需水量的5%左右。但此期土壤水分供应充足是出苗好坏的决定因素。土壤水分以田间最大持水量的70%~80%为宜。土壤水分过少，影响种子吸胀萌发；土壤水分过多易导致种子霉烂。分枝期需水量占全生育期需水量的20%。此期大豆茎叶已逐渐繁茂生长，花芽进行分化，开始生殖生长。土壤水分以田间最大持水量的65%~70%为宜。此期干旱时应适量灌水。大豆的开花结荚期是大豆需水的临界期，需水量多，对水反应最为敏感，需水量约占全生育期的45%。土壤水分以田间最大持水量的70%~80%为宜。此期干旱，会造成花荚脱落。进入鼓粒成熟期，养分开始集中转运到籽粒。充足的水分能保证鼓粒充分，粒大饱满。干旱则易造成早衰、百粒重降低、秕粒增加，进而影响产量。此期土壤含水量以田间最大持水量的70%~75%为宜。水分过多，会引起贪青晚熟。

表5-8列举了主要农作物的需水量。

表5-8　　　　　　　　主要农作物需水量

作物名称	全生育期总需水量 /(m³/亩)	生育阶段	生育阶段需水量占总需水量的百分比/%
水稻	350~450	返青期	16.7
		分蘖期	27.0
		孕穗期	22.3
		开花期	9.0
		灌浆期	8.0
		成熟期	17.0
冬小麦	260~400	幼苗期	5.0
		分蘖期	14.4
		拔节期	19.2
		孕穗期	25.3
		开花期	6.1
		灌浆期	30.0

续表

作物名称	全生育期总需水量 /(m³/亩)	生育阶段	生育阶段需水量占总需水量的百分比/%
玉米	200～300	幼苗期	9.0
		拔节期	31.0
		孕穗期	15.0
		开花期	18.0
		灌浆期	22.0
		成熟期	5.0
高粱	200～300	幼苗期	20.0
		拔节期	18.0
		孕穗期	30.0
		开花期	20.0
		成熟期	12.0
谷子	160～200	分蘖期	14
		孕穗期	54
		灌浆期	32
大豆	300～400	幼苗期	5～10
		分枝期	20～30
		开花期	25～35
		结荚期	15～20
		成熟期	10～20
棉花	300～450	幼苗期	12.2
		现蕾期	14.7
		开花结铃期	46.1
		吐絮期	27.0

第四节 特殊土的水分运动

自然界中一些特殊土的农田水文循环规律与普通土有所不同。特殊土具有特殊的成分、状态及结构特征，因而呈现了特殊的水文循环和水分运动特征。不同领域对特殊土的定义不同，侧重点也不同。例如，在工程领域侧重土的力学性质，因而特殊土包含软土、红黏土、人工填土、膨胀土、黄土及冻土等。农业水文领域则侧重农业水文循环的特殊性，例如盐碱土、斥水土壤、东北黑土和南方红壤等。本节主要围绕盐碱土和斥水土壤两种特殊的土壤类型，简单介绍其水分运动规律及治理方案。

一、盐碱土

（一）土壤盐渍化的成因

盐分在土壤中遵循"盐随水来，亦随水去"的运动规律。在非灌溉的干旱时期，由于气候干旱，地面蒸发作用强烈，底土和地下水中的盐分随水分沿着毛细管上升到地表，水分蒸发后盐分积聚在表土中，随着水分的不断蒸发，地表盐分不断积累，造成土壤表层盐分积聚。而在降水或灌溉时，地表盐分被水分溶解后，随着水分入渗而被淋洗到下层土壤，称为压盐。若有排水条件，则盐分可随水渗至排水沟排走，起到土壤脱盐的效果。土壤积盐和脱盐的过程就是土壤盐渍化和逆转的过程。

碱化过程是指土壤溶液中的交换性钠不断被土壤胶体吸附的过程，即高钠水溶液多次进入土壤，Na^+与土壤胶体中离子交换点位上的Ca^{2+}、Mg^{2+}、K^+、H^+等离子进行置换或有深根的旱生植物把Na^+吸收到植物体内，导致植株死亡，在残体分解后，Na^+不断被土壤胶体吸附，使土壤碱度增加，最终形成碱土。以苏打盐碱土为例，土壤中含有碳酸钠和碳酸氢钠等盐类，其在土壤中发生水解产生Na^+，进而被土壤胶体不断吸附，使土壤呈强碱性，同时，含有碳酸氢钠和碳酸钠的地下水在沿毛管上升过程中不断蒸发也能使土壤碱化。脱碱过程（dealkalization）是碱化过程的逆过程，是指Na^+脱离土壤胶体的吸附进入土壤溶液的过程。即含Ca^{2+}、Fe^{3+}、K^+等离子的水进入土壤，Ca^{2+}、Mg^{2+}、K^+等离子将吸附在土壤胶体上的钠离子代换出来，并随水排出。

土壤盐碱化和土壤脱盐、脱碱过程与田间水文循环过程相伴发生。土壤盐渍化的形成主要受环境、地下水位、土壤物理结构以及现代工程的影响，具体有如下影响因素：

（1）降水、温度、湿度、pH值、蒸发及植被覆盖等。研究发现不同土层水溶性Na^+的含量随气温升高而快速递增，而与空气湿度的关系不密切。土壤温度增加会显著增加盐分的集聚性，在10~16cm的土壤剖面上最为明显。不同的土壤类型、土地利用方式、地貌组合等都会对土壤盐分的迁移累积产生显著影响。暴雨对于土壤脱盐作用较为明显。另外，植被类型和植被覆盖度等因素都会造成地表蒸发量的差异进而导致地表土壤盐分表聚特性差异。在我国北方干旱、半干旱地区，年降水量小，但蒸发量大，盐分容易随毛管水运移到土壤表层积聚。

（2）地下水位。刘广明等（2003）的土柱模拟试验结果表明：地下水埋深86cm和106cm情况下，0~40cm深度土壤电导率与地下水矿化度呈良好正相关关系。地形高低直接影响地表水和地下水的运动，对盐分的移动和积聚有显著影响，从大地形来看，水溶性盐随水从高处向低处移动，在低洼地带积聚；从小地形（局部范围内）来看，土壤积盐情况与大地形正好相反，盐分往往积聚在局部的小凸处。河流及渠道两旁的土地，因河水侧渗而使地下水位抬高，促使盐分累积。沿海地区因地下水水位较高且海水浸渍而形成滨海盐碱土。

（3）土壤孔隙等物理结构。砂土层的土壤粒间孔隙较大，对土壤盐分"上移表聚"具有明显的阻隔效应，而黏土层有良好的保水和隔盐能力，尤其对表土积盐的抑制效果显著，且抑盐效果随黏土层厚度增加而提升，同时，对抑制土壤碱化也具有很好的效果。土壤质地粗细可影响土壤毛管水运动的速度与高度。一般而言，壤质土毛管水上升速度较快，高度也高；砂土和黏土的毛管水运动速度则较慢，高度较低，积盐也较慢。地下水位和地下水矿化度是影响土壤盐渍化的关键因素，地下水位越高，矿化度越大，越容易积盐，土壤盐渍化程度越高。

（4）大型工程。大型水利工程会显著影响流域土壤中的水盐运移状态，如三峡大坝建成运行后，季节调蓄对长江河口土壤水盐动态影响研究表明：10—12月三峡水库蓄水期间，土壤盐渍化程度加剧，并有Na^+碱化的趋势。在国外，由于大型工程而带来的土壤盐渍化问题也备受关注，埃及阿斯旺高坝的建设加速了尼罗河下游平原的盐渍化发育，甚至影响了苏伊士运河的盐分演化。

（二）土壤盐渍化的改良

改良盐渍土方面主要包括以下措施：

(1) 水利改良。完善农田灌排水利设施，保证旱季不缺水，雨季不积水，防止盐渍化的发生。我国在20世纪70年代已经进行了大量的排水脱盐水利工程试验，完善了盐土排水脱盐的理论体系，建立了完整的干、支、斗、农、毛五级沟渠排水系统。目前主要的排水排盐水利工程措施有明沟排水、暗管排水、生物排水、井灌井排和盐土综合治理等。暗管排水相对于明沟排水具有较好的脱盐效率，在我国内陆干旱、半干旱以及黄淮海地区主要采用暗管排水为主、明沟排水为辅的排水脱盐措施；井灌井排措施主要应用于新疆农垦区；东北盐碱地主要采用冲洗方式进行脱盐；另外，植被种植不但能够减弱地表盐分的表聚性，还能通过植被蒸腾进行变相排水。

(2) 化学改良。一些发达国家如美国、澳大利亚等通过施用化学改良剂中和土壤碱度来改良土壤，如石膏、硫酸及矿渣磷石膏等，其施用量与施用时间主要取决于当地土壤类型、经验及资金的状况。日本东京大学通过向土壤中注入聚丙烯酸酯溶液，使其在土壤中形成不透水层以减少土壤水分的蒸发，进而减少盐分随毛管水向表土运移，最终达到抑制盐分表聚的作用。

(3) 生物改良。通过农耕措施、种植耐盐性植物来提高盐渍土的利用率，如中国科学院地理科学与资源研究所康跃虎在华北平原地区利用地下咸水资源试验开发了耐盐糯玉米品种，还有研究者通过杂交技术将互花米草与玉米杂交来培育耐盐玉米。中美科学家共同破解的水稻的耐盐基因，为耐盐水稻培育创造了条件。2010年浙江三门转OsCYP2基因耐盐水稻培育成功，在海水全程灌溉下，抽穗率能接近70%，千粒重大于20g。

二、斥水土壤

土壤斥水性（soil water repellency，SWR）是指土壤不易或不能被水湿润的现象。斥水性土壤表现出较差的土壤渗透性，把水洒在斥水土壤的表面，水珠滞留、长时间难以入渗。SWR受多种因素影响，不同质地土壤、不同农业自然条件、不同土地利用方式和气候条件是影响土壤水分运动、植物生长、土壤侵蚀以及地下水等的重要因素。在特定条件下几乎所有土壤都表现出一定程度的斥水性。20世纪60年代之前SWR及相关研究较少，近些年来，随着全球缺水、极端自然灾害频发，SWR的研究在国际上受重视程度日益增加。我国对SWR的研究最早于1994年见诸报道。

（一）土壤斥水性测定方法及表征指标

土壤斥水性的测定方法及相应表征指标较多，主要有以下内容：

(1) 滴水穿透时间法。这是最简单常用的SWR持续能力测定方法，用滴水穿透时间（water drip penetration time，WDPT）来表征SWR。依据WDPT值，土壤斥水程度可分为亲水性（WDPT<6s）、微弱斥水（6～60s）、强烈斥水（60～600s）、严重斥水（600～3600s）和极端斥水（>3600s）五个等级。

（2）乙醇液滴摩尔浓度法：该方法用乙醇溶液的浓度（MED）表征，较为常用。滴水穿透时间法与 MED 法对高斥水性土壤在某种程度上有一致性，而对中度斥水性土壤的一致性较差。

（3）通过测定水-固体接触角 φ_c 值可判断土壤斥水的严重程度。$\varphi_c > 90°$ 时为斥水土壤，$0° < \varphi_c \leqslant 90°$ 时为亚临界斥水土壤，$\varphi_c = 0°$ 为亲水土壤。φ_c 具有时间依赖性，由于土壤表面不规则，直接测定 φ_c 不可行，通常用间接方法测定 φ_c，如毛管上升法（capillary rise method, CRM）、威廉米（Wilhelmy）盘法等。

（4）土壤斥水指数（water repellency index, WRI）也是表征 SWR 的指标之一，但其应用有限。

（二）土壤斥水性的影响因素

引起土壤斥水的因素很多，大致分为内因和外因。其中，内因主要涉及土壤自身的具体属性，包括土壤质地、有机质、腐殖质、含水率、颗粒包裹、黏土类型、pH 值和土壤溶液的离子强度等。影响 SWR 的外因可能由自然或人为情况引起，主要有：①植被类型，如含树脂、蜡或芬芳油的树种、灌木、草地覆盖的土壤容易发生斥水；②担子菌类的菌丝体、青霉菌黑化菌素、曲霉菌和放线菌等微生物能使土壤产生斥水性；③长期污水灌溉易导致土壤表面板结而呈现出极端—严重斥水性；④森林野火燃烧植被，野火使土壤失去植被覆盖层，土表孔隙被燃烧的灰烬填充，导致土壤入渗率降低，表现出斥水性；⑤生物结皮，在黄土高原丘陵区，SWR 的增加可能是生物结皮；⑥大气 CO_2 浓度升高使 SWR 减弱。

（三）土壤斥水性特征曲线

土壤斥水性特征曲线（soil water repellency characteristics curve），即土壤斥水性-土壤含水量曲线可描述整个含水量范围内斥水性的严重程度。图 5-9 显示了脱湿和吸湿过程中 4 种土壤 WDPT 随含水量变化过程。

图 5-9 中，首先，斥水性特征曲线在特定含水率下存在最大 WDPT 值。随后，WDPT 值随含水率增加而有不同表现：①单调递减；②先减后增到达第二个峰值；③保持为定值。由于土壤含水率的变化对 WDPT 值的影响比较明显，因此研究者提出了临界含水率的概念，低于该值时土壤具有斥水性，反之，土壤具有亲水性。临界含水率变化范围不一，黏性泥炭土的临界含水率高达 34%～38%，而沙丘沙土的临界含水率可低至 2%。由于 SWR 本身的复杂性和观测方法的局限性，对于斥水性特征曲线的研究很长时间都限于定性分析。近些年研究者才意识到斥水性特征曲线在水力性质中应用的潜力，得出了 SWR 与含水率的不同数学模型。已提出的模型有基于动态因子方法的经验公式、双峰四参数对数线性模型以及两区模型等。

（四）斥水土壤的改良

国内外已经针对土壤斥水性进行了不同方向的研究，有研究表明，表面活性剂可将斥水土壤转变为亲水土壤，从而增加土壤入渗率，但表面活性剂溶液与乙醇溶液的入渗特征没有可比性。针对园艺生产中土壤等生长介质的斥水性，有学者指出湿润剂的应用能够较好地解决作物生长介质的斥水性问题。

第四节 特殊土的水分运动

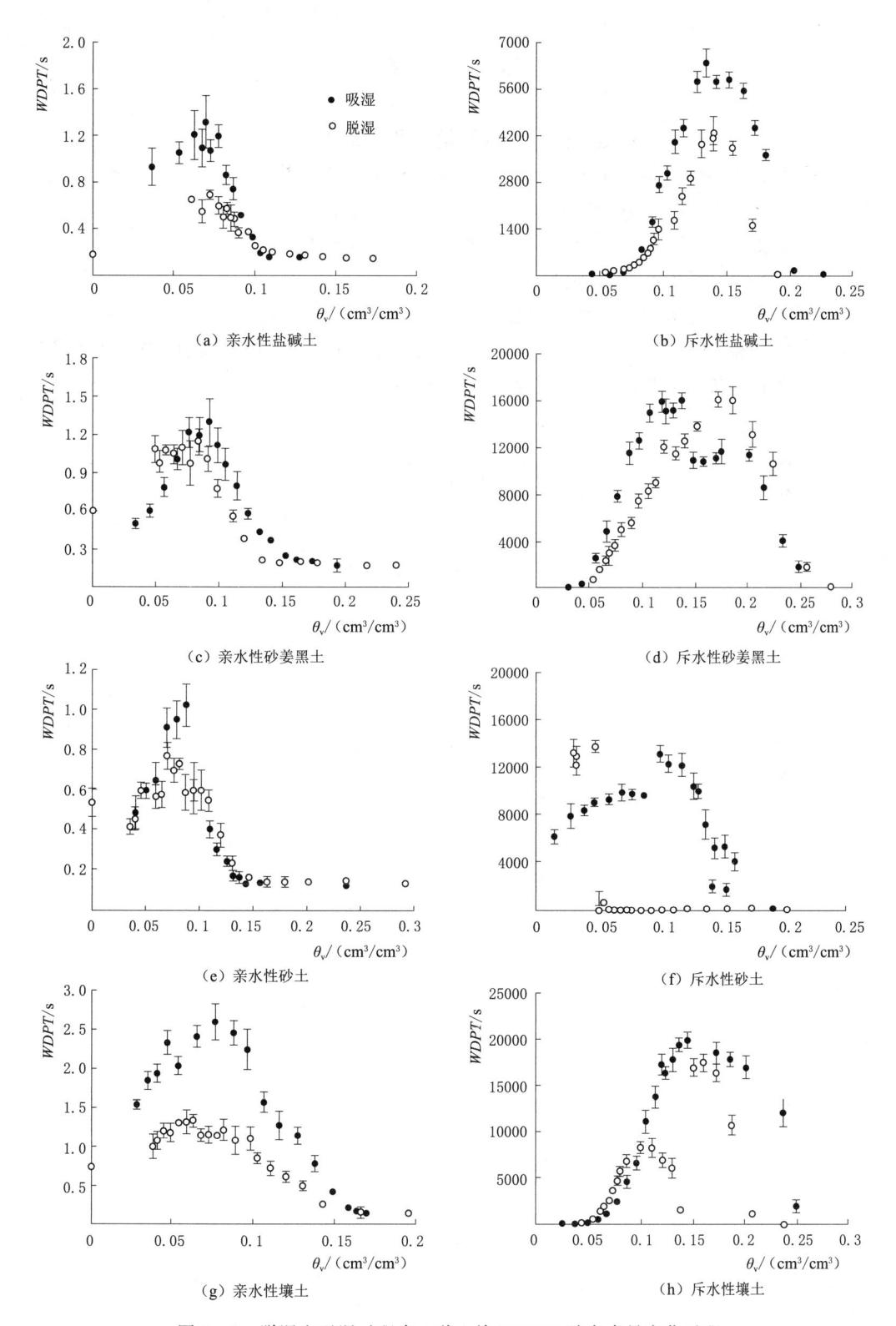

(a) 亲水性盐碱土
(b) 斥水性盐碱土
(c) 亲水性砂姜黑土
(d) 斥水性砂姜黑土
(e) 亲水性砂土
(f) 斥水性砂土
(g) 亲水性壤土
(h) 斥水性壤土

图 5-9 脱湿和吸湿过程中 4 种土壤 WDPT 随含水量变化过程

思 考 题

1. 农业水量平衡的公式是什么？其各分量有哪些？
2. 什么是 SPAC 系统？水分在 SPAC 系统中的流动是怎样的？
3. 什么是凋萎系数和田间持水率？
4. 土壤总水势由哪几个部分组成？其各自定义是什么？
5. 农田水分的消耗途径有哪些？
6. 什么是作物需水量？其计算方法有哪些？
7. 斥水土壤有何特征，需采用什么方式表达其水力性质？斥水土壤应当如何改良？
8. 盐碱土对农业生产有哪些危害？应当如何改良？

第六章 植物与水

水是植物中最大的单一化学成分，但植物体内水的体积相对于总蒸发量而言非常小。充足的植物水分状况要求根系吸收的土壤水分满足大气需求（即蒸腾需求）。在草本植物中，水通常占鲜重的90%以上。在木本植物中，超过50%的新鲜重量由水组成。在植物的总含水量中，60%～90%位于细胞内，其余（总含水量的10%～40%）主要位于细胞壁中。水基本上参与植物所有代谢过程，包括在光合作用中作为反应物，在整个植物中碳水化合物和营养物质的运动中也是必不可少的，还是花蜜的主要成分。陆地上蒸发的大部分水是通过植物蒸发的。因此，充分了解植物水分环境关系，不仅可以防止旱涝盐渍等灾害，保证农业生产的顺利进行，还可以更高效地节约有限的水资源，实现农业资源的可持续利用，这也是农业水文研究中的重要课题。本章系统描述了植物生长与水分的关系，详细介绍了植物的抗逆性及其描述指标。

第一节 水对植物的作用

水是构成植物体的主要成分，也是植物赖以生存的环境因子，有水才有植物。植物生理学者很早就通过研究植物对水的吸收、输送、散发等过程，了解水在植物生活中的作用。

一、植物生长发育对水分的需求

水在植物生命活动中所起的关键作用取决于水的理化性质和结构。水分子由2个氢原子和1个氧原子组成，3个原子形成104.5°角。每个氢原子和氧原子之间的键为共价键，通过分享一对电子形成，但一对电子的共享程度并不均衡，氧比氢更需要电子（这种特性称为负电性）。换言之，氢原子和氧原子键合时，在这个过程中共价电子主要在负电的氧原子周围运动。因氧原子的电负性比氢原子的大，电子云偏向于氧原子，使得水分子成为极性分子。由于分子中正电荷和负电荷相等，所以水分子仍表现为电中性。相邻水分子间，带部分负电荷的氧原子与带部分正电荷的氢原子以静电引力相互吸引形成氢键（hydrogenbond）。氢键是一种比较弱的键，比化学键键能小得多，但比分子间相互作用力大，氢键也可以使水分子与其他含有电负性原子（如O或N）的分子结合；水分子间氢键的存在使水具有许多特殊的理化性质。

水是维持植物正常生命活动的先天条件之一，也是植物体的重要组成成分，其含量通常是植物生命活动强弱的决定因素。因此，植物的含水量是植物生理状态的一个常用指标，一般以所含水分的量占干重的百分比来表示，有

$$\theta_p = (M_f - M_d)/M_d \times 100\% \tag{6-1}$$

式中：θ_p 为植物体的含水量；M_f 为植物体的鲜重，g；M_d 为植物体的干重，g。

植物的含水量与植物种类、器官和组织的特性、生育时期以及所处的环境条件有关，具体表现如下：

(1) 不同植物的含水量不同。一般植物组织含水量为 75%～90%；水浮莲、满江红、金鱼藻等水生植物可达 95%；而在干旱环境中生长的地衣、藓类等低等植物的含水量仅为 5%～7%。

(2) 同一植物不同器官和组织的含水量不同。生长旺盛的器官和组织（如嫩茎、幼根、新叶以及发育中的果实）通常含水量较高，为 80%～90%；趋于衰老和休眠的器官和组织，含水量较低，一般在 60% 以下，如树干、休眠芽含水量在 40%～55%，风干种子含水量仅为 10%～14%。

(3) 同一器官和组织在不同生育时期含水量不同。如叶片在生长期的含水量较高，而生长定型后含水量下降；禾谷类种子在发育初期含水量可达 90%，成熟时则降至 25% 以下。

(4) 同一植物生长在不同环境中的含水量不同。在荫蔽、潮湿环境中的植物比生长在向阳、干燥环境中的植物含水量高。

(5) 同一植物在一天中不同时间的含水量不同。一天之中，通常早晨植物的含水量比中午与下午的高。

植物体内水分的生理作用不仅与含水量高低有关，而且与其存在状态有关。植物细胞内水分以束缚水和自由水两种状态存在。其中，束缚水是指与细胞组分紧密结合而不能自由移动的水，其含量较为稳定，不易蒸发散失，也不作为溶剂和不参与化学反应；自由水是指与细胞组分之间吸附力较弱可自由移动的水，其含量变化较大，可参与各种代谢活动。当自由水与束缚水的比值较高时，细胞原生质呈溶胶状态，植物的代谢旺盛，生长较快，对非生物逆境抗性弱；反之，细胞原生质呈凝胶状态，代谢活性低，生长迟缓，但对非生物逆境抗性强。

植物生理学家将水分在植物生命活动中的作用概括为以下几个方面：

(1) 水是细胞原生质的主要组分，植物细胞原生质的含水量为 70%～90%。水分子具有极性的特点，可使组成原生质的蛋白质和核酸等生物大分子均匀地分散在水中，呈稳定的溶胶状态，进而保证旺盛的代谢活动正常进行。另外，细胞膜和酶分子表面存在大量的亲水基团，吸附着大量的水分子，这些水分子使细胞器和酶分子维持正常结构。

(2) 水不仅是光合作用和呼吸作用的原料，还参与多种有机物的合成与分解过程；此外，水的离子成分 H^+ 和 OH^- 常作为反应物参与多种生化反应。

(3) 水是自然界中能溶解物质最多的溶剂，是植物体内各种物质运输、吸收及信息传导的媒介，也是酶活动和各种生理生化反应的介质。

(4) 水能够维持细胞膨压。细胞的分裂和延伸生长都需要一定的膨压，缺水可使膨压降低甚至消失，严重影响细胞分裂及延伸，使植物生长受到抑制。

(5) 水使植物保持固有的姿态，植物组织含有大量水分，产生的静水压力能维持植物器官的紧张度，有利于生理活动的进行。例如，使枝叶挺立，有利于捕获光能和进行气体交换；使花朵开放，有利于传粉受精；使根系伸展，以吸收肥水等。

二、植物对水分的吸收过程

植物的水分平衡取决于其根系吸收水分的能力。如果叶片的水分损失大于根系的吸收，则可能出现缺水。植物体内轻度缺水将对生长和生理产生影响，而严重缺水将导致细胞死亡，在最严重的情况下，会导致植物死亡。土壤中的水分通常被植物根系所吸收，而后在特殊的传导组织（木质部）中沿着茎部移动，扩散到周围空气之前在叶子中蒸发。在周围空气中，水蒸气浓度通常远低于叶子中的水蒸气浓度。部分水运动有如下路径。

1. 土壤和根系-土壤气隙

在潮湿土壤中，植物根系水势小于土壤水势，水分运动速度较快，不断补充植物；随着土壤干燥，水势逐渐降低，当根组织的水势等于土壤时，根系吸水停止；当土壤水分不足时，植物根系（尤其是尚未发育广泛的亚矿化或木质化组织的幼嫩肉质根）会逐渐脱水，这使得根和周围土壤之间可能形成气隙。气隙的存在增大了水分运动阻力，这有助于限制植物向干燥土壤的水分损失，尤其是当根系水势略高于土壤水势时的干旱初期。

2. 根系

进入幼根的水必须首先穿过表皮细胞层。从这些细胞伸出的根毛增加了水和养分吸收的表面积，菌根真菌的菌丝也是如此。

根系吸水的主要途径有3条：质外体途径、跨膜途径及共质体途径。共质体途径及跨膜途径又称细胞途径。在这3条途径共同作用下，根系得以吸收水分。共质体途径是指水分从一个细胞的细胞质经过胞间连丝移动到另一个细胞的细胞质，形成一个细胞质的连续体，移动速度较慢。质外体途径是指水分通过细胞壁、细胞间隙等没有细胞质部分的移动，其阻力小。跨膜途径是指水分从一个细胞移动到另一个细胞，要两次通过质膜，还要通过液泡膜。

3. 木质部

木质部形成了植物的管道，允许水沿着根、茎和叶流动。木质部的传导细胞具有显著的特征，即它们在死亡后仍然发挥着主要的生理作用。狭窄的导管通常在末端逐渐变细，而通常较短、较宽、高度衍生的传导细胞由没有任何质膜或细胞质的细胞壁管组成。在发育过程中，传导细胞之间的大多数端细胞壁会逐渐消失，这有利于细胞内水分传输。因此，宽的、未堵塞的导管占据了沿木质部流动的大量水。在干旱期间，以及在交替的冻融循环期间，会诱导木质部产生气穴化栓塞，进而降低植物导水率。

4. 叶片

水通过叶脉导管在叶片中流动，对于双子叶植物，这涉及越来越细的叶脉分支（对于单子叶植物，叶脉趋向于平行）。叶片内部几乎被水蒸气饱和。当气孔开放时，叶片中的水蒸气可以通过气孔向水蒸气含量较低的空气扩散，这一过程称为蒸腾作用。当气孔关闭时，仍会有少量水分通过叶片表面的蜡质角质层从叶片中逸出，这种水分损失称为表皮蒸腾作用。

5. 韧皮部

虽然植物中大部分的水运动发生在木质部，但韧皮部也有发生，这一过程需要输入代谢能来增加溶质含量，从而增加局部的渗透压，使水分得以通过。水的进入提高了局部静水压力，水分在压力驱动下沿韧皮部流动。韧皮部的主要功能是从叶片或其他来源获取光合作用产物,并将它们运送到生长区或储存区。某些幼果的水势比它们生长的茎高(负水势较小),水分难以通过木质部进入这些果实,因此,韧皮部才是水分进入这些果实的主要途径,如苹果、葡萄、番茄和各种仙人掌幼果等。

植物水分流动的内聚张力理论假设叶片蒸发和水分流失在木质部汁液中产生张力。水分子是由氢键连接的,张力沿着木质部持续传导,水分在张力作用下不断向上运移。由于叶片蒸腾作用而使水分处于张力之下,木质部的传导细胞和茎中的其他细胞会轻微收缩,茎直径减小。

这样的张力在实验上很难测量,通过对植物进行离心从而增加力的证据表明,植物可以产生较大的张力,然而,由于技术原因,用插入特定细胞的压力探针直接测量并不能直接显示预期的大负压。当气孔在夜间关闭,蒸腾几乎停止时,张力减弱,细胞收缩停止,树木和其他植物的茎的直径会逐渐恢复。当第二天气孔重新打开时,水分开始从叶片中流失,导致叶片变薄(通常是5%~10%),并在叶木质部中形成张力。水随后从茎中的活细胞流向传导的木质部细胞。事实上,这种效应会导致根部的水分运动滞后于叶片的蒸腾作用,对于小草本植物来说,这可能要晚几分钟,而对于大树来说,这可能要晚几个小时。

在干旱期间,这种可逆的日变化会逐渐变小,因为流经土壤-植物-大气连续体的水越来越少。一旦土壤的水势低于植物,水就倾向于从植物根部流向土壤,当植物根系外部细胞层广泛亚基化和木质化后,水分流失又会逐渐减小。在植物生态系统中,水分沿着植物从一个区域到另一个区域的运动早就可以用物理约束条件和适用的方程来描述了。然而,实际跨膜的水分传递过程才被描述出来,在植物水分传递这一研究领域有广阔的前景。

三、植物吸水动力

在大多数情况下,白天植物吸收水分的动力是通过叶片表面气孔的水分流失而形成的。这种水分的流失在植物内部产生了一个负压(通常称为"张力"或"电位")。水的黏性和拉力意味着这种负压可以在整个植物中传播,从根的最外层细胞到气孔下面的叶肉细胞,产生了整个植物的水势梯度。然而,围绕是否有能力产生巨大的负压(高达10MPa)的问题,确实存在一些争议。在夜间,气孔逐渐关闭,蒸腾作用带来的水吸力会不断减小,但通过渗透作用,水分的吸收仍可能以较低的速率发生。植物吸水方式有以下两种:

1. 植物绝大部分水分通过根系吸收

通常植物根系吸水的机理又可分为两种:主动吸水和被动吸水。

(1)主动吸水是指仅由根系代谢活动而引起的根系吸水过程。根压和吐水都是主动吸水的现象。根压是木质部中的正压力,根压可使根部吸进的水分沿导管输送到地上部,同时土壤中的水分又不断地补充到根部,这样就形成了根系的主动吸水。大多数植物的根压为0.05~0.15MPa,有些木本植物可达0.6~0.7MPa。根压的产生与根系生理活动和内皮层内外的水势差有关。植物根系不断吸收土壤中的离子,并将其转运到根的内皮层内,使中柱细胞和导管中的溶质增加,溶质势下降。当内皮层内水势低于土壤水势时,土壤中的水分便顺着水势梯度从外部质外体经内皮层渗透进入中柱和导管,内皮层在此起着选择透性膜的作用;同时,导管的上部呈开放状态,不产生压力,于是水柱就在向上的压力作用下向地上部分移动，这样就形成了根压。

以上所说的主动吸水通常不是指根系主动吸收水本身，而是植物利用代谢能来主动吸收外界溶质，造成内皮层内溶液的水势低于外界溶液的水势，水分是被动地顺水势梯度从外部进入导管的。所以，根压是由于内皮层内外存在水势差而引起的根系吸水现象，它可作为根部产生水势差的一个量度，但不是一种动力，水流的真正动力是水势差。缺氧、低温和呼吸抑制剂等能降低根压，因为这些因素能抑制呼吸，影响根系主动吸收溶质，降低内皮层内外水势差。

（2）被动吸水是由蒸腾拉力引起的根系吸水。蒸腾拉力是指因叶片蒸腾作用而产生的水势梯度使植物体内水分上升的力量。由于叶片蒸腾失水，致使叶片水势下降而向根吸水，根则向土壤吸水。一般情况下，土壤水的水势很高（$-0.01\sim-0.001$ MPa），容易被植物吸收并输送到地上部分。蒸腾作用下的枝叶可通过被麻醉或死亡的根吸水，甚至无根的带叶枝条也照常能吸水，在此过程中，根系似乎只是被动地让水流过，为水进入植物体提供通道。当然，发达的根系扩大了与土壤的接触面积，更有利于植株对水分的吸收。

主动吸水和被动吸水在植物吸水中所占的比重，因植物生长状况和蒸腾速率而异。蒸腾作用下的植株，尤其是高大的树木，吸水的主要方式是被动吸水。只有在苗期、树木叶片未展开或落叶以后及蒸腾速率很低的夜晚，主动吸水才成为主要的吸水方式。另外，如果土壤水势低于$-0.1\sim-0.2$ MPa，则无法进行主动吸水，而被动吸水仍能进行，只有土壤水分接近永久萎蔫点（约为-1.5 MPa）时，一般植物才无法吸收土壤中的水分。

2. 少部分水通过叶和茎吸收

虽然通过叶和茎吸收的水分很少，但它已受到相当多的关注。文献表明，水分可以进入多种植物的叶片。事实证明，叶片角质层潮湿时，具有一定的渗透性，这也是叶面肥可以工作的机理。此外，通过皮孔和树皮上的其他缝隙，甚至通过叶痕，也可以吸收一些矿物质和水分。

木本植物可以从大气中吸收一些液态水、水蒸气以及露珠，这具有重要的生态意义。雾是由悬浮在过饱和的水蒸气中的小水滴组成的，当表面的温度下降到周围空气的露点温度以下时，凝结的水就会形成露珠。叶片上的水分通过进入植物和减少蒸腾作用来减少植物叶片水分亏缺，增加细胞膨压，从而刺激植物生长。与水分充足但叶片干燥的植物相比，由雾引起的叶片持续湿润会降低光合作用和植物生长。由于在缺水的植物中，用未污染的水湿润叶片的效果是有益的，所以这种影响可能是露水中的污染物（例如 OH 自由基）的间接结果。例如一些多雾的沿海地区植被繁茂，茂密的云林一般出现在全年雨雾不断的高海拔地区。叶片的润湿性难易程度取决于表面蜡的分布和液滴与叶片表面的接触角。接触角越大，叶片表面越难湿润。表面蜡覆盖的叶面积越少，越易湿润。例如蒙特利松的针叶比苏格兰松的针叶更容易吸收水分，因为前者的蜡状生长物覆盖的针叶表面更少。此外，雾滴还能增加土壤含水量，例如在墨西哥东部的马德雷山脉的迎风山坡上，雾滴在树叶和树枝上聚集，合并成更大的水滴，落到地面，从而增加土壤含水量。

一些调查人员发现了树木从饱和水蒸气或液态水中吸收水分的证据。温室试验表明，露珠增加了黄松幼苗的存活率。露水的形成是由植物叶片与冷表面之间的能量交换引起的。植物可以从饱和的大气中吸收水分，并通过植物向下运输到土壤中。例如，在智利南部的阿塔卡马沙漠，一个基本上没有雨的地区，部分干旱植物可以从空气中吸收水分。此外，含盐表层土壤的水势非常低，叶片吸收的水分也可能通过植物向下移动并进入土壤。

与叶片吸收相反的是通过雨水或喷灌可以将叶片中的矿物质浸出。露珠和雾滴也会导致矿物质的浸出。在夏季，阔叶树种因叶片平展且叶脉呈网状分布，要比针叶树的营养物质损失得多，但针叶树叶子因四季常绿，营养物质的淋失在冬季仍能继续。溶质能被滤出这一现象也从侧面说明，当叶片表面有液体存在且水势梯度有利时，水和溶质的吸收也会发生。

四、植物生态环境中的水

水的调节在植物生理上至关重要，因此就需要有一个能够满足植物生长的生态环境。土壤是植物生长所依赖的环境，能够按适宜比例为植物供给所需水、肥、气的土壤有利于植物正常生长。土壤水分含量的多少，直接影响作物根系的生长。在潮湿的土壤中，作物根系不发达，生长缓慢，分布于浅层；土壤干燥，作物根系下扎，伸展至深层。作物水分低于需要量，则萎蔫，生长停滞，甚至枯萎；高于需要量，根系缺氧、窒息，最后死亡。只有适宜的土壤水分，根系吸水和叶片蒸腾才能达到平衡状态。此外，土壤水分还会影响植物的光合速率。实验表明，苹果树的光合效率最高时的土壤含水量约比田间持水量略低些。当然，对其他植物来说不一定是这个含水量，但它们也有共同点，即植物受旱，光合速率均会降低。此外，水分对作物的品质有较大的影响。夏季高温、少雨，粮食作物籽粒中蛋白质的含量高；低温、多雨有利于籽粒中淀粉的形成。有专业学者在研究了世界小麦的化学成分之后指出，各干旱地区生产的小麦籽粒通常蛋白质含量高或者很高。有资料表明，在灌溉条件下，小麦的产量显著增加，籽粒中的淀粉含量提高，但是蛋白质含量却有所降低。

对于旱地来说，土壤重力水是多余的，能够带走土壤养分，造成土地肥力流失，而且当土壤中充满水时，还会挤占空气的空间，引起土壤通气不良、产生还原物质，影响植物根系发育。因此，人们希望土壤不仅能尽多地保水保肥，提高其抗旱能力，还能有足够的孔隙，使植物顺利呼吸以及保证土壤有机质的正常分解。土壤结构是影响土壤水、气之间矛盾的一个重要因素。团粒结构体是符合农业生产要求的良好的土壤结构体。一般情况下，具有团粒结构的土壤，不仅具有较强的保水、保肥能力，同时团粒间的大孔隙又可通气通水，是最适于植物生长的土壤结构。

陆生植物，特别是旱地作物，各生育期对水分的需求与敏感程度是不同的，因此为了满足高产稳产的要求，必须根据生育期对土壤水分进行调节，这主要依靠灌溉和人工排水，两者均属于人工干预方式，其中土壤水分的增加还有依靠降水或地下水补给的自然补充方式；当降雨过大，土壤水分过多时就需要排水。此外，灌溉和排水还可以调节土壤的温度。灌水的土壤白天升温慢，夜间降温慢，昼夜温差小。在春季升温季节，含水量高的土壤温度低，在秋季降温季节，含水量高的土壤温度高。所以冬灌对冬小麦有保温、防冻作用。如早春土壤湿度太大、土温低不利于小麦生长，可采取措施降低土壤含水量以提高地温。伏天棉田土温太高不利于棉花的生长，则可于午前进行灌溉以达到限制土壤增温的目的。对于水稻，如果早稻育秧和插秧后，气温低而不稳，可以白天晴天灌浅水，充分利用光照以提高水、土温度，夜间气温低，傍晚灌深水以保温防冻。在高温季节，调整灌水

第一节 水对植物的作用

时间和水层深度，不仅可以调节地温，还可调节田间温、湿度。在持续高温开始时，用活水深灌稻田，能降低稻丛间的温度，增大田间相对湿度。旱作物可用喷灌设施或者喷雾器，将水直接喷洒在作物茎叶上，以降温增湿，维持植物体内水分的平衡。一些地方在高温期间对水稻实行早晨灌清凉水，白天灌深水，傍晚灌跑马水的做法效果很好。据测定，此法比单纯灌深水的空粒要减少5.8%～8.1%。

植物生长不仅对土壤的含水量和温度有一定的要求，对空气的湿度和温度也有一定要求，太高或太低都不利于植物的生长。低温、空气相对湿度大，会抑制蒸散发作用，高温干燥，蒸散发强度太高，可能引起生理干旱。在其他条件相同时，灌溉后的农田空气湿度比不灌水的高，而空气温度一般在升温季节比未灌水的低，在降温季节比未灌水的高。在夏季，喷灌对田间降温和提高湿度有显著作用，可减轻干热风对作物的危害。

水在生态环境中对植物生长起关键性作用，而植物又反作用于生态环境，这种反作用对水文循环有一定影响。

植物的散发，是一项重要的水文现象。植被与陆面的蒸散发能力、径流和洪水大小以及地下水动态等都有直接关系，因此，植物也是自然水循环的重要参与者。植物把土壤水和地下水散发到空气中，既改变了土壤水和地下水的状况，也改变了小气候的温、湿状况，并加速了水文循环过程，尤其是森林，树木根系深大，面积广，对降雨的截留、下渗，对蒸散发、土壤水和地下水动态都有显著影响，同时对削减洪峰、平衡地表和地下径流也有较大作用。这些不仅对区域小气候有明显影响，对整个水文循环，对本地区低层大气的湿、温度都有不可忽视的作用，在干旱、半干旱区这一影响尤为显著。护田林带除上述作用外，还能起到防风固沙作用，改变邻近地面风速，对小气候也有影响。有些资料指出护田林可以使空气湿度提高10%～15%。

由此可知，植物和水文循环之间的关系是相互依存、相互促进的。

五、主要作物的适宜土壤水分

在农作物不同的生长发育阶段，土壤水分的作用随其不同的发育状况、生理特征而有所不同。从总体来看，在农作物生长的前期，土壤水分主要是促进农作物营养的吸收，促进农作物的发育，对农作物苗数的多少、强弱具有至关重要的影响。

在适宜的温度下，土壤水分对农作物出苗、全苗及壮苗具有决定性的影响。土壤水分不足，种子膨胀所需水分便会不足，种子发芽、出苗便会受到限制，不但出苗时间会推迟，出苗率也会受影响，达不到壮苗的要求；相反，土壤含水量过大，土壤通气性差，种子呼吸困难，存活率会大大降低，甚至导致种子霉烂变质。实验研究表明，小麦、玉米两种农作物种子发芽所需的土壤含水率均在田间持水量的80%左右。当土壤含水率低于田间持水量的70%时，小麦发芽时间会推迟4天；土壤水分低于田间持水量的50%时，发芽率仅为正常情况的30%～40%。土壤水分低于田间持水量的50%时，玉米不能发芽。种子发芽之后就进入顶土出苗的阶段，在这一阶段，当土壤水分保持在田间持水量的70%时，玉米出苗率最高，当水分保持在田间持水量的85%时，小麦有很高的出苗率，低于或高于这个标准，均不利于农作物的出苗。

以小麦为例，土壤含水量对小麦分蘖、生根、安全越冬具有重要影响。实验表明，在土壤水分低于田间持水量的50%时，小麦平均每公顷分蘖仅为450万株左右，当土壤含水量达到田间持水量的75%时,平均每公顷分蘖达到675万株左右;当水分保持在田间持水量的50%~80%左右时,小麦根数、分蘖和株高,都会随着水分增加而增加。这说明在分蘖越冬期,土壤水分含量越高,对小麦分蘖越有利,更容易培养壮苗。适宜的水分条件,不仅有利于冬前壮蘖的巩固加强,还有利于协调群体发育与个体发育,促进成穗,增加穗数;水分不足会影响壮苗发育,限制分蘖抽穗,减少穗数;水分过多,会使小蘖消亡减速,浪费水肥,降低抽穗质量,容易导致后期农作物倒伏。在农作物开花授粉及果实灌浆成熟发育时期,水分的适宜与否,直接决定着农作物籽粒的重量与质量。研究表明,土壤水分保持在田间持水量的65%~70%时,小麦的抽穗率最高,籽粒颗粒最饱满,质量可观,低于或高于这个标准,均对小麦穗数和籽粒影响较大,尤以高水分为甚。

以棉花为例,苗蕾期的土壤水分应以株型紧凑、生长稳健、根系发达、适期现蕾要求为准,土壤水分下限掌握在田间持水量的50%左右较好,低于50%容易导致棉苗发育阻滞,而土壤水分过大,会造成蕾铃脱落。花铃期是棉花生殖生长和营养生长并进期,也是需水的关键时期,此时期的土壤水分不仅要满足棉花的需水要求,还要有利于促进生殖生长,抑制营养生长,土壤水分下限以田间持水量的60%为宜;水分过低会造成棉花发育速度过慢,生长量不足,水分过高会造成营养生长旺盛,争夺铃蕾的养分供应,加剧铃蕾脱落。吐絮期是决定棉花质量的关键时期,为了保证棉花质量,提高铃重,增加绒长,土壤水分下限应保持在田间持水量的55%;过大会延迟成熟,增加霜后花;过小则易产生早衰,降低品质。中国农业科学院商丘试验区"八五"期间研究结果指出棉花苗蕾期土壤水分下限以田间持水量的50%较好,花铃期土壤水分下限以田间持水量的60%为宜,吐絮期土壤水下限应控制在田间持水量的55%。

一般情况下,土壤水分与作物产量之间的关系可以用抛物线的形态来表现,图6-1显示了小麦水分生产函数关系曲线。在中国,依据土壤含水量的高低,可以将广大地区划分为干旱、适宜和过湿三种区间。在相对干旱的区间内,包括降水在内,难以达到农作物生长发育所需的土壤水分,农作物遭受干旱,产量必然下降,在此区间内,产量随水分的降低而降低;在水分过湿区间内,土壤水分过多,超出农作物发芽、出苗所需水量,农作物受不利影响而产量降低,因此,在此区间内,农作物产量随水分的降低而增加。只有在水分适宜区间内,才更有利于农作物的正常生长发育,产量也较高。

以小麦为例,大量的田间实验表明,当土壤水分低于田间持水量的68%时,水分越低,产量越低,水分越高,产量越高;但当水分超出田间持水量的68%时,产量会随着水分的增加而降低。

水分适宜区间,顾名思义,即指最适合农作物生长发育的土壤含水量,它是一个区间值,有上限和下限,是确定需水量及安排

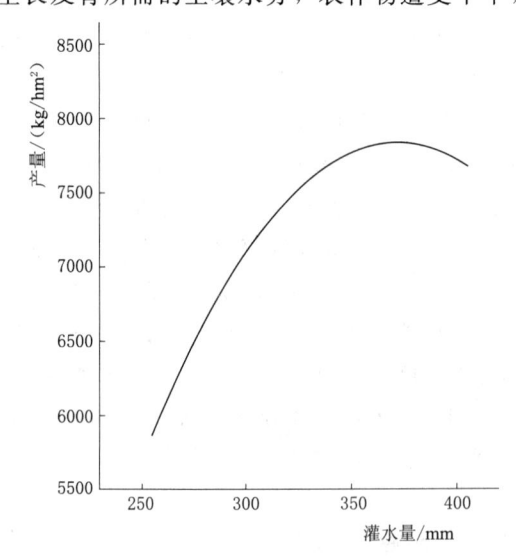

图6-1 小麦水分生产函数关系曲线

合理灌溉的重要依据。适宜土壤水分上限指标，是指适合农作物生长发育的土壤最高含水量。实验证明，当土壤水分上限标准是田间持水量的85%~90%时，既有利于农作物发芽和出苗，又可以避免水资源浪费，达到节水灌溉高产的目的。适宜土壤水分下限指标，是指适合农作物生长发育的土壤最低含水量，此指标是决定何时灌溉的重要依据。适宜土壤水分，因农作物不同及不同的发育时期而有所差异。

第二节 植物的抗性及指标

逆境指对植物生长和发育不利的各种环境因素的总称，又称胁迫。植物在生长过程中经常会遇到干旱、盐碱、低温、重金属以及病原物入侵等不良环境条件的影响，导致植物水分亏缺，从而产生渗透胁迫，影响植物的生长和发育，严重时甚至会导致植物死亡。因此，了解植物对于不同胁迫的反应，通过不同手段降低植物受到的伤害已成为当务之急。

一、冷胁迫与植物的耐寒性

冷胁迫包括低温（0~20℃）和冻害（<0℃），对植物的生长发育具有破坏性影响，特别是限制了植物的空间分布。世界上大约2/3的陆地每年遭受冰点以下的温度，大约一半的陆地遭受零下20℃以下的温度。冷胁迫对许多具有重要生态和经济价值的植物的生长和栽培都有负面影响。由于冷胁迫对代谢反应的直接抑制，以及通过冷诱导的渗透（冷诱导的水分吸收抑制和冷冻诱导的细胞脱水）、氧化和其他胁迫间接抑制了植物全部遗传潜能的表达。一些温带地区的植物虽能耐受寒冷的温度，但对冰冻的耐受性不高，如拟南芥、油菜、小麦、燕麦等，可以通过暴露在低温中来增强它们的耐寒性，这个过程被称为"冷驯化"。冷驯化是一种现象，在这一现象中，植物在之前的低非冻结温度中获得了耐冻性。植物抵御低温胁迫主要通过自身生理及转录水平的改变。因此，驯化包括许多有助于增加耐冻性的机制的激活，以及低温保护分子的积累、低温保护蛋白的合成和膜脂组成的改变。暴露在低温下的冷敏植物往往表现出水分胁迫的迹象，这是由于根系水力导度下降，叶片水分和膨胀电位随之下降，导致植株生长减少或停止。这种现象最初是可逆的，但后来变成不可逆的，并可能导致细胞死亡。与冰冻温度相关的冻害程度因植物种类、温度变化率、作物发育阶段、暴露时间、辐照度和矿物营养而异。冻害主要是通过冰晶对生物原生质造成损伤，因此植物抗冻、避冻的重要机制就是避免细胞内结冰。植物在冷害发生时会在体内改变某些分子的状态或者产生各种功能分子，从而抵抗低温，使质膜上的脂类发生变化。膜脂组成与耐寒性存在一定的关系，膜脂不饱和脂肪酸的含量越高，膜脂相变温度越低，植物的耐寒性也就更强。

在严冬来临之前，植物接收到各种信号，主要是光信号（日照变短）和温信号（气温下降），就会在生理生化上产生一系列对低温的适应变化，主要表现在以下几个方面：

（1）植株含水量下降。随着温度下降，植株含水量逐渐减少，特别是自由水与束缚水的相对比值减小，由于束缚水不易结冰和蒸腾，所以总含水量减少和束缚水含量相对增多，利于植物提高抗冻能力。

（2）呼吸减弱。植株的呼吸速率随着温度的下降而逐渐减弱，很多植物在冬季的呼吸速率仅为生长期中正常呼吸速率的0.5%。细胞呼吸弱，糖分消耗减少，有利于糖分的积累,提高抗寒性。

(3) 生长缓慢。冬季来临之前,植株生长变得十分缓慢,甚至停止生长和进入休眠状态。

(4) 激素变化。随着秋季日照变短、气温降低,植物体内激素最显著的变化是生长素与赤霉素的含量减少,脱落酸含量增高,进而促使细胞分裂生长停止,芽体休眠。

(5) 保护物质增多。在温度下降时,植物体内淀粉水解,可溶性糖含量增加,细胞液的浓度增高,冰点降低,这样可减轻细胞的脱水,保护原生质胶体不遇冷凝固。越冬期间脂类化合物集中在细胞质表层,使水分不易透过,代谢降低,细胞内不易结冰,亦能防止原生质过度脱水。

(6) 低温诱导蛋白形成。低温诱导蛋白往往可降低细胞液的冰点,增强耐寒性,如在低温胁迫下的拟南芥体内产生的抗冻蛋白(anti freeze proteins,AFP),能降低原生质冰点、抑制重结晶、减少冻融过程对类囊体膜的伤害。低温诱导下植物还能形成胚胎发育晚期丰富蛋白,它们多数是高度亲水、沸水中稳定的可溶性蛋白,有利于植株在冷冻时忍受脱水胁迫,减少细胞冰冻失水。

二、干旱胁迫与植物的耐旱性

在各种非生物胁迫条件中,水分亏缺是最具破坏性的因素。世界上约1/3的可耕地长期遭受农业用水不足的困扰,而且在几乎所有农业地区,作物产量都因干旱而周期性下降。而目前世界上80%的可用水资源被灌溉农业所消耗,在几十年内,不断增长的世界人口将需要更多的水来满足家庭、市政、工业和环境需求。由于全球气候变化和干旱加剧,预计这一趋势将会进一步加剧。

耐旱性强的作物在形态结构和生理活动两方面都具有一定的特征。形态结构方面的特征是植物体的表面积不发达,叶面积小,表皮角质层发达,常有茸毛,叶组织较紧密,栅状组织和叶脉都很发达,气孔小而常下陷,单位叶面积气孔较多,细胞小,保水能力强,根系发达。生理方面的特征是它们的气孔保卫细胞对光照水分变化非常敏感,早晨气孔开张度较大,中午当体内水分减少时关闭较早,干旱时能抑制分解酶的活性,使转化酶和合成酶的活性不会因干旱而降得太低;此外,细胞液有较大的渗透压,吸水能力较强,原生质有较大的黏滞性和弹性,亲水性较大,抗萎蔫的能力较强,在缺水时原生质的透性破坏程度很小。

一般而言,作物的抗旱能力是不大的,但随种类不同而有明显的差异。粟、高粱、稷等是作物中耐旱性最强的,不论对大气干旱或土壤干旱都有较强的抵抗能力;玉米抗大气干旱的能力较强,但不抗土壤干旱;向日葵则与玉米相反;豆科作物具有很深的根系,其抗土壤干旱的能力较强;其他大多数作物抗旱能力较弱。同一作物不同类型和品种,其抗旱能力也不同,例如陆稻的抗旱能力显然大于水稻。同一作物不同生长阶段的耐旱性也是不同的,一般在生长前期当第二次根系已经发育时比较抗旱,而在孕穗、开花灌浆等旺盛生长、需要大量制造和累积干物质的时期则比较不抗旱。

植物中许多基因被发现在转录水平上响应干旱胁迫。而它们的基因产物如各种糖、糖醇和脯氨酸被认为在干旱压力耐受和反应中起作用。胁迫诱导基因已被用于通过基因转移提高植物的抗逆性,气孔调节是陆生植物在适应干旱环境过程中逐步形成的气孔开闭运动调节机制,植物通过气孔的开闭来适应干旱等逆境。因为气孔调节对外界环境因子的变化非常敏感，调节的幅度也较大，可由持续开放到持续关闭，而且不同植物的气孔运动形式多种多样，所以这种机制对植物控制失水极为有利，在植物的耐旱性中有重要作用。气孔的保卫细胞可作为防御水分胁迫的第一道防线，它可以通过调节气孔的孔径来防止不必要的水分蒸腾丢失，同时还保持较高的光合速率。水合补偿点是指净光合作用为零时植物的含水量，水合补偿点低的植物抗旱能力较强，如高粱的水合补偿点低于玉米，在同样的水势下（$-1.5MPa$），当玉米萎蔫停止光合作用时，高粱仍可维持25%的光合作用，这是高粱比玉米更抗旱的原因之一。干旱逆境蛋白或水分胁迫蛋白的诱导形成往往可增强植物的耐旱性。这些蛋白多数是高度亲水的，能增强原生质的水合度，起到抗脱水的作用。

三、涝害与植物的耐涝性

对高等植物来说，由于氧气在水中比在空气中扩散的慢，因此，在根系环境中内涝的主要后果是缺氧。在自由排水的土壤中，土壤颗粒之间存在充满气体的空隙。土壤结构中的这些孔隙与地表相连，因此，在通气状况较好时，土壤中氧气浓度与大气氧浓度是一致的，均为20.8kPa。涝渍导致土壤中的这些空隙被填满，并阻止氧气扩散，导致植物部分缺氧或几乎完全缺氧，另外，组织还可能因根系产生的气体产物积聚而受损。在农业方面，内涝可能导致作物减产或死亡，这在生长季节的早期尤其明显，因为农田被淹可能导致种子无法发芽或新发芽的幼苗死亡。

有效氧的微小下降也会影响根的生长。由于有氧代谢产生的ATP比无氧代谢高得多，当氧浓度下降时，依赖于无氧代谢的组织会迅速耗尽ATP和能量储备。当氧浓度进一步降低时，就会发生组织损伤。大多数植物组织在缺氧条件下会迅速死亡，幼苗尤其脆弱。水涝时豌豆内CO_2含量达11%，强烈抑制了线粒体的活性。菜豆淹水20h就会产生大量无氧呼吸产物（如乙醇、乳酸等），使代谢紊乱。

不同植物耐涝能力有别，如旱生作物中，油菜比马铃薯、番茄耐涝，荞麦比胡萝卜、紫云英耐涝；沼泽作物中，水稻比藕更耐涝。植物耐涝性的强弱决定于对缺氧适应能力的大小。同一植物不同生育期耐涝程度不同，这主要取决于作物生育期内对缺氧的适应能力。在水稻一生中幼穗形成期到孕穗中期最易受水涝危害，其次是开花期，其他生育期受涝害较轻。

植物耐涝性有两种不同的适应方式：

（1）植物对涝渍的主要适应方式是形成通气组织。通气组织是具有大量细胞间隙的薄壁组织，多见于水生植物和湿生植物体内，如莲、水稻、眼子菜的根、茎、叶中均有发达的通气组织，其细胞间隙互相贯通，形成一个通气系统，以利气体交换和使叶片在光合作用中产生的氧气进入根部，并给植物一定的浮力和支持力。在缺氧条件下，植物根皮层细胞会死亡解体，致使崩溃细胞的径向胞壁聚集在一起，形成大的空腔。通气组织提供了一种扩散途径，减少氧气从植物地上部向渍水或缺氧根系运输的阻力，以保证根的代谢需要。通气组织因植物种类与形成条件的不同可分为两种类型，即溶生性和裂生性。溶生性源于一些活细胞的程序性死亡和溶解，成熟组织内有残余细胞壁，由土壤水淹或缺氧逆境诱导形成，具有种属的特异性，细胞经过有规律的分离和分化形成细胞间的空腔，是许多水生植物的基本特性，如水稻老根、受淹玉米和小麦，甚至还存在于一些滨海盐生植物的根中。裂生性源于一些活细胞的编程性死亡和溶解，在植物发育分化过程中形成，细胞经过有规律的分离和分化形成空腔，无细胞壁残留，如叶片、叶鞘和胚芽鞘中的通气组织。两种类型的通气组织有时可同时出现在同一植物中，但溶生性的通常出现在根内，裂生性的常出现在叶片中。

（2）由内涝造成的厌氧条件诱导基因表达发生变化。最初，正常的蛋白质合成停止，"过渡多肽"被诱导产生。随后，一系列新的蛋白质（厌氧蛋白，ANPs）被转录。例如，在玉米中，缺乏氧气的情况下，柠檬酸循环和氧化磷酸化无法发挥作用，大约有20种蛋白质参与了建立无氧代谢，其中大多数是代谢酶。植物的厌氧代谢（发酵）有三种途径：①丙酮酸脱羧酶和乙醇脱氢酶的诱导导致乙醇发酵，产生乙醇和二氧化碳；②乳酸脱氢酶的诱导导致乳酸发酵，产生乳酸；③涉及谷氨酸和丙酮酸生成丙氨酸。在玉米中，浸水的根首先产生乳酸，然后进行乙醇发酵。当组织的细胞质pH值降低（细胞质酸中毒-低氧代谢的后果之一），从乳酸发酵到乙醇发酵的转变就发生了，有利于后一种途径的活性。谷丙氨酸发酵在一些（如大麦）根系中很常见，但不在受涝渍玉米根系中产生，在这些物种中，谷丙氨酸氨基转移酶是由缺氧引起的。在观察到的玉米厌氧诱导的20个基因中，许多直接参与碳水化合物代谢（醇脱氢酶、醛缩酶、甘油醛-3-磷酸脱氢酶、磷酸己糖异构酶、丙酮酸脱羧酶和蔗糖合成酶）。缺乏醇脱氢酶的玉米突变体在淹水条件下只能存活几个小时，而大多数玉米品种可存活3天以上，这一事实说明了这些酶在涝渍中的重要性。

四、盐分胁迫与植物的耐盐性

盐度是作物-植物生产力的主要制约因素。全世界有超过8亿hm^2的土地受到盐的影响，占世界总土地面积的6%。在大多数情况下，盐度是由自然原因造成的（长时间的盐积累）。此外，由于森林砍伐或过度灌溉和施肥，很大一部分耕地正趋于盐碱化。目前的估计表明，在约2.3亿hm^2的灌溉土地中，有20%受到盐度的影响。我国盐碱土主要分布于西北、华北、东北及沿海地区，总面积约9913万hm^2。因此，提高作物的耐盐性，对盐碱化地区发展农业生产具有重要的意义。

在盐分胁迫中，几乎所有的栽培作物均会受到不同程度的影响。然而，不同作物有不同程度的相对耐受性，如甜菜、棉花和大麦在微咸土壤中表现较好，而葡萄、小麦和苜蓿的耐受性较低，红三叶草、豆类和柑橘作物对盐的耐受性很少或根本不耐。表6-1列出了能承受一定程度盐胁迫的作物清单。

表6-1　　　　　　　　　　耐中、高盐度的作物及相关品种

中盐度 （电导率<15000μS/cm）	高盐度 （15000μS/cm<电导率<20000μS/cm）
谷类：水稻、甘蔗、燕麦、小麦、小黑麦、高粱、大麦、玉米、珍珠粟、黑麦	木本植物：荷荷巴、番石榴、枣树、红树、金合欢
芸苔科：芥菜、油菜	草类：小角草、园草、狗牙草、罗氏草
蔬菜：菠菜、甜菜、番茄、胡萝卜	水果：椰枣、椰子
饲料：苜蓿、三叶草	—
纤维作物：棉花、太阳麻和红麻（木槿花大麻）	
水果：无花果、葡萄、石榴、酸枣	—

第二节 植物的抗性及指标

盐分对作物产生不利影响有两种不同途径：①盐度降低了外部水势（渗透效应）；②溶液中的特定离子可能具有化学或特定离子效应。

高盐浓度降低外渗透势会缩小根细胞内外水势的差距。在高盐度下，外部渗透势可能低于细胞水势，水分渗透导致细胞干燥。即使是低盐度条件下，土壤水分有效性也会被降低。介质渗透势的降低是盐对植物生长不利影响的主要原因之一。植物消耗大量的能量来运输、隔离和排除离子，以及合成和浓缩相容的溶质，以便细胞能进行渗透调节。这种能量消耗是以植物生长为代价的。此外，合适的盐度也可能对植物生长和作物品质产生积极影响。它可以促进盐生植物的生长或提高作物质量，如提高柑橘的耐寒性，增加胡萝卜的含糖量，增加番茄和瓜类的可溶性固形物，提高硬粒小麦的籽粒质量。

离子效应可以分为三个类别。第一，高浓度的特定离子可能导致矿物质营养紊乱。钠浓度高，可能会导致其他元素的缺乏，如钾或钙。第二，某些离子可能有直接的毒性作用，如氯。第三，可能有积极的特异性效应，促进植物的生长或质的特征，如肉质或色素成分。这三种特异性效应并非相互排斥，而是同时在植物上不同程度地表现出来。

植物在盐分胁迫下，通过生理代谢反应来适应或抵抗进入细胞的盐分的危害，称为耐盐性。植物耐盐的主要方式是将植物体内吸收的盐分转移到液泡中，这可降低原生质中的盐分浓度，并降低细胞的渗透势，增大吸水能力，克服土壤低水势造成的吸水困难。植物耐盐的生理基础主要表现在以下方面：

（1）耐渗透胁迫，植物通过细胞的渗透调节以适应由盐渍产生的水分逆境。植物耐盐的主要机理是盐分在细胞内的区域化分配，即细胞内离子的区域化作用。有的植物将吸收的盐分离子积累在液泡里以降低其对其他功能细胞器的伤害。植物也可通过合成可溶性糖、甜菜碱、脯氨酸等渗透物质来降低细胞渗透势和水势，从而防止细胞脱水。

（2）营养元素平衡，有些植物在盐渍中能增加对 K^+ 的吸收，有的蓝藻、绿藻能随 Na^+ 供应的增加而加大对 N 的吸收，所以它们在盐胁迫下能较好地保持营养元素的平衡。

（3）代谢稳定性，在较高盐浓度中某些植物仍能保持酶活性的稳定，维持正常的代谢。例如，菜豆的光合磷酸化作用受高浓度 NaCl 抑制，而玉米、向日葵、欧洲海蓬子等在高浓度 NaCl 下反而刺激光合磷酸化作用。耐盐的植物在高盐环境下往往表现为抑制某些酶的活性，而活化另一些酶，特别是水解酶活性。

（4）与盐结合，植物通过代谢产物与盐类结合，减少离子对原生质的破坏作用。如耐盐植物细胞中广泛存在的清蛋白可提高亲水胶体对盐类凝固作用的抵抗力，从而避免原生质受电解质影响而凝固。

（5）维护膜系统的完整性。植物在盐分胁迫下，细胞质膜受盐离子胁迫，膜透性增大，细胞可溶性物质外渗，外界盐离子进入细胞导致损害。耐盐性强的植物细胞膜具有较强的稳定性，从而减小或完全排除盐胁迫导致的膜损伤。

（6）增强活性氧清除能力。盐胁迫下，在植物体内会积累大量活性氧。耐盐性强的植物具有较强的清除活性氧酶活性的能力，以及含有较高含量的抗氧化物质。

思 考 题

1. 简述水分在植物生命活动中的作用。
2. 植物体内水分存在的形式与植物的代谢、抗逆性有什么关系?
3. 引入水势概念有何意义?
4. 植物细胞的水势由哪些组分组成?
5. 测定植物组织水势的方法主要有哪些?各方法的基本原理是什么?
6. 干旱对植物有哪些伤害?
7. 植物耐旱的生理基础有哪些?如何提高植物的耐旱性?
8. 植物耐盐的生理基础表现在哪些方面?如何提高植物的耐盐性?

第七章 农业系统中的水旱灾害

农业灾害是指给农业生产带来严重威胁和损害的一种自然、社会现象。中国是一个农业大国，农业作为基础产业在经济发展和保障民生方面发挥了重要作用。农作物产量受各种因素影响，当干旱、洪涝渍、盐碱及病虫害等灾害发生时，会造成农业减产，严重威胁农业生产。因此，采取各种措施预防和应对农业灾害，对于降低农民损失，保证作物高产、稳产具有重要意义。本章介绍农业灾害的类型、特征及成因，重点阐述洪、涝、渍灾害，旱灾和盐碱害的概念及以上灾害的成因，并对常用的干旱指标及计算方法进行介绍。

第一节 农业系统中的灾害概述

一、农业灾害的类型及特征

农业灾害定义较为广泛，一般包括农业气象灾害、农业生物灾害、地质灾害、生态灾害及其他灾害等。农业气象灾害包括暴雨、洪水、内涝、风灾、雹灾、冻灾、旱灾等；农业生物灾害如病虫草鼠害等；地质灾害如泥石流、地震、滑坡等；生态灾害有土地荒漠化、土壤污染、水污染等；其他灾害，如火灾等。另外，当生产者（农业劳动者）受重大事件影响时也会给农业生产带来灾害，如疫情、战乱等造成农业劳动者无法生产。

农业气象灾害，即气象变化对农业生产活动及农作物造成的危害。主要特征可分为以下四个方面：①区域性，农业气象灾害本身不具有普遍性，有可能一地正发生旱灾，而另外一地却是暴雨连连；②季节性，如某地夏季雨水较多，容易因强降雨引发洪涝灾害，出现农田受淹的情况；③关联性，农业气象灾害往往与其他灾害相连，如暴雨引发的滑坡、崩塌和泥石流等；④集中性，如某地出现雪灾，来年该地出现雪灾的概率较高，而且出现雪灾的区域较为集中。

农业生物灾害是一种重要的自然灾害，包括植物病害、有害昆虫和蜗类、农田杂草、农田鼠害等，具有种类多、范围广、面积大、频率高、突发性和暴发性强等特点。进入21世纪，我国农业生物灾害频繁暴发，成为事关国家粮食安全、生态安全、经济安全、公共安全和社会稳定的重大问题。

地质灾害一般是由生态环境变异而产生的破坏性灾害。这种灾害突发性强，是由长时间的积累以及多因素构成的，存在自然和人为的共同作用。地质灾害具有以下四个方面特征：①地域性，即往往集中在一定的区域；②季节性，即其时间分布往往与气候和季节变化有关；③潜在性，即地质灾害的产生往往经过一个较长时间的潜在累积过程；④关联性，即地质灾害与其他因素有着紧密的关联性，从自然灾害内部的关系来看，地质灾害常常与气象灾害、海洋灾害等共生或者互为因果。

生态灾害既有大的地球物理环境背景,又与农业生产因素相关,具有累积性和持续性的特点。生态灾害显见于北方干旱、半干旱地区及南方丘陵山地,这些地区易受自然条件变化及人类活动的影响。其中,荒漠化集中于西北及长城沿线以北地区;水土流失灾害以黄土高原、太行山区及江南丘陵地区最为严重;石漠化则以我国的云、贵、桂三省区最为严重。此外,海洋带发生的赤潮、海岸侵蚀也是我国不可忽略的生态问题。

二、农业灾害对农业的影响

(一) 农业气象灾害对农业的影响

农业是受气候影响最敏感的领域之一,又是风险性产业。农业气象灾害是危害农业生产最主要的风险源。例如干旱会影响植物的生理代谢和光合作用,破坏植物水分吸收和散失之间的平衡,使植物体内的水分低于正常代谢所需要的水量,导致植物代谢失调。长时间的干旱会导致植物生长和发育停滞甚至死亡,进而影响作物的产量和品质。此外,长时间阴雨天气,降水量过多,地面排水不畅和地下水位过高,容易造成植物根层土壤水分长时间处于饱和或过饱和状态,导致土壤中空气含量不足,形成涝渍灾害,阻碍植物根系生长及对矿质营养元素的吸收运输,从而危害植物正常生长。

(二) 农业生物灾害对农业的影响

农业生物灾害种类繁多、暴发频繁,是威胁我国粮食安全的重要因素,如蝗灾,有时会造成比水、旱灾害更严重的灾难。如今,现代农业为了高产而过量使用化学肥料和农药,一方面增加了氮磷的流失,造成水体污染;另一方面增加了病虫鼠害发生的种类和频次,加重了对农作物的威胁。近年粮食作物病虫害发生面积逐渐增大,其发生强度亦呈增加趋势。无论是发生面积,还是发生强度,粮食作物的虫害均高于病害。粮食作物病虫害主要分布在我国中东部的粮食主产区,而西部地区粮食作物的病虫害发生较轻。我国农业生产每年因病、虫、草、鼠的危害造成的损失占粮食产量的 10%～15%,棉花产量的 15%～20%,水果蔬菜产量的 20%～30%,每年的经济损失达数百亿元。近些年,随着我国饲草种植加工规模化集约化水平提高,饲草重大生物灾害问题也日益凸显,对饲草产业和草食畜牧业发展构成了威胁。

(三) 地质灾害对农业的影响

地质灾害对农业生产系统的破坏作用深入到种植业、畜牧业、水产业和林业,能够恶化生存环境,改变甚至剥夺农业自然资源,摧毁交通、电力及水利设施,损毁农业产品,并危害农业生产的长期发展。地质灾害能够摧毁农业设施设备,给农业生产造成不便,阻碍农村经济的发展,如灌溉渠道、防洪堤、挡水坝、排水设施等水利设施的破坏给农业生产的水资源调度带来障碍;农机服务站、农资销售网点的摧毁使农业生产服务得不到保障;农田林网的破坏导致农田防护的缺失;道路的摧毁和破坏阻碍了农业生产物资和农产品的运输。另外,地质灾害还会破坏农业生产设备,造成拖拉机、播种机、收割机、脱粒机等农业机械的损失,引起农业生产工具的短缺,大大降低农业生产力。此外,地质灾害还会造成温室大棚的倒塌,进而影响瓜果、蔬菜种植。

（四）生态灾害对农业的影响

随着经济的不断发展、人类活动的增加，人类对生态环境的破坏也随之增加。土地沙漠化使得我国实际可种植的土地面积正在不断缩小。水土流失不仅会造成农田肥力降低、耕地减少，还会导致土壤沙化，造成湖泊、水库淤积、河道堵塞。土地沙漠化不仅影响土地质量及农作物的生长，而且随着地表形态的改变，土地利用类型也发生改变，直接危害人类的生活环境和经济活动。而农业生产中肥料的广泛应用和农业生产方式的变化导致土壤中的氮磷等物质含量增加，过量的氮磷通过雨水排放到农田附近的水源地，造成水源地的水质污染，使水源地的水质难以满足农田灌溉要求。

三、农业灾害的成因

农业灾害的形成原因是多方面的，从形成机理来看，主要致灾因素包括客观的气象因素、主观的人为因素以及两者的交互作用。不同类型灾害的成因也存在较大的差异。

(1) 自然因素：主要为气象因素，其中，旱灾和水灾都与降水量密切相关。海洋-陆地-大气耦合的东亚气候系统的年际和年代际的变化是导致我国旱涝重大气候灾害发生的最重要成因，东亚季风-西太平洋暖池-厄尔尼诺南方涛动及青藏高原的综合作用是我国气候灾害形成的主要原因；其次，我国特殊的地理结构和地质构造导致农村承受灾害能力弱也是灾害频发的原因之一，历史上，特殊的气候条件和地理结构决定了气象灾害是对农业生产和农村生活环境影响最大的灾害。

(2) 人为因素：是指农村经济行为主体的不当行为。农业灾害的发生除了有其规律的自然因素外，也有人们在工农业生产和社会生活中因不合理的资源开发所导致的生态环境恶化因素。人为因素为农业灾害的发生提供了便利条件，加剧了灾害发生的频率和强度；此外，人文因素也是影响农业灾害频率、强度和损失程度的一个重要方面。

(3) 人为-自然因素：指灾害是双方交互作用的结果，例如对于土地资源的过度开垦以及秸秆焚烧，会造成资源浪费和环境污染，进而引发火灾或者病虫灾害，还有人畜共处、垃圾乱扔等行为会导致流行性疾病传播，导致人畜共患病。

四、农业灾害的预防和调控

我国是世界上受自然灾害影响最严重的国家之一，而农业受自然灾害影响较大，所以，增强防灾减灾能力有助于保障粮食生产、实现粮食安全。

目前，应对农业灾害的措施和机制主要包括构建减灾防灾体系、建立应急管理制度、探索农业灾害保险、加强基础设施建设和科技支撑等。国家防灾救灾体系主要包括：建立减灾救灾协调机制、建立灾害应急预案机制、开展具体防灾救灾工作、落实救灾资金、确保资金的使用效果。未来应从粗放式农业防灾减灾战略向建立效率导向型的农业防灾减灾战略转变。通过建立以政府为主导的快速反应机制、信息披露制度、重大灾害防控物资储备制度等方式建立我国农业灾害的应急管理制度。农业防灾减灾抗灾的目标应该打破以国家抗灾救灾为主、农业保险为辅的不平衡格局，推进农业保险机制的构建，将农业保险的发展与我国农业防灾救灾体系的完善结合起来，充分调动地方政府积极性，因地制宜激励农民保险需求。加强农业基础设施建设，提高农业综合生产能力，建立和完善具有中国特色的农业减灾科技体系，为农业重大灾害防控提供有力的技术支撑。

第二节 洪涝灾害

一、农业洪涝灾害

农业洪涝灾害是农业洪灾、涝灾与渍（湿）害的总称，其危害在我国仅次于农业干旱气象灾害，其中，农业洪灾是指大雨、暴雨、融雪等引起山洪暴发、河水泛滥，汇入河道径流量超过其泄洪能力以致漫溢两岸，或因洪水冲刷、渗漏等而溃堤决口造成农田淹没及毁坏农业设施的灾害。

农业洪灾有自然和人为两方面原因，自然因素有：①流域内的大量降雨或非寻常的融雪产生大量径流汇入河道，以致流量超出河道泄洪能力；②河道演变而逐渐迂曲阻水，以致其泄洪能力减弱。人为因素有：①滥伐森林，不合理开垦坡地，造成水土流失，以致河床淤积，减弱其泄洪能力；②不合理围垦河、湖滩地，减小其调蓄及泄洪能力；③河道上水利设施引起的阻水减弱其泄洪能力；④水库、堤防失事。严重的洪灾常使生命财产遭受巨大损失，因此，必须制定防洪规划，采取防洪措施，予以防止和消除。

农业涝灾是指由于本地长时间降雨或集中大暴雨所形成的河道排泄不畅，地面径流不能及时排出而形成农田积水，超过作物耐淹水深和耐淹历时，造成农业减产的灾害。对一个地区来讲，洪是外水，涝是内水。成涝的原因大致有 3 个方面：

（1）降雨径流集中，而排水系统不配套或工程老化，致使连续降雨不能及时排出，造成内涝，这类地区一般灾情较轻。

（2）区外地面径流或地下径流的汇集，即客水侵入，加上区内排水能力不足，导致积水成涝，这类地区的灾情相对比较严重。

（3）承泄区水位（又称外水位）高于排水区内的涝渍水位（即内水位），内水无法排出，即这类地区受到洪涝的双重威胁。

农田生态系统作为对洪涝灾害最敏感的系统之一，相对于城市和其他系统，农业洪涝灾害的影响范围更广且更具代表性。农业洪涝灾害的形成与强度，是天气气候、作物抗涝性、地形地貌、土壤结构及人类活动等多种因素综合作用的结果，其致灾机理包括物理性破坏、生理性损伤及生态性危害。总体来看，我国洪涝灾害的基本特征如下：

（1）受气候、地理条件和社会经济因素的影响，我国的洪涝灾害具有范围广、发生频繁、突发性强及损失大的特点。除沙漠、极端干旱和高寒地区外，我国大约 2/3 的国土面积都存在不同程度和不同类型的洪涝灾害。

（2）从发展机制来看，洪涝灾害有季节性、区域性、可重复性、破坏性和普遍性等特点。由于我国受季风气候影响，夏季冷暖空气交替，年内降水量有季节性变化，年降雨量集中，加上植被稀少，常形成大的洪涝灾害。这些灾害多发生在七大江河流域，即长江、黄河、淮河、海河、辽河、松花江及珠江流域。洪涝灾害重复性强，几乎每年都有，只不过在规模、类型上不同而已。洪涝灾害不仅对社会有害，甚至能够严重危害相邻流域，造成水系变迁。在不同地区均有可能发生洪涝灾害，包括山区、滨海、河流入海口、河流中下游以及冰川周边地区等。虽然人类不可能彻底根治洪水灾害，但是，洪涝仍具有可防御性。通过各种努力可以尽可能地缩小灾害的影响。

第二节 洪涝灾害

洪涝灾害具有双重性,既有自然属性,又有社会属性,其影响因子有:

(1) 天气气候。致洪暴雨、持续性大雨及连阴雨是农业洪涝灾害发生的直接原因。气象洪涝事件的季节性变化,极大地影响了农业损失的季节性波动。

(2) 地形地貌及土壤结构。地形地貌及土壤结构可以通过影响排水能力、地下水位及地面汇流等过程影响洪涝灾害的形成。坡地排水较快不易发生涝害;洼地因地势较低积水迅速,且排水困难,易洪易涝;山地丘陵地形复杂,在水源条件丰富时,易发生山洪,严重时还能引起滑坡、泥石流等,形成山地灾害链。

(3) 作物抗涝性。作物耐涝及抗涝能力很大程度上决定了一次洪涝或连续阴雨事件导致的土表积水及土壤渍水能否转化为农业洪涝及渍害,也影响灾后损失及防灾减灾对策。在同一次或同等强度的洪涝及渍害天气条件下,作物耐涝及抗涝能力与作物种类、品种及所处生育期有关。

(4) 人类活动。人类活动直接影响农业洪涝灾害的形成与发展。一方面,水利设施的建设、农田排水设施的完善,提高了区域的承灾能力,降低了洪涝灾害发生的可能性;另一方面,人类活动改变了土地的覆被,林地面积减少、围湖造田等不但增加了人类面对洪涝灾害的脆弱性,还增加了承灾体的数量;此外,人类的农事活动,使农业洪涝灾害承灾体的数量、价值发生变化,相同强度下的农业洪涝灾害,造成的经济损失不同。

(5) 气候变暖。气候变暖背景下,极端降水事件的频率和强度显著变化,是农业洪涝灾害频数及强度变化的直接原因;同时,气候变暖还影响了作物气候适宜性及作物的生长发育速度,使大豆、玉米、双季稻及小麦等作物种植边界北移,适宜播种面积扩大,影响了其生育期及种植制度,提高了农业洪涝灾害的暴露度,使避灾减灾对策发生变化,间接影响农业洪涝的形成和发展。

二、渍害

农业渍害是指由于地下水位过高或土壤上层滞水,因而土壤过湿,影响作物生长发育,导致作物减产或失收的现象。洪灾会给作物带来毁灭性的危害,但影响农业生产的主要为涝灾和渍害。从概念上,农业洪灾、涝灾和渍害可以明确划分,但在实际中,农业洪、涝、渍害往往同时或连续发生,如在同一次降水过程中,地势较高的区域排水能力相对较好则可能只发生洪灾;而同一区域地势较低洼的地方,在洪水冲毁并淹没农田后,若洪水不能及时排出,作物将会受洪水淹浸,形成涝灾;地表积水排出后土壤水分无法很快下渗则会形成渍害。通常将洪、涝、渍害三者或后两者统称为渍涝或涝渍灾害。

(一) 渍害的发生和类型

1. 渍害的发生

渍害又称地下涝、暗渍,它不同于降雨积水而形成的涝灾,而是因农田内地下水位过高或存在浅层滞水,使作物根系活动层内土壤水分过多的一种灾害。两者的显著区别在于一个是明涝,另一个是暗渍。明涝易识,暗渍难辨,这是因为明涝产生在地面,暗渍形成于地下。作物根层土壤水分过多,必然导致水、气比例失调,氧化还原条件不良,产生大量有毒物质,恶化土壤环境,使根层土壤肥力因素失调,影响作物正常生长,从而制约土地生产力。渍害成因有自然因素的作用,也有人为活动的影响。

渍害往往与洪涝和盐碱相伴发生,因此,常常洪、涝、渍不分,盐碱与渍害共论。与洪涝相比，渍害属于缓变型水害。因地面不现积水，受渍区不易判定，又属缓变型的，所以渍害不易及时发现，甚至被忽视；但生产实践表明，渍害对植物的伤害是严重的。

旱地种植的各种作物对土壤空气缺乏所造成的根系呼吸困难反应强烈，加上土壤生态条件恶化，会导致作物大量减产。例如苏州地区1973年因春雨连绵，渍害严重，全区三麦较1972年平均每公顷减产757.5kg，减产约三成。苏北东台县1974年7—8月降雨480mm，棉田受渍，皮棉产量比1973年降低两成多，平均每公顷减产168.75kg。陕西泾惠渠管理局调查显示，当地下水埋深小于0.5m时，小麦受渍每公顷减产1920kg，皮棉每公顷减产300~375kg。

水稻是喜温好湿作物，在大部分生长期间，稻田要保持较多的水分，同时由于水稻根、茎、叶具有畅通的通气组织，根部的空气可以由通气组织与田面以上的大气交换，故水稻可以较长时间生活在饱和土壤中。但这并不代表稻田水分越多越好。近年对水稻高产的研究发现稻田积水过深过久，或缺乏田间排水沟，地下水位经常过高，就会造成土壤通气不良，水稻根部缺氧，呼吸减弱，好气性细菌的活动受到限制，肥料难于分解，硫化物、有机酸和铁锈水等有害物质增加，土壤中水分流动交换变差，不利于土壤脱酸和有害物质的排出，易产生黑根、烂根等问题。受渍田块比不受渍的田块一般会减产10%~30%。

2. 渍害的类型

渍害可以根据其发生原因、土壤水分来源分为不同类型，用以指导人们在实际生活中针对不同类型的渍害采取不同的防治措施。

(1) 根据造成渍害的影响因素可以分为：①原生渍害，即完全由自然因素引起的渍害；②次生渍害，或称次生沼泽化，是由人类活动而引起的，如灌区灌溉多余水量、因蓄水抬高水位形成的渍害。

(2) 根据渍害主要成因可分为：①贮渍型渍害，指沤水田或冬泡田等在田内贮水而造成的渍害；②涝渍型渍害，指因地势低洼或排水出路不畅等原因遇雨涝而造成的渍害；③潜渍型渍害，指农田受江河等水位制约，或有灌无排等原因，使农田地下水位长期在作物主要根系活动层之内而致渍害；④泉渍型渍害，指农田受冷泉水浸渍或溢出地面而形成的冷浸、烂泥、锈水等渍害低产田；⑤盐渍型渍害，指滨海盐碱地；⑥酸渍型渍害，指沿海咸酸田，pH值通常在5左右。

(3) 根据土壤水分来源可以分为：①降雨型渍害，是指土壤由于持续降雨而长期过湿，致使土壤含水量和受渍时间都超出作物耐渍能力而引起的渍害；②地表径流补给型渍害，是指洪水漫溢，流入临近的低洼地区，当土层中存在渗透性很小的冻土层、黏土层时容易形成渍害；③地下水补给型渍害，是指地下水埋深过浅，土壤由于毛管上升水大量补给水分导致长期过湿而产生的渍害，根据地下水的补给来源，地下水补给型渍害可再细分为侧向渗流补给、承压水向上越流补给和降水-灌溉下渗补给等类型；④混合补给型渍害，是由降水、灌溉、地表径流、地下水等两种以上来源补给形成的渍害。

(二) 渍害成因

渍害的形成受多方面因素影响，如气候、地形、土壤类型与结构、水文地质条件和人类活动等。不同地区渍害的成因不同。

(1) 气候。降雨量大且集中是造成渍害的主要原因，中国南方地区位于亚热带季风气候区，雨量丰沛且主要集中在夏季，短时间强降雨或连续性降雨等恶劣天气频繁发生，再加上该地区土壤质地黏重、通透性差，易造成地下水持续高水位，如果排水系统不完善会造成地下水位过高，从而使作物受到渍害胁迫。

（2）地形。在山脉的迎风坡，由于气流受地形的抬升作用，大雨、暴雨较多，强度较大，是洪涝渍害的多发区。如秦岭南侧、南岭迎风坡等都位于山脉的迎风一侧，受东南季风和西南季风所带来的暖湿气流的影响，经常降下大量的地形雨。因此，山地与平原的交界处、山前低平的凹地均是渍害的多发区。

（3）土壤类型和结构。渍害多发区土壤大多为黏土或黏壤土，这类土壤土质黏重，透水性能差，保水力强，土壤中的水分难以排除，或形成过高的地下水位与浅层滞水，不利于农作物的生长。此外，土壤中如有不透水的障碍层，如砂礓层、鸡粪土层、黏土层等，也会使作物根系被水长期浸泡而缺氧，造成作物生长不良、严重减产或死亡。

（4）水文地质条件。易渍田主要分布于河流冲洪积扇中下游的平原区，为第四系地层覆盖，含水层透水性低，径流条件差，地下水水平运动缓慢，地下水的排泄主要消耗于潜水蒸发。当遇过多雨水，地面排水不及时，地下又难消纳，就会使农田的地表、地下积水，形成渍害。

（5）人类活动。有灌无排、渠系渗漏、串灌漫灌以及耕作制度不合理等，都可能招致渍害低产田的产生和发展。如20世纪60—70年代在耕作制度上实行"避灾改种"措施，大面积改种水稻，插花种植，与旱田作物发生水旱干扰现象，结果出现了"一小片"（稻田）却影响了周围"一大片"（旱田）的局面；又如官厅水库周边地区受库水顶托，库区周围农田的地下水位常年维持在较高水位，使作物根系窒息受害。

三、涝渍灾害分析

（一）涝渍灾害的分级

涝、渍成灾在性质上是一样的，因而没有必要单独制定标准，渍害可采用与涝灾相同的标准。表7-1是高庆华等（2007）收集的分级标准。

表7-1　　雨涝灾变等级划分

涝期	轻 涝	重 涝
1旬	东北200～300mm，华南、川西300～400mm，其他地区250～350mm	东北300mm以上，华南、川西400mm以上，其他地区350mm以上
2旬	东北300～450mm，华南、川西400～600mm，其他地区350～500mm	东北450mm以上，华南、川西600mm以上，其他地区500mm以上
1个月	月降水距平华南75%～150%，其他地区100%～200%	月降水距平华南150%以上，其他地区200%以上
2个月	月降水距平华南40%～80%，其他地区50%～100%	月降水距平华南80%以上，其他地区100%以上
3个月	月降水距平华南30%～50%	月降水距平华南50%以上

谢应齐等（1995）将云南省洪涝灾害采用社会经济方面的指标，来客观反映洪涝灾害对社会经济的影响和危害程度。采用农作物受洪涝灾害面积占总播种面积的百分比作为基本指标，并用C_f表示。具体分级见表7-2。

表7-2 云南省洪涝灾害强度分级

等级代号	名 称	C_f/%	等级代号	名 称	C_f/%
1	强度洪涝灾害	>10	3	轻度洪涝灾害	1~4
2	中度洪涝灾害	4~10	4	微度洪涝灾害	<1

(二) 作物对防渍排水的要求

在旱地中，如果地下水位过高，作物就会受到渍害而减产。因此，为了保证农作物的正常生长，必须使农田土壤具有适宜的含水率。作物根系活动层内土壤含水率的大小与地下水的埋深密切相关，地下水位过高将严重影响作物产量，并在一定幅度内产量随着地下水位的降低而增加。在相同的土壤水文状况下，渍害的程度随作物种类、品种、生育阶段、土壤性质等不同而有差异。几种主要作物对地下水位的要求如下：

(1) 麦类。在播种和幼苗期，要求土壤湿润，地下水不能降得过低，一般在0.5m左右，以利用毛管上升水促进种子早日发芽。自返青以后至拔节阶段，麦类根系生长旺盛，地下水位要降到0.8~1.0m，之后地下水位要逐步下降。在南方，4月上旬，地下水位应控制在1.0~1.2m。

(2) 棉花。地下水位及土壤含水量对棉花的根系分布有显著影响，地下水位过高会造成棉花主根短，侧根和毛根减少，严重影响地上部分的生长，使棉花花蕾脱落甚至死亡。因此掌握适宜地下水埋深是棉花增产的重要措施之一。在播种及幼苗期，地下水埋深一般应控制在地面以下0.6~0.8m；此后地下水位应逐步下降，花蕾期以后应逐步降到地面以下1.0~1.2m或更深，以防止根系受渍。

(3) 水稻。稻田地下水位过高会造成土壤通气不良，使稻根扎不深，易倒伏，并易产生黑根、烂根等，严重影响水稻的产量。因此降低地下水埋深，适时落干晒田是协调水、热、气、肥矛盾，提高水稻产量的一个重要措施，南方各省份的试验研究结果表明，在晒田期3~5天内，稻田地下水埋深宜降到地面以下0.4~0.6m；在其他时期，稻田也应保持适宜的渗漏量，以促进水气交换，改善通气状况，及时排除土壤中的有害物质。根据各地经验，稻田适宜的渗漏量为每日2~8mm。在乳熟期，为了改良土壤，便于机耕，地下水埋深一般应在地面以下0.6~0.8m。

在作物生长季节发生持续降雨的地区，作物的产量不仅决定于一次降雨后地下水位的回落过程（一次性降雨指标），也与在一定生育期超过某一地下水位的高度和持续时间有关。持续的时间越久，水位越高，作物生长受到的抑制程度越强。为此一些国家根据生长期各日地下水位超过某一水位数量的总和为指标提出排渍要求。如，目前常用的指标为各日地下水位超过地面以下30cm数值的总和（SEW_{30}），根据不同作物产量与SEW_{30}的关系确定要求的SEW_{30}值。地下水位的控制可由水平排水和垂直排水两种形式的田间工程来实现。在中国排水系统的设计与管理中，排涝和降渍均是分别考虑的，而在涝渍连续的情况下，作物对排水的要求与单纯性的涝或渍是有较大差异的，片面强调一方而忽视另一方都达不到良好的排水效果。邵光成等（2010）研究发现冬小麦相对产量与抽穗开花期连续抑制天数具有良好的线性关系，涝害权重系数和连续抑制天数是随涝、渍状态而变的状态变量，连续抑制天数和涝害权重系数随地下水埋深小于50cm的累积值呈线性变化。

第二节 洪涝灾害

（三）受渍时段和排水量的确定

渍害实质上是地下水位埋深太浅造成的，通过试验确定作物各生育阶段的适宜地下水埋深值后，可由地下水位观测资料得出作物受渍的时段和需要排出的水量，如图 7-1 所示。

四、涝渍对作物的危害及其防治标准

水分过多会对作物造成涝害和渍害。植物在水涝胁迫下，受水分本身的危害较小，其主要危害来源于通过水涝诱导产生的次生胁迫，涝渍灾害对作物造成的危害主要有阻碍作物根系吸水吸肥、促进有毒物质的累积、阻碍作物生长及导致作物倒伏等。

不同农作物对涝渍的反应不同，且敏感程度因生长发育阶段而异，如小麦、大麦在籽粒形成过程中受涝渍影响会造成穗粒数的减少进而严重影响产量；油菜因抽薹期的产量损失大于开花

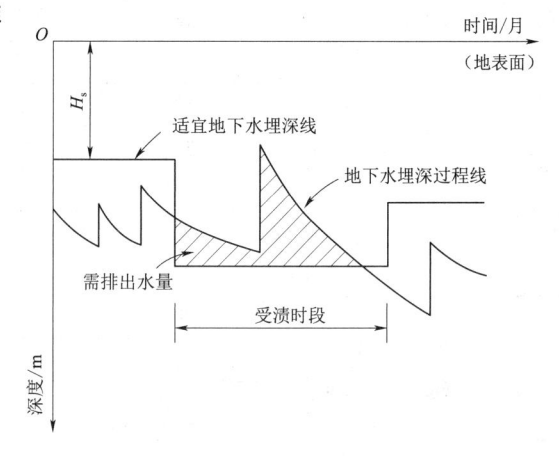

图 7-1 地下水埋深过程线与作物受渍关系示意图

期，因此其对涝渍反应最敏感的生育阶段是抽薹期；玉米对涝渍反应最敏感的生育阶段是苗期，其次是拔节期和抽穗期；就花生而言，不同生育期的涝渍均会导致花生荚果产量降低，除了品种差异外，其减产幅度与生育期、涝渍持续时间关系密切，花针期的影响最大，其次为结荚期，苗期影响最小。研究发现花生幼苗期受渍 10 天后花生根系生长发育严重受阻，根系变短，侧根数减少；花生发育后期受渍 10 天，可导致荚果减产 30% 以上。

受亚热带季风气候的影响，在我国南方平原地区，棉花生长期内降雨集中、雨量大、历时长，由此导致的涝渍灾害严重制约棉花的生长与产量形成。钱龙等（2015）研究结果表明单涝、单渍和涝渍胁迫分别能够造成 37.6%、28.2% 和 33.4% 的籽棉减产，以及 29.7%、22.5% 和 27.7% 的干物质损失。不仅如此，涝渍时间长短对棉花的影响也是不同的。邹鹏飞等（2017）发现，与在棉花蕾期涝渍胁迫 7 天相比，涝渍胁迫 14 天对棉花叶片叶绿素相对含量、开花数、蕾数、结铃数及果枝数的降低程度更为显著。

我国水稻生长期与汛期同季，由于降雨次数多，强度大，涝渍灾害一般相伴相随。在暴雨和连续降雨条件下，当稻田水深超过水稻的允许蓄水深度而不能及时排出时，就会形成涝灾；有时稻田水层虽然在适宜淹水层，但受排水沟高水位顶托，稻田渗漏量极小，在嫌气微生物的作用下，有毒物质（如 CH_4、H_2S 等）就会在水稻根系积累而造成渍害。因此，在水稻种植过程中水田水位管理尤为重要。不同水位下的水稻产量也不同。水位是水田灌溉排水的重要控制指标，不仅能够降低涝渍对水稻的不利影响，还可以提高水分利用率，对节水灌溉和提高雨水利用效率有重要意义。

农作物的耐淹水深和耐淹历时应根据当地或邻近地区有关试验资料或调查资料分析确定。无试验或调查资料时，可按表 7-3 选取。

表 7-3 农作物的耐淹水深和耐淹历时

农作物	生育阶段	耐淹历时/d	耐淹水深/cm
水稻	返青	1~2	3~5
	分蘖	2~3	6~10
	拔节	4~6	15~25
	孕穗	4~6	20~25
	成熟	4~6	30~35
棉花	开花、结铃	1~2	5~10
高粱	孕穗	5~7	10~15
	灌浆	6~10	15~20
	成熟	10~20	15~20
大豆	开花	2~3	7~10
玉米	抽雄	1~1.5	8~12
	灌浆	1.5~2	8~12
	成熟	2~3	10~15
甘薯		2~3	7~10

在整个作物生育期，由于有降雨和蒸发的影响，不可能将地下水位完全控制在一个固定的深度，降雨时期可以容许地下水位有短暂的上升，但上升的高度和持续时间不能超过一定的限度。这个限度涉及四个指标：设计排渍深度、耐渍深度、耐渍时间和水稻田适宜日渗漏量，实际生产过程中应根据当地或邻近地区农作物试验资料，或根据种植经验和调查资料分析确定。无试验资料或调查资料时，可参考表 7-4。

表 7-4 不同田块设计排渍深度、耐渍深度、耐渍时间和适宜日渗漏量

作物	设计排渍深度/m	耐渍时间/d	耐渍深度/m	适宜日渗漏量/(mm/d)
旱地	0.8~1.3	3~4	0.3~0.6	
水稻	0.4~0.6	12~15		2~8

五、涝渍灾害的防治措施

通过排除田间涝水、渍水来降低农田地下水位，可调节作物根系活动层的水气比例，排除有害物质，改善土壤环境，进一步促进作物的生长、提高作物的产量及品质。涝渍治理主要采取排水及蓄水两种方式。排水一般有水平排水、垂直排水和生物排水三种方式。水平排水为明沟排水和暗管排水；垂直排水为竖井排水，通常把灌溉和排水结合起来；生物排水即利用林带蒸腾排水。蓄水主要利用湖泊、洼地、河道、沟渠、坑塘等进行临时滞蓄涝水。实践中，涝渍灾害的主要治理措施是根据农作物对农田水分状况的要求，修建排水系统，及时排出农田中多余的水分，为农作物生长创造良好的环境，如圩区涝渍治理采用的四分开（内外分开、高低分开、灌排分开、水旱分开）、三控制（控制内河水位、控制地下水位、控制土壤适宜含水量）。一些条件好的圩区，发展田间"三暗"工程，进行暗灌、暗排、暗降，为农业的高产创造基本条件。在生产实践中，应根据作物耐淹水深和

耐淹历时排涝，根据地下水的适宜埋深排渍，实行防涝除渍的各级排水沟组合形式，即由干、支、斗沟组成输水沟网，农沟及农沟以下的田间沟道组成田间排水网，农田中由降雨所产生的多余地面水和地下水通过田间排水网汇集，然后经输水网和排水枢纽排泄到承泄区。

第三节　干　旱　及　旱　灾

一、干旱旱灾及其类型

（一）定义

干旱是由水分收支不平衡形成的水分短缺现象，是全球最复杂的自然灾害之一，发生频率高，影响范围广，每年造成的直接或间接经济损失达到数百亿美元。干旱指某地区因为长期无降水或降水很少，造成空气干燥和土壤缺水（甚至干涸）的现象。干旱不等于旱灾，只有对人类造成损失和危害的干旱方称为旱灾。旱灾是土壤水分不足，不能满足农作物和牧草生长的需要，造成较大面积的减产或绝产的灾害。

干旱一般是长期的现象，而旱灾却不同，它是属于偶发性的自然灾害，甚至在通常水量丰富的地区也会因一时的气候异常而导致旱灾。干旱和旱灾从古至今都是人类面临的主要自然灾害。农业极易受干旱的影响，农田受旱灾面积占农田总受灾面积的60%，平均每年受旱面积 $2.15 \times 10^7 hm^2$ 左右，损失粮食100亿～150亿kg。由于实际工作中通常对这两种概念并不严格区分，因此本章下文统一以干旱进行讲解。

考虑水分循环的各个环节、一些物理和社会经济因素，通常将干旱分为气象干旱、农业干旱、水文干旱和社会经济干旱4种类型。其中气象干旱是由于某时段内蒸发量和降水量的收支不平衡造成的水分异常短缺现象，其表征包括降水量低于某个数值的日数、连续无雨日数、降水量距平的异常偏少及其各种大气参数的组合等。农业干旱是指作物生长关键时期因外界环境因素而土壤水分持续不足，发生严重水分亏缺，使作物无法正常生长，导致减产或失收的农业气象灾害，其影响因素较多，包括土壤状况、作物品种、大气和人类活动的影响等。水文干旱是指由于降水与地表水、地下水收支不平衡造成的异常水分短缺现象。社会经济干旱是指自然与人类社会经济系统中水资源供需不平衡造成的水分异常短缺现象。

气象干旱与水文干旱及农业干旱之间关系密切。从干旱发生的先后顺序而言，一般情况下，气象干旱会早于农业干旱和水文干旱，但是干旱的直接影响常常通过农业干旱和水文干旱反映出来。当气象干旱结束后，水文干旱仍可能持续较长的时间（图7-2）。

（二）大范围气象干旱的原因

大范围持久性的干旱是大气环流和主要天气系统持续异常的直接反应。就中国而论，高纬度的极涡、中纬度的阻塞高压和西风带、西太平洋的副热带高压、南亚高压，以及季风系统的成员都是影响和制约中国大范围干旱的大气环流系统，它们的强度和位置的异常变化对各地区的干旱有不同程度的作用。此外，季风的强弱、来临和撤退的早晚，以及季风期内季风中断时间的长短，与干旱也有关系。外部条件，特别是下垫面的热状况，如海洋热异常、陆面积雪、土壤温度与湿度异常等都是引起大气环流异常的基本原因。据调查，当厄尔尼诺现象（即赤道太平洋海温异常偏暖）发生时，经常出现大范围的干旱。

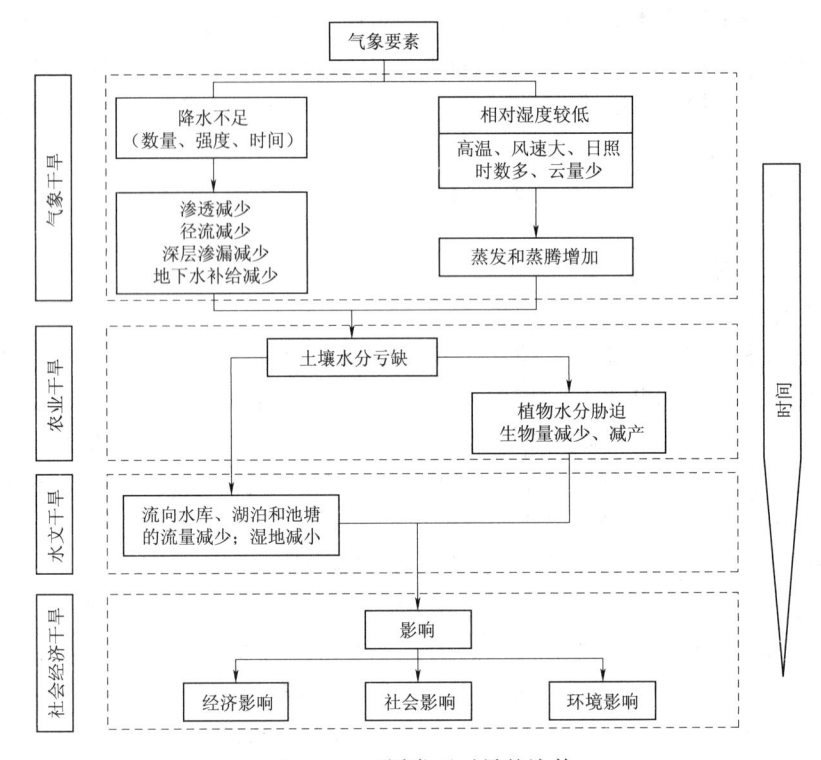

图 7-2 不同类型干旱的演替

(三) 农业干旱

农业干旱是一个复杂的过程，主要是由大气干旱或土壤干旱导致农业生产对象的生理干旱而引发的，涉及土壤、作物、大气和人类对资源利用等多方面综合因素。这不仅是一种物理过程，而且也与作物本身的生物过程和社会经济有关。农业干旱影响的是农业生产对象，造成农业生产对象缺水的原因很多，按其成因不同可将农业干旱分为土壤干旱、生理干旱和大气干旱三种类型。

土壤干旱指土壤中缺乏植物可吸收利用的水分，根系吸水不能满足植物正常蒸腾和生长发育的需要，严重时，土壤含水量降低至凋萎系数以下，造成植物永久凋萎而死亡。

生理干旱是由于植物生理原因造成植物不能吸收土壤中水分而出现的干旱。例如土壤溶液浓度过高（由于含可溶性盐分过多或施肥过量）、土壤温度过低和严重缺氧等，都可能使根系吸水的正常生理过程受到阻碍或破坏，以致不能满足蒸腾的需要，造成植株缺水，甚至萎蔫死亡。

大气干旱发生的特征是气温高、相对湿度小、有时伴有干热风，在这种情况下，植物蒸腾急剧增加，吸水速度大大低于耗水速度，造成蒸腾失水与根系吸水的极不平衡而呈现植物萎蔫，严重影响植物的生长发育，此时土壤中还有可用的水分，只要温度不超过植物所能忍受的限度，就不会引起植株死亡，但会严重抑制茎叶的生长和降低产量。

二、干旱指标及其计算

(一) 干旱指标的特征

干旱指标是反映干旱成因和程度的量度，它是干旱评估的必要变量，也是定义干旱参数的重要指标,并且能够量化不同时间尺度的干旱。根据建立途径的不同可以把干旱指标大致归纳为两类:一类是通过研究干旱机理,以提高对干旱强度和持续时间的反映精度,即综合干旱指标;另一类干旱指标则是通过气象学方法研究降水量的统计分布规律,以反映干旱的强度和持续时间,即单一干旱指标。干旱分析最常见的尺度是年尺度,其次是月尺度。尽管年尺度很长,但是仍可以用来概化区域干旱特征。月尺度的干旱指标则适合监测干旱对农业生产的影响,从而为农业供水提供技术指导。每一种干旱指标都具有明显的地区适用性。

为了科学和准确地评估干旱的时空变异特性,近年来学者们提出了各种各样的干旱指标,通常可分为非标准化指数、标准化指数和综合干旱指数。非标准化指数使用一些可用数据,很容易计算,但它们对干旱级别进行分类的范围不同,其中非标准化指数主要包括降水距平百分比、干燥度、UNEP干旱指数和比湿干旱指数等;标准化指标计算复杂,但其对干旱等级的分类相似且具有可比性,主要包括帕默尔干旱指数(PDSI)、降水十分位数、作物水分指数(CMI)、地表水供应指数(SWSI)、标准化降水指数(SPI)、土壤水干旱指数(SMDI)、植被条件指数(VCI)和标准化降水蒸散指数(SPEI)等。

(二)常用的干旱指标及其计算方法

1. 干燥指数

在气象干旱指标中,干燥指数通常为降水和潜在腾发量(或温度)相关指数的比值。干燥指数是一个在特定地点水分亏缺的定量指标。干燥指数有不同的计算方法,根据以往文献中对干燥指数的应用成果,干燥指数可分为基于降水 P 和 ET_0、基于 P 和 T 及其他基于 P 的指标三类。具体分类及来源详见表7-5。

表7-5　　　　　　　　　　干燥指数的分类及文献来源

干燥指数类型	文　献	方　程
基于 P 和 ET_0 的指标	Holdrige (1947)	$I_H = P/ET_{0,Ho}$
	Unesco (1979)	$I_A = P/ET_{0,PM}$
	UNEP (1993)	$I_{UP} = P/ET_{0,TW}$
	Budyko (1974)	$I_{BU} = ET_0/P = R_n/LP$
	Thornthwaite (1948)	$I_{Th} = (ET_0 - P)/ET_0$
基于 P 和 T 的指标	Gaussen (1954)	$I_G = P/2T_{ave}$
	Birot (1960)	$I_{Bi} = P/4T_{ave}$
	de Martonne (1926)	$I_{dM} = P/(T_{ave} + 10)$
	Erinç (1965)	$I_m = P/T_{max}$
其他基于 P 的指标	Sahin (2012)	$I_{Sh} = P/S_h$
	Costa A C and Soares A (2012)	$I_{CS} = P_{DD}/D_d$

注　I 为干燥指数;P 为平均年降水,mm;ET_0 为参照作物腾发量,mm;$ET_{0,TW}$、$ET_{0,Ho}$ 和 $ET_{0,PM}$ 分别为采用 Thornthwaite (1948)、Holdridge (1947) 和 Penman (1948) 计算的潜在腾发量或参考作物腾发量,mm;T_{ave} 和 T_{max} 为平均气温和最高气温,℃;S_h 为比湿,g/kg;R_n 为太阳净辐射,以蒸发的水层深度计,mm/d;P_{DD} 为干旱期降水总日数,d;D_d 为年干旱天数,d。

根据年尺度下的 I_A、I_m 及 I_{sh} 可划分不同的气候类型(表7-6)。

表 7-6　　根据 I_A、I_m 和 I_{sh} 指标确定的气候类型

气候类型	严重干旱	干旱	半干旱	干旱半湿润	半湿润	湿润	严重湿润
I_A	—	0.05～0.20	0.20～0.50	0.5～0.65	0.65～0.8	0.8～1.0	1.0～2.0
I_m	<8	8～15	15～23	—	23～40	40～55	>55
I_{sh}	<20	20～35	35～60	—	60～90	90～120	>120

2. 标准化降水指数

标准化降水指数 SPI 能够较好地反映干旱强度和持续时间，使得用同一干旱指标反映不同时间尺度和区域的干旱状况成为可能，如图 7-3 显示了不同时间尺度下干旱指标 SPI 的时间变化过程。SPI 的计算基于连续降水长系列资料（一般不少于 30 年），它利用 Gamma 函数来描述降水量的分布，并将其累积频率分布转化为标准正态分布即得各降水量的 SPI 值（McKee et al., 1993）。设某一时间尺度下的降水量为 x，Gamma 函数表示为

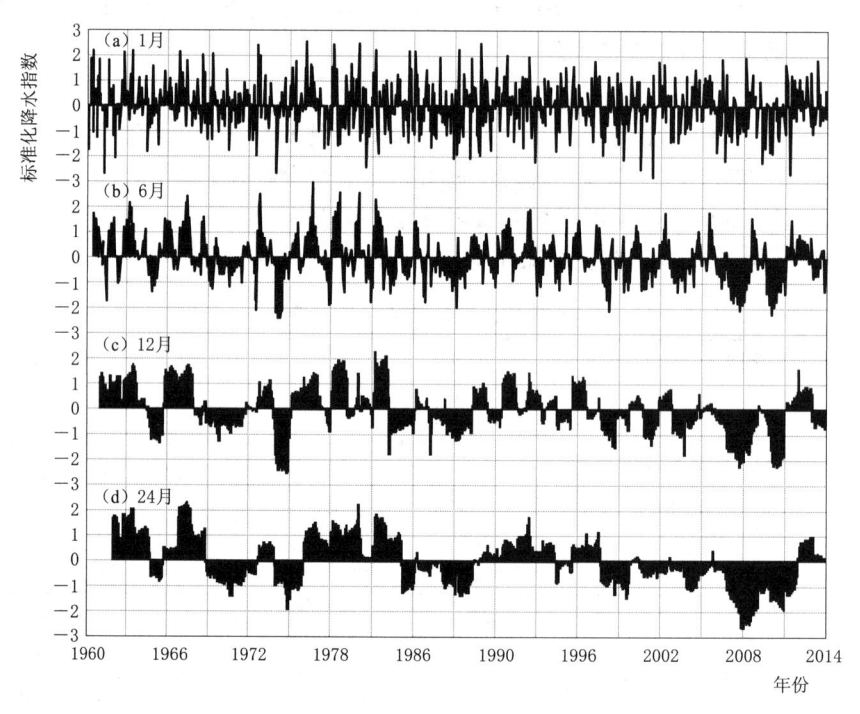

图 7-3　不同时间尺度下干旱指标 SPI 的时间变化过程

$$g(x) = \frac{1}{\beta^{\alpha}\Gamma(\alpha)} x^{\alpha-1} e^{-\frac{x}{\beta}} \quad (x > 0) \tag{7-1}$$

$$\Gamma(\alpha) = \int_0^{\infty} y^{\alpha-1} e^{-y} dy \tag{7-2}$$

式中：α、β 分别为形状参数和尺度参数；$\Gamma(\alpha)$ 为 Gamma 函数。运用极大似然法估计 α、β 值，得

$$\alpha = \frac{1+\sqrt{1+4A/3}}{4A} \tag{7-3}$$

$$\beta = \frac{\overline{x}}{\alpha} \tag{7-4}$$

$$A = \ln(\overline{x}) - \frac{1}{n}\sum_{i=1}^{n}\ln(x_i) \tag{7-5}$$

由于 Gamma 函数不包含 $x=0$ 的情况, 而实际降水量可能为 0, 故 $\overline{x}$ 应该为降水系列中非零项的均值, 即设降水系列长度为 n, 则其非零项个数为 m。若令 $q=m/n$, 则某一时间尺度下的累积概率为

$$H(x) = q + (1-q)G(x) \tag{7-6}$$

$$G(x) = \int_0^x g(w)dw = \frac{1}{\Gamma(\alpha)}\int_0^{x/\beta} t^{\alpha-1}e^{-t}dt \tag{7-7}$$

然后, 将累积概率分布 $H(x)$ 转换为标准正态分布即得对应的 SPI 值。当 $0 < H(x) \leqslant 0.5$ 时, 令 $k = \sqrt{\ln[1/H(x)^2]}$, 则

$$SPI = -\left(k - \frac{c_0 + c_1 k + c_2 k^2}{1 + d_1 k + d_2 k^2 + d_3 k^3}\right) \tag{7-8}$$

当 $0.5 < H(x) < 1$ 时, 令 $k = \sqrt{\ln\{1/[1-H(x)]^2\}}$, 则

$$SPI = k - \frac{c_0 + c_1 k + c_2 k^2}{1 + d_1 k + d_2 k^2 + d_3 k^3} \tag{7-9}$$

式中: $c_0 = 2.515517$, $c_1 = 0.802853$, $c_2 = 0.010328$; $d_1 = 1.432788$, $d_2 = 0.189269$, $d_3 = 0.001308$。

3. 标准化降水蒸散指数

标准化降水蒸散指数 $SPEI$ 是使用降水和气温数据计算得到的表征干湿状态的指数, 可分为多种时间尺度 (1、3、12、24 个月等), 在干旱研究中应用广泛。

月尺度 $SPEI$ 主要计算步骤为 (Vicente - Serrano et al., 2010):

(1) 基于 FAO - 56 Penman - Monteith 方法 (Allen et al., 1998) 估算月尺度 $ET_{0,TW}$ 和 $ET_{0,PM}$。

(2) 确定 1、3、6 和 12 个月时间尺度下的水分亏缺累积量, 即

$$D_i = P_i - ET_{0,i} \tag{7-10}$$

式中: P_i 为当前时间尺度下第 i 个月的降水, mm; $ET_{0,i}$ 为第 i 个月的参考作物需水量, mm。

(3) 用对数概率分布将 D_i 正态化。

(4) 得出 $SPEI$。$SPEI$ 值越大越湿润, 值越小越干旱。

4. 标准化径流指数

标准化径流指数 SRI 的计算一般需不少于 30 年的历史径流资料。假定某时段的径流量服从 P-Ⅲ型分布, 求出各径流量对应的累积频率并将其标准正态化即得各径流量相应的 SRI。设某时段的径流量为 x, 则其 P-Ⅲ型分布的概率密度函数 $f(x)$ 为

$$f(x) = \frac{\beta^\alpha}{\Gamma(\alpha)}(x-a_0)^{\alpha-1}e^{-\beta(x-a_0)} \quad (x > a_0) \tag{7-11}$$

式中：α、β、a_0 分别为形状、尺度和位置参数，且 α、$\beta > 0$；$\Gamma(\alpha)$ 为 Gamma 函数。

令 $x - a_0 = y$，对式（7-11）进行极大似然法求解，得

$$\alpha = \frac{1 + \sqrt{1 + \frac{4A}{3}}}{4A} \tag{7-12}$$

$$\beta = \frac{\alpha - 1}{n} \sum_{i=1}^{n} \frac{1}{y_i} \tag{7-13}$$

$$A = \ln(\bar{y}) - \frac{1}{n} \sum_{i=1}^{n} \ln(y_i) \tag{7-14}$$

计算出 α、β、a_0 值后将其代入式（7-11）并进行积分，可得累积频率 $F(x)$

$$F(x) = \frac{1}{\Gamma(\alpha)} \int_{0}^{\beta(x-a_0)} t^{\alpha-1} e^{-t} dt \tag{7-15}$$

最后将累积频率 $F(x)$ 标准正态化即得 SRI 值。

根据《气象干旱等级》（GB/T 20481—2017）、《农业干旱预警等级》（GB/T 34817—2017）和 McKee（1993）等，基于 SPI、$SPEI$ 和 SRI 对干旱等级进行划分，见表 7-7。

表 7-7　　　　　　基于 SPI、$SPEI$ 和 SRI 的干旱等级划分标准

等级	特旱	重旱	中旱	轻旱	正常	轻涝	中涝	重涝	特涝
$SPI/SPEI/SRI$	$\leqslant -2.0$	$(-2.0, -1.5]$	$(-1.5, -1.0]$	$(-1.0, -0.5]$	$(-0.5, 0.5)$	$[0.5, 1.0)$	$[1.0, 1.5)$	$[1.5, 2.0)$	$\geqslant 2.0$

第四节　盐　碱　害

一、盐碱害的机制

土壤盐碱化是世界范围内限制农作物生产发展的重要逆境因子。根据联合国教科文组织和世界粮农组织不完全统计，全世界盐碱地的面积为 9.54 亿 hm^2，其中我国盐碱地面积为 0.99 亿 hm^2，除去滨海滩涂部分，盐渍土面积为 0.35 亿 hm^2，其中盐土 0.16 亿 hm^2，碱土 86.7 万 hm^2，各类盐化、碱化土壤为 0.18 亿 hm^2，已开垦种植的有 0.067 亿 hm^2 左右。据第二次全国土壤普查资料估计，我国尚有 0.17 亿 hm^2 左右的潜在盐渍化土壤，这类土壤若开发利用、灌溉耕作等措施不当极易发生次生盐渍化。我国的盐碱地普遍存在于北方平原地区，在西北以旱碱为主，在华北以涝碱为主，在东北以沼泽盐碱化为主，各有其区域特征，与国外不尽相同。

盐碱化是指作物根系活动层土壤盐分含量高，导致作物"生理干旱"的现象。盐碱地是盐类积聚的一个种类，是指土壤中所含的盐分影响作物的正常生长，包括盐化土、碱化土、盐土和碱土。土壤中可溶盐的含量或酸碱度（pH 值）使一般作物的生长开始受抑制但还能生长的分别称为盐化土和碱化土；在土壤的表层或根系活动层中，含有过量的可溶性盐类，使一般栽培植物的生长发育受到严重抑制，甚至死亡，这种土壤称为盐土；当土壤碱化层交换性钠占交换性阳离子总量 20% 以上，土壤呈现碱性，pH 值大于 9，表层含盐量不及 0.5%，称为碱土。

第四节 盐 碱 害

是否会发生盐碱化，其类型和程度如何，盐分迁移和积聚的特点等均受多种自然和人为因素的影响和制约。从气候条件来讲，干旱和半干旱气候是盐碱土形成的前提和动力学条件，而盐分在土壤中积聚的数量和类型，在很大程度上和气候的干旱程度有关，蒸发越盛，土壤积盐程度就越强，这是一般的规律。特殊地，在季风气候影响下，东部黄淮海平原和东北平原70%的雨水集中于夏季，一年中近10个月都很干旱，所以被雨水淋溶的盐分到旱季时又重新积聚在土壤上层，形成大量的盐碱土。从地形因素分析，盐碱土一般分布于低处，因为低处有足够的水分和盐分的来源和存积盐分的条件。

从土壤质地方面讲，轻质土（砂壤、轻壤土）的毛管输水能力强，当其他条件相同时，较黏质土的蒸发量大，较易形成盐碱土。此外，地下水也会影响盐分的迁移和积聚。首先表现在地下水位上，地下水面越接近地面，地下水上升蒸发和积盐的速度越快，但是越不容易通过雨水或灌溉把土壤上层的盐分淋洗到下层；第二个因素是地下水的矿化度，矿化度低则存留在土壤中的盐分少，矿化度高则水分运动时所带的盐分也多，易使表土返盐。

从人为活动方面讲，通过精耕细作、松土施肥、人工冲洗、施用化学改良剂等有效改良措施，可以使土壤脱盐和消除不良性状；而粗放的农业水利措施，如有灌无排、零星种稻、渠道渗漏、修建水库、河道建坝等将引起地下水位抬升，从而造成土壤次生盐碱化，但地下水位抬升并不是造成次生盐碱化的唯一原因。土地不平、耕作不当、缺少有机肥和管理不善也会加速土壤的积盐过程。

我国对盐碱土的分级标准目前尚无统一规定。按照阴离子区分的方法是根据水提取液中各种阴离子的固体物的当量比来确定，其标准（陈晓飞等，2006）见表7-8。

表7-8　　　　　　　盐 土 分 级 标 准

阴离子的当量比	盐 土 分 级
$(HCO_3^- + CO_3^{2-}):(SO_4^{2-} + Cl^-) \geq 1$	苏打盐土
$Cl^- : SO_4^{2-} \geq 4$	氯化物盐土
$Cl^- : SO_4^{2-} = 1 \sim 4$	硫酸盐-氯化物盐土
$Cl^- : SO_4^{2-} < 1$	硫酸盐盐土或氯化物-硫酸盐盐土

至于盐渍化程度的区分标准要考虑某些特殊情况，因地制宜加以确定。一般区分标准见表7-9。

表7-9　　　　　　　盐 化 土 分 级 标 准

盐化土分级	含盐量/%	盐化土分级	含盐量/%
非盐化土壤	<0.2	强度盐化土壤	0.7~1.0
轻度盐化土壤	0.2~0.5	盐土	>1.0
中度盐化土壤	0.5~0.7		

吉林省（松辽平原）的盐碱土属于苏打盐碱土，盐渍化程度划分的标准应该低一些，其标准（姜岩，1978）见表7-10。

表 7-10　　　　　　　　　　　吉林省盐化土分级标准

盐化土分级	含盐量/%	盐化土分级	含盐量/%
非盐化土壤	<0.1	强度盐化土壤	0.3～0.5
轻度盐化土壤	0.1～0.2	盐土	>0.5
中度盐化土壤	0.2～0.3		

对于苏打盐土来说，盐化与碱化是同时发生的，所以在考虑盐碱土的盐化程度时，还应考虑它的碱化程度。碱化程度一般是以碱化度（即交换性钠占土壤代换量的百分比）的大小来区分的，同时还可以根据总碱度的大小来区分，其标准见表 7-11。

表 7-11　　　　　　　　　　　碱化土分级标准

碱化土分级	碱化度/%	总碱度/%
非碱化土壤	<5	0.02
轻度碱化土壤	5～10	0.02～0.05
中度碱化土壤	10～20	0.05～0.08
强度碱化土壤	20～40	0.08～0.15

此外，碱土还常根据碱化层（柱状层）出现的深度来区分，一般标准是：①浅位碱土，碱化层出现深度小于 7cm；②中位碱土，碱化层出现深度 7～15cm；③深位碱土，碱化层出现深度为 15～25cm。

二、盐碱害对作物的影响

有害盐碱成分危害作物生长发育有两种方式：一种间接改变土壤的理化性质，使植物失去良好的生活环境和营养条件；另一种是通过土壤溶液直接危害作物细胞，影响作物正常的水分和营养吸收及代谢机能，对作物生理上造成毒害和缺水。

盐害是指土壤中可溶性盐类过多对植物的不利影响，不同的盐类对作物产生毒害的程度存在差异，其中越易溶于水的离子穿透细胞壁能力越强，危害越大。几种常见的可溶性盐类对作物的危害顺序是：碳酸钠＞氯化镁＞碳酸氢钠＞氯化钠＞氯化钙＞硫酸镁＞硫酸钠。盐害的影响是多种多样的，但主要危害表现在影响作物吸水、影响作物吸收养分、离子对作物的直接毒害作用、影响土壤对作物的养分供应及破坏作物正常代谢几方面。

碱害是由于土壤胶体吸附大量的代换性钠离子，造成土壤理化性质的改变，对作物造成了直接和间接的危害。碱害主要表现在降低土壤养分的有效性、恶化土壤物理和生物学性状及影响作物生理活动等。碳酸钠等强碱性物质，会破坏作物根部的各种酶，影响作物新陈代谢的进行，特别是对幼嫩作物的芽和根有很强的腐蚀作用，可直接产生危害。

三、土壤盐碱害的防治

土壤盐碱化是土地"顽疾"，在水资源有保证的情况下，通过科学治理和改良，"只长盐蓬草，不长棉和粮"的盐碱地能转变为耕地，转化为生产力。这是被过去治理盐碱地的历史所证明的，也正在被今天综合利用盐碱地的新实践不断丰富着。目前，防治土壤盐碱化措施主要有以下四个方面：

（1）水利措施。主要从灌溉、排水、放淤等几个角度入手。在灌溉方面，针对淡水资源短缺的现状,"水"的高效和安全利用仍然是未来盐碱地水盐调控的核心。采用新型节水控盐的灌溉方法、水分高效利用的灌溉制度以及微咸水的安全开发利用均有利于盐碱地的防治。在排水方面,农田排水工程是一项根本性的措施。利用暗管排水控制地下水临界深度,并在降雨或灌水淋洗时加速土壤排水,可实现土体快速脱盐,调节土壤和地下水的水盐动态。所谓放淤,是把含有泥沙的水通过渠系引入事先筑好的畦埂和进、退水口建筑物的地块,用减缓水流的办法使泥沙沉降下来,淤地造田,由于增加了新淡土层,地下水位相对降低,抑制了土壤返盐,且新土层中含丰富的养分,因而有利于作物生长。

(2) 农业措施。可从平整土地、改良耕作、施客土、施肥、播种等方面进行操作,并加强农业管理,合理化种植。有机肥施用等土壤培肥措施能有效增加土壤养分,利于土壤理化性状改善和土壤脱盐,进而可显著提高生产力。据黄淮各地经验,即使含盐量达 $0.6\% \sim 1.0\%$ 的盐碱土,种植水稻两年以后,1m 土层中的盐分即可降低至 $0.1\% \sim 0.3\%$。同时结合平整土地、合理耕作、增施有机肥料等措施,可以加速土壤淋盐,防止表土返盐。此外,根据盐碱地水盐运移规律,通过特定的耕作和农艺措施可以有效阻隔土壤盐分向表层土壤汇集。传统的耕作措施包括深耕晒垡、深松破板和粉垄深旋等,农艺措施则包括地面覆盖、蒸腾抑制剂和秸秆深埋等,两类措施均可通过破坏土壤表层与深层孔隙的连通性,阻断孔隙水毛细运动,来抑制表层蒸发和土壤返盐。

(3) 生物改良措施。盐碱地土壤贫瘠,肥力差,可以通过种植耐盐碱植物,或种植牧草、绿肥、造林等,来增加土壤中有机质含量,改善土壤的理化性质。在众多的生物措施中,种植耐盐碱植物是改良盐碱地的最佳措施之一。利用耐盐碱植物对土壤进行改良是生态科学的,主要表现在:①耐盐碱植物可以通过根系扩展来改善土壤结构,使土壤通气性和持水性得到改善;②耐盐碱植物能够通过覆盖来减少土壤水分蒸发,进而减少盐分表聚;③耐盐碱植物能够通过构建植物群落来改善盐碱地小气候。常见的耐盐碱植物可分为三类,包括不透盐性植物、聚盐植物和泌盐植物。此外,据各地经验,植树造林对改良盐土也有良好的作用,林带可以改善农田小气候,减低风速,增加空气温度,从而减少地表蒸发,抑制返盐。

(4) 施用改良剂。采用改良剂的方法,见效相对较快,但是并不是长久之计。添加石膏、腐熟畜禽粪便、生物炭等改良剂可有效地增强土壤交换性阳离子、有机质含量等,促进土壤团聚体形成和稳定,增加土壤孔隙度和持水能力,促进盐分淋洗,抑制蒸发返盐。此外,近年来,高分子材料也被应用于盐碱土治理,如添加腐殖酸能够与土壤中黏土矿物发生凝聚反应,形成腐殖酸黏土复合体;添加聚丙烯酰胺、聚氨酯、脲醛树脂通过絮凝和团聚作用以抑制蒸发积盐。另外,土壤结构改良能提升土壤透气能力、抑制表层肥沃土壤流失,为植物与土壤微生物提供良好的生长繁殖条件,有助于土壤生态恢复,间接促进土壤脱盐过程。

以上措施有自身的优点,但防治土壤盐碱仅采取任何单项措施,其治理的效果都是有限的且治理效果不稳定。我国盐碱土治理的科学研究和实践证明,只有坚持"因地制宜、综合治理""水利工程措施与农业生物措施相结合""排除盐分和提高土壤肥力相结合"及"利用和改良相结合"等原则,才能有效防治土壤盐碱化。

思 考 题

1. 农业灾害是什么？农业灾害包括哪几类？农业灾害的成因有哪些？
2. 农业气象灾害的特征有哪些？
3. 什么是渍害？给出渍害的一种分类。
4. 名词解释：干旱，旱灾，干旱指标，气象干旱，农业干旱，水文干旱，社会经济干旱。
5. 根据以下某地区年降水量表计算降水距平百分率，并且绘出降水距平百分率随年份变化的图形。

年份	1961	1962	1963	1964	1965	1966	1967	1968	1969	1970	1971	1972	1973
降水量/mm	182.2	145.9	253.5	225.4	152.9	240.9	159.1	146.6	218.6	221	227.7	243.4	156.2
年份	1974	1975	1976	1977	1978	1979	1980	1981	1982	1983	1984	1985	1986
降水量/mm	131.3	224.7	247.4	160.5	273.4	325.4	239.8	242.6	243.1	277	344.9	242.9	253.1
年份	1987	1988	1989	1990	1991	1992	1993	1994	1995	1996	1997	1998	1999
降水量/mm	363.4	373.5	262.2	291.6	177.8	348.4	300	311.4	240.7	390.9	159.8	419.2	336.4
年份	2000	2001	2002	2003	2004	2005	2006	2007	2008	2009	2010	2011	2012
降水量/mm	332.3	277.7	342.9	370	314.2	276.3	235.9	419.5	171.8	353.1	282.4	344.5	286.9

6. 简述 SPI 指标的计算过程。
7. 农业干旱如何分类，各有何特征？
8. 什么是盐土？什么是碱土？
9. 按照盐渍化程度区分，盐碱土的分级标准是什么？
10. 盐害对作物的危害有哪些？如何进行防治？

第八章 变化环境对农业水文过程的影响

变化环境是指由人类活动和自然过程共同驱动所造成的一系列陆地、海洋与大气的生物物理变化，包括气候变化、海洋和水圈变化、土地覆被和陆地生态系统变化等条件下所处的动态过程。水文过程是水圈内部水分状态的转化、运动过程，即降水、径流、蒸发等水文要素的循环变化过程，是气候系统和人类活动过程的重要纽带。气候变化会引起水文过程的时空变化，同时近年来由于人类活动加剧改变了流域的产汇流条件，水文过程的时空变化强度也进一步加剧。气候变化主要是通过影响水文要素的循环速度、强度和范围等，进而改变水文过程；而人类活动对水文过程的影响，一是通过改变土地利用、修建水利工程等改变下垫面条件的方式来影响水文循环，二是通过农业引水灌溉、跨流域调水等活动影响水资源的时空分布，进而影响农业水文过程。本章介绍有关变化环境的基本概念和内涵，在此基础上进一步阐述气候变化和人类活动对农业水文过程的影响，最后介绍应对变化环境的适应性策略。

第一节 气候变化对农业水文过程的影响

以气温上升、气候变暖为主要特征的全球气候变化，对当今世界经济发展、生态环境和社会系统产生了重大影响，并通过农业生产及其相关产业威胁着全球粮食安全，成为当下气候变化引发关注的热点问题之一。农业生产直接关系人类生存发展与社会稳定，气候变暖、气候要素的扰动性与振荡性加剧、极端气候事件增多以及海平面上升等显著气候变化特征，将对农业生产系统产生深远影响。

占全球陆地面积41%的干旱区是生态系统和水资源系统最脆弱的地区之一，也是对气候变化响应最敏感的地区。农业对水资源需求量极大，在全球气候变暖的情况下，区域降水量不平衡且相对减少。同时，水资源的蒸发量提高，大大减少了水资源的供给量，这给农业发展带来了严重的阻碍。在降水稀缺地区，这种情况的发生将会更严重。气候变化对农田水分消耗的影响在一定程度上大于对降水的影响。长期的气候预测显示出气候变化对全球粮食生产和粮食安全的严重影响，其中热带地区尤为显著。几乎所有的发展中国家都有报告，近期气候发生了明显的变化，特别是降雨时间的改变，以及极端气候事件的增加。在观测数据不足和对气候变化相关过程研究不深入的情况下，将这些归因于全球气候变化的科学性仍存在质疑，但"缺乏可归因于气候变化的影响记录不应理解为没有这些影响的证据"。因此，帮助农民更好地应对气候变化是当务之急，这反过来又催生了更全面更准确地理解气候变化的紧迫性。

第八章　变化环境对农业水文过程的影响

一、气候变化概述

(一) 天气和气候的区别

天气是一定区域短时段内的大气状态（如冷暖、风雨、干湿、阴晴等）及其变化的总称，表示大气在某个特定时间和空间的状态，反映了大气是冷或是热、是干或是湿、是平静或是狂暴、是晴朗或是多云等。绝大多数天气现象发生在对流层。天气通常是描述短期（一般近两周内）各要素情况，其要素包括气温、降水、风（包括风向和风速）、湿度和气压，而最重要的是气温和降水。气候是指长时间内（一般几十年以上）的平均大气状况，与天气不同，它具有一定的稳定性，与气流、纬度、海拔、地形等有关，此外，气候还包括了天气的变化、极端情况及异常情况的发生。天气和气候也有相似的地方，即基本均以仪器测量的数值和基于数值的分类方式（如高温、小雨、风级等）来描述。

(二) 气候变化的内涵

气候变化是指气候平均状态统计学意义上的巨大改变或者持续较长一段时间（典型的为 30 年或更长）的气候变动。气候系统是一个复杂且非平稳的系统，涵盖了大气、海洋、陆地等多个系统，各个系统的自身变化和相互作用都可能导致气候变化的发生。

(三) 气候变化的特点

1. 地表平均温度明显上升

全球温度普遍升高，北半球较高纬度地区温度升幅较大。根据全球地表温度的观测资料（自 1850 年以来），1906—2005 年的增温线性趋势为 0.74℃，其中，北极温度升高的速率几乎是全球平均速率的 2 倍。陆地区域的变暖速率比海洋快，1961 年以来的观测表明，全球海洋平均温度升高已延伸到至少 3000m 的深度，海洋吸收了增加热量的 80% 以上。对探空和卫星观测资料最新分析表明，对流层中下层温度的升高速率与地表温度记录类似。气象专家根据气候模式预测，未来 100 年全球还将升温 1.4~5.8℃，全球将持续变暖，增暖的速率将比过去 100 年更快。温度的升高，已对与积雪、冰川和冻土相关的自然系统、水文系统、陆地生物系统、海洋和淡水生物系统产生了剧烈的影响，对部分人工管理系统和人类系统的影响也在不断增加。

2. 降水的区域性与季节性不均衡

气温升高，加快了地表水的蒸发，导致水循环加剧，暴雨出现频率增加，水资源承载力降低，甚至引起极端灾害。另外，由于各地降水量和蒸发量的时空分布发生了显著变化，降水的区域性、不均衡性愈发明显，降水的月相、季节、年际变化振荡加剧，扰乱了局部区域农业用水的供需平衡，水资源短缺及其承载力将成为一个严峻的问题。

3. 极端气候灾害增多趋强

全球气候变暖的总趋势，引起大气环流特征及要素的变化，引发复杂的大气-海洋-陆面相互作用，大气水分循环加剧，气候变化幅度加大，不稳定因素增多，导致众多小概率、高影响度极端气候灾害的频繁发生与强度加剧，如干旱、洪涝、低温、暴雪、飓风、热昼、热夜和热浪等，这些极端气候灾害对农业生产系统的不利影响往往大于气候平均变率所带来的影响，未来包括农业生产在内的全球可持续发展将面临巨大威胁。

对降水变化的长期或短期预测都因地区差异而呈现复杂的情景。气温上升使得空气中能够容纳更多的水汽，气温每升高 1℃，空气中将能多容纳 7% 的水汽，这导致了降水模式的变化;大量观测数据表明,中高纬度地区和热带地区呈现出降水增加的趋势,而副热带地区呈现出降水量下降的趋势,这样就出现了干旱区域愈加干旱,湿润区域愈加湿润的局面。世界各地不均匀的变暖导致了极端天气的规模和频率发生变化,如暴雨、长历时干旱和热浪等。此外,气候变化会影响大气环流(例如厄尔尼诺和南方涛动),造成西太平洋暖池海水热力、青藏高原上空热力、季风环境和太平洋副热带高压异常,致使农业旱涝等灾害频繁发生。

4. 冰川消融,海平面上升,海水入侵

海平面上升与温度上升的趋势具有一致性。温度的普遍上升造成内陆地区冰川退缩、雪线抬升、南极冰川融化、冰架坍塌、北极冰帽消融、北冰洋浮冰融化等危害,使大量固态水融入大海,进而引起海平面上升(图8-1)。海平面上升带来了众多不利影响和问题,如沿海地区洪水泛滥、环境破坏、海岸线侵蚀、海水入侵、沿海低地的淹没与人口迁移等,另外海水入侵会打破沿海地区原有的地下水稳态平衡,使灌溉地下水水质变咸,土壤盐渍化加剧。1900—2010 年,全球平均海平面上升了近 20cm,目前的海平面上升速度超过了过去 2000 年的平均速度。在全球范围内,极端旱涝事件频繁发生带来的问题日益凸显。

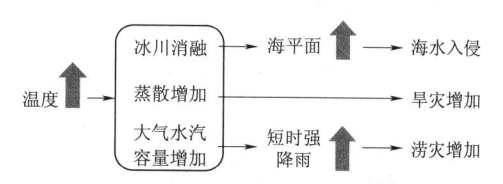

图 8-1 气候变化引发灾害发生机理示意

(四) 气候变化观测与模拟

观测和模拟是应对气候变化的两大主要手段和方法。观测主要是指通过建立地面气象站、水文站等站点观测系统,监测长时间序列的气象和水文要素的变化过程。气候变化观测一般从两个方面展开:一是直接观测,基于直接的物理和生物地球化学测量,以及来自地面站和卫星的遥感手段直接观测气候变化;二是代理观测,古气候档案的信息可以提供一个长期背景,古气候学数据来自自然资源,例如年轮、冰芯、珊瑚以及海洋和湖泊沉积物,这些代理气候数据将天气和气候信息的存档范围扩展了数百到数百万年。气候系统研究的重点是找寻远古时期的气候特征,称为古气候重建,同时也有对未来气候变化的预测,这使得人类的气候变化研究范围远远扩展到了从远古代到未来百年甚至千年。模拟和预测都是围绕统计分析、不确定性分析、直接观测空白数据的缺省处理、数理回归与模拟等来开展的。

大气环流模式(global climate model,GCM 或 atmospheric global climate model,AGCM)是目前模拟气候变化对人类生产活动影响的最主要途径。大气环流模式是根据基本的物理定律(牛顿运动定律、质量守恒定律和热力学第一定律)而构造的用来研究模拟大气环流基本性质或预测其未来状态变化的一套流体力学和热力学偏微分方程组和求解方案(表 8-1)。一般要模拟或预测的主要变量为水平风场、温度场、高度场、湿度场和地面气压场,因此这套方程组包括水平运动方程（x 和 y 方向）、热力学方程、连续方程、状态方程和水汽变化平衡方程。由连续方程垂直积分并利用垂直边界条件,得到地面气压变化的倾向方程。其方程组是高度非线性的,无法求得解析解,给定初边值条件,一般用数值方法求解这套方程组。克劳斯·哈塞尔曼(Klaus Hasselmann)早年创建了一个将天气和气候联系在一起的模型,回答了"为什么尽管天气是多变和混沌的,气候模型却是可靠的"问题,从而成为2021年诺贝尔物理学奖得主之一。

表 8-1 常见大气环流模式

模型名称	国家	研发机构	模型说明文件链接
ACCESS1.3	澳大利亚	Commonwealth Scientific and Industrial Research Organisation/Bureau of Meteorology (CSIRO-BOM)	http://wiki.csiro.au/confluence/display/ACCESS/ACCESS+Publications
BCC-CSM1.1	中国	Beijing Climate Center (BCC)	http://forecast.bcccsm.cma.gov.cn/web/channel-34.htm
CanESM2	加拿大	Canadian Centre for Climate Modelling and Analysis (CCCma)	http://www.cccma.ec.gc.ca/models
CNRM-CM5	法国	Centre National de Recherches Météorologiques (CNRM-CERFACS)	http://www.cnrm.meteo.fr/cmip5
EC-EARTH	荷兰/爱尔兰	EC-EARTH consortium published at Irish Centre for High-End Computing (ICHEC)	http://ecearth.knmi.nl/
FGOALS-g2	中国	Institute of Atmospheric Physics, Chinese Academy of Sciences (LSAG-CESS)	http://www.lasg.ac.cn/fgoals/index2.asp
GFDL-ESM2G	美国	Geophysical Fluid Dynamics Laboratory (GFDL)	http://journals.ametsoc.org/doi/abs/10.1175/JCLI-D-11-00560.1
HadCM3	英国	Met Office Hadley Centre (MOHC)	http://dx.doi.org/10.1038/ngeo1004
HadGEM2-AO	韩国	National Institute of Meteorological Research, Korea Meteorological Administration (NIMR-KMA)	http://dx.doi.org/10.1175/JCLI3712.1
INM-CM4	俄罗斯	Russian Academy of Sciences, Institute of Numerical Mathematics (INM)	http://dx.doi.org/10.1134/S000143381004002X
IPSL-CM5A-LR	法国	Institut Pierre Simon Laplace (IPSL)	http://link.springer.com/journal/382/40/9/page/1
MIROC-ESM	日本	Atmosphere and Ocean Research Institute (The University of Tokyo), National Institute for Environmental Studies, and Japan Agency for Marine-Earth Science and Technology (MIROC)	http://amaterasu.ees.hokudai.ac.jp/~fswiki/pub/wiki.cgi?page=CMIP5
MPI-ESM-LR	德国	Max Planck Institute for Meteorology (MPI-M)	http://onlinelibrary.wiley.com/journal/10.1002/%28ISSN%291942-2466/specialsection/MPIESM1

数学建模和数值模拟也是研究气候变化的重要手段之一。国际耦合模式比较项目(Coupled Model Intercomparison Project,CMIP)常采用不同气候模式来模拟过去、现在和未来的气候变化情景。CMIP最早是在1995年由世界气候研究计划(World Climate Research Programme,WCRP)下属的耦合模式工作组(Working Group on Coupled Modelling,WGCM)主持开展的。CMIP一直致力于促进气候模式的发展和完善,并支

持气候变化的评估和预估工作。目前已开展了 5 次耦合模式比较计划,当前正在进行的是第 6 次耦合模式比较计划,即 CMIP6。CMIP6 是 CMIP 计划实施 20 多年来参与的模式数量最多、设计的科学试验最为完善、所提供的模拟数据最为庞大的一次。来自全球的气候学家共享、分析和比较最新的全球气候模式的模拟结果。这些模式数据将支撑未来 5~10 年的全球气候研究,基于这些数据的分析结果将构成未来气候评估和气候谈判的重要基础。

二、农业水文过程概述

气候变化对于人类生产生活的影响是全方位的,涉及大气圈、水圈、岩石圈等各个圈层(图 8-2)。农业是许多发展中国家经济的主要支柱,在 2008 年粮食危机之后,人们重新关注并致力于实现全球粮食安全,并对农业提出了额外的、多方面的要求,然而,在气候变化和人类活动综合影响下,水资源短缺与人类对粮食需求激增之间的矛盾日益突出,人类生存面临严峻的挑战。农业水文过程是粮食生产和水资源利用的重要物理伴生过程,也是研究农业生态系统中各项措施对水文要素影响的重要内容,包括农田蒸发、径流、地下水位变化等过程(图 8-3)。因此,准确全面理解和量化农业水文过程是合理开发利用水资源的重要前提条件,也是平衡水资源供需和粮食生产之间矛盾的重要基础。

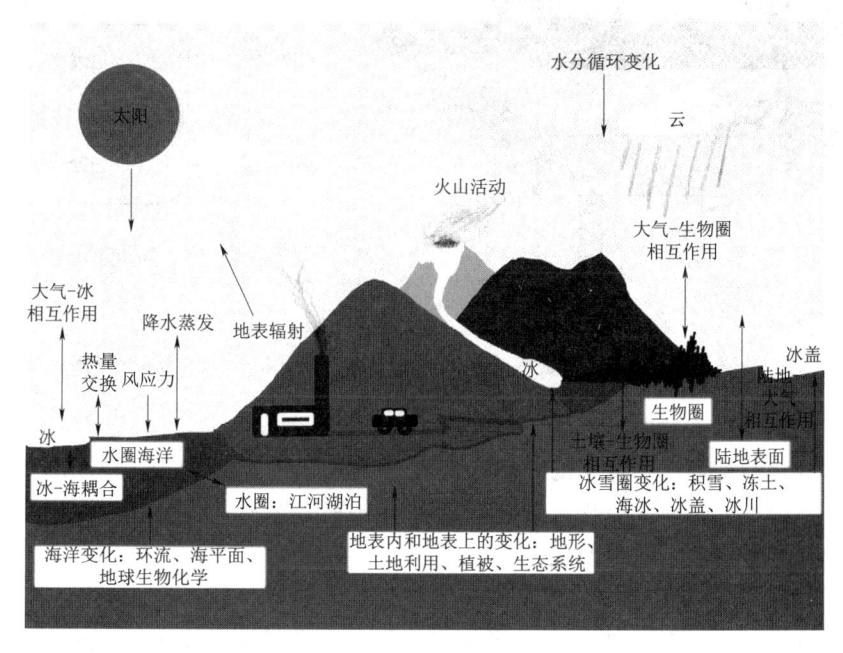

图 8-2 气候系统示意(修改自 IPCC 2007)

气候变化对农业水文过程的影响是多方位的,对农田蒸发、径流、盐分运移及地下水位变化等均有不同程度的影响。全球气候变化背景下,太阳辐射、降水、温度、湿度和风速等气象因素也在发生变化。农田蒸散发受气象因素的影响较为强烈,因此,掌握气候变化规律下的作物蒸散发规律是判别农田耗水变化的主要根据。当区域内日照时数和气温降低、风速和相对湿度减小时,将导致该区域年参考作物蒸散量减少;而在作物管理、品种等条件不变的情况下,参考作物蒸散量的减小最终会导致实际耗水量的减小。

三、气候变化对土壤水的影响

研究气候变化对土壤水分的影响可以在一定程度上指导做好农业灌溉与林业生产用水的管理工作。有野外试验表明,土壤含水量的变化与降水的变化趋势基本一致,在温度不变的条件下,增加降水一般会增加土壤含水量。温度上升和降水减少对土壤水分的负作用明显。全球气候变化模式普遍预测降水将会增加,这将会改善土壤水分状况,但是降水增加对土壤水分所带来的正面影响,可能会被温度上升所带来的负面影响所抵消。有研究表明在长时间尺度上,降水增加可能会导致土壤水分渗透率下降和土壤保水性上升(图8-4),这将影响地下水供应、粮食生产和安全。此外,鉴于全球范围内的降水形势预计将以更快的速度变化,土壤水力特性未来会在广泛的区域发生变化,这将改变多种陆地生态系统中的水分存储与输送过程。

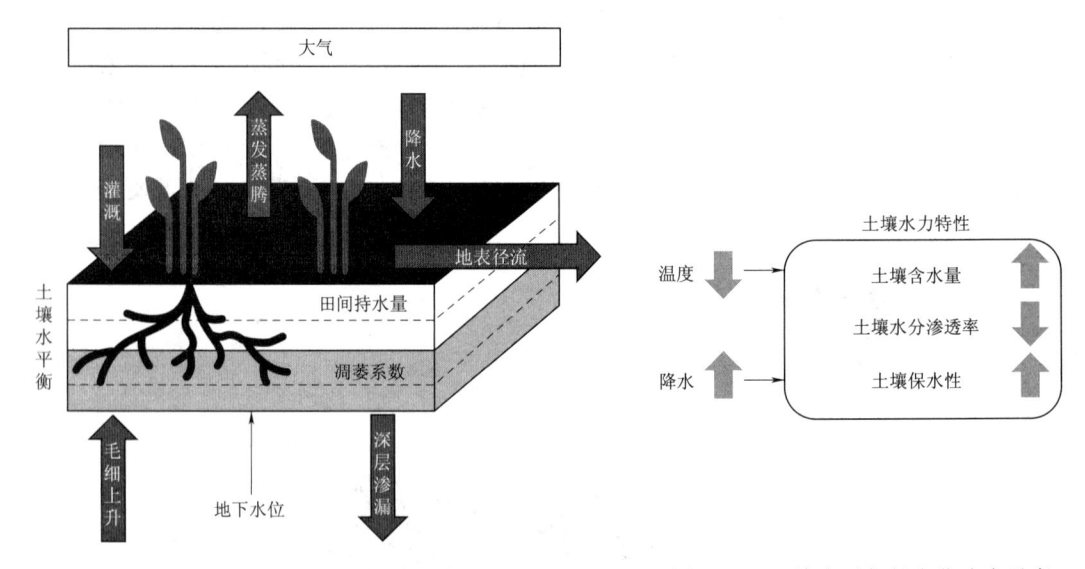

图8-3 农业水文过程示意

图8-4 土壤水对气候变化响应示意

四、气候变化对蒸散发的影响

在全球变化和人类活动加剧的时代背景下,对农业灌区蒸散发及组分分离开展研究显得尤为必要和迫切。在气候变化背景下,温度、风速、降雨、太阳辐射等所有气象变量的变化都会导致参考蒸散发发生变化。

1880—2012年,全球平均陆地表面温度增加了0.85℃,预计到21世纪末,我国的陆地表面温度将增加1~5℃,为了全面了解气候变化中参考蒸散发的变化趋势,除了考虑空气温度趋势外,还必须考虑风速、大气湿度和辐射平衡的趋势。然而,在过去的50年中,虽然气温在不断上升,但观察到参考蒸散发却在下降,这一现象被称为"蒸发悖论",在美国、加拿大、澳大利亚、印度、中国以及欧亚大陆北部都观测到过,造成"蒸发悖论"的原因可能有:风速下降、日照时间或太阳辐射减少以及饱和水汽压差减少等。

五、气候变化对径流的影响

19世纪俄国气候学家曾提出河流是流域内自然地理要素综合作用的产物,在众多要素中,气候起主导作用,例如,降水的形式、总量、强度、过程及其空间分布,对河川径流的形成和变化有着直接的影响；而蒸发的强弱又制约着降水与径流。上述降水和蒸发又与气温和风等气象因素有关，这些因素实际上对河川径流起着间接的作用。通常，气候湿润地区大气降水多，河网密集，径流充沛；而气候干燥地区降水少，河网稀疏，蒸发强烈，径流贫乏。因此，气候状况严格制约着河流的发育和地理分布。国内观测数据显示，不同流域的丰水期、平水期与枯水期3个阶段持续的时间是不一致的。海河流域与淮河流域在20世纪80年代后进入了枯水期；黄河流域在20世纪90年代后进入枯水期。在二氧化碳浓度升高的条件下，未来我国西北地区、西南地区、华南地区、松花江流域的径流将呈增加趋势；华北地区、淮河流域、汉江流域呈减少趋势；黄河上中游地区变化不显著。

六、气候变化对地下水的影响

作为区域社会经济发展的重要基础资源之一，地下水资源受到人类活动和气候变化的影响。世界范围内主要地下水开采区都出现了地下水资源量减少的现象，美国高平原地区地下水资源年减少速率为 $12.5 km^3/a$，印度西北地区地下水资源年减少速率为 $17.7 km^3/a$，中国华北平原地区地下水资源年减少速率为 $8.3 km^3/a$。预计到2050年，42%~79%的地下水开采区的地下水资源开采潜力都将接近其极限，人类生产活动和经济发展将受到前所未有的限制。因此，在地下水资源承载的限度内，合理开发和利用地下水资源已成为区域地下水资源管理的重要讨论课题。

不同时间尺度的气候周期性变化，导致了地下水形成过程具有相应的周期性特征。在漫长的地下水形成的地质历史过程中，它经历了万年尺度、千年尺度、百年尺度的多雨期与少雨期或高温期与低温期彼此交替，形成区域地下水主要补给期与非主要补给期相间分布。在年尺度中，每年7—10月为地下水主要补给期，11月至次年5月为非主要补给期。目前，在人们所能研究的视野中，大尺度可为万年，也存在相应的多雨期与少雨期。不同时间尺度的周期性变化，只是振幅不同，彼此具有相似性。水循环过程中的多雨期与少雨期，以及地下水的主要补给期与非主要补给期，彼此相依互约，它们循环往复呈周期性变化。在多雨期，地下水系统不断得到来自大气降水的补给，甚至在一些地方出现蓄满产流，形成湿地沼泽；在少雨期，地下水系统净补给量可能为负值，甚至会出现地下水矿化度增大、咸水化现象。在高温期（例如夏季），水循环相对积极，而在低温期（例如冬季），水循环相对滞缓。因此，地下水的再生（补给）能力首先取决于区域水循环演化进程。

气候变化不仅影响地下水的补给与循环交替，同时也通过大气降雨化学组成和地表温度的变化来影响水-岩相互作用，进而使地下水水质发生变化。雨水中氧化物和金属离子的富集能够引起雨水的严重酸化，污染的雨雪水补给地下水是地下水遭受污染的主要原因之一。我国也是受酸雨侵害较为严重的国家之一，是继欧洲、北美之后的第三大重酸雨区，环境酸化问题日益严重，因此，酸雨对地下水水质的影响不能不引起重视。

第二节 人类活动对农业水文的影响

一、人类活动概述

人类活动对农业水文过程的影响主要是通过改变地表水、土壤水以及地下水的分配而实现的。农业水文过程所涉及的人类活动大体可以分为水利工程措施、农业措施和其他措施，这些人类活动对水文循环和生态平衡都有不同程度的影响。

（一）水利工程措施

水利工程是用于控制和调配自然界的地表水和地下水，以除害兴利为目的而修建的工程。常用的水利工程包括蓄水工程、引水调水工程、排水工程等，这些水利工程措施通过影响蒸散发过程、径流的时空分布及地下水变化等影响区域农业水文过程。

蓄水工程是挡蓄当地径流和江河来水的工程总称，如水库、塘坝以及拦河堤、闸等，主要功能为灌溉、发电、提供水源及航运。利用蓄水工程设施，可以在雨季的洪峰期蓄水调节下游河道洪水流量，避免或降低洪水灾害；在旱季缺水时期可以将蓄集的水用于灌溉农田，解决农作物干旱或开发水田；还可用拦蓄水量发电为工农业生产和人民生活提供能源。引调水工程是将水输送到需水地区的工程。根据水源划分，有河流引水、湖泊引水及跨流域引水等；根据用途划分，有引水发电工程、灌溉引水工程、航运引水工程和城市生活生产引水工程等。引调水工程可以缓解区域因地表水短缺而引起的地下水超采问题，可以增加地下水超采区地表水对地下水的补给，促使地下水位逐渐恢复。蓄水工程改变的是径流的时间分配，而引水或跨流域调水则改变径流的空间分布。引水量中的极大部分用于灌溉而耗于蒸发，一小部分渗入地下或回归河流。耗于蒸发的部分，增加了大气中水汽，有利于内陆水文循环的加强。跨流域调水则完全改变了原来水文循环的路径和水文循环中各要素之间的平衡关系。

（二）农业措施

农业措施包括农业土地利用、农艺措施以及水土保持措施，其中对农业水文过程影响较大的措施包括土地利用类型变化、种植结构改变、灌溉方式的变化、农田覆膜和农田基本建设等。这些农业措施对农业水文过程的影响主要表现为改变拦蓄和耗用径流量、土壤蒸发、土壤水下渗和农田水分消耗等。

农业种植方面，种植结构的变化是影响农业水文过程的重要因素。由于不同作物之间耗水特征存在较大差异，因此，区域作物种植结构的调整将会影响农业用水的时间和空间分布，进而对农业水文过程产生影响。在水资源匮乏地区，适当的种植结构调整是实现适水发展、促进水资源可持续利用的重要措施之一。

覆膜种植是影响农业水文过程的重要农艺措施。覆膜种植技术起源于20世纪50年代，采用覆膜种植具有良好的增温、保墒和增产作用；自70年代覆膜技术引入我国后，逐步推广应用到四十余种粮食、蔬菜和油料作物，我国已经成为世界上最大的地膜生产和使用国。覆膜种植通过改善作物生长的水分、温度和养分条件，显著促进了作物对水分和养分的吸收以及对光辐射能的利用。覆膜种植对农业水文过程的主要影响途径是调节膜与表层土之间的内循环过程，覆膜通过物理阻断作用截断了膜下表层土向外界的长波辐射，提高了日间土壤的温度，促进土壤水分由地下向地表方向聚集，夜间在膜下形成的水蒸气以及凝结的水滴向下渗透进土壤表层，昼夜重复显著改善表层土壤的湿度。

二、水利工程措施对农业水文过程的影响

新中国成立以来，我国各项水利工程蓬勃发展，对防汛减灾、促进农业和工业持续发展、改善生态环境、保护水资源和保障社会安全稳定起到了重要的作用。然而，水利工程的建设和施工必定会对环境产生一定的影响，如果没有得到足够重视或处理不当，对水文

第二节　人类活动对农业水文的影响

条件和地质地貌进行人为改变可能会引发严重的次生灾害。水利工程建设，是人地关系中一种有目的、有组织、有计划的改造自然的过程。在改造过程中会从多个方面对农业水文过程产生影响。

（一）对土壤水的影响

水利工程建设对土壤水的影响可以分为有利和不利两方面。有利方面：水利工程通过拦截天然径流、调节地表径流进行适时灌溉等措施，可以补充土壤的水分和改善土壤的养分和热状况，并可改善小气候及水文条件，改变区域水循环，防止土壤冲蚀，使农作物获得良好的生长环境，此外，通过等高截流、控制内外河水位和地下水位、明沟和暗管排水、抽排、并排、控制灌溉引水等措施，可以消除土壤中对植物生长发育有害的多余水分，使植物根系扎深，更广泛地吸收土壤中的养分，促进土壤养分分解，改良土壤结构，减少表土冲蚀。不利方面：闸、坝等水工建筑物使水流变缓，泥沙淤积，河床抬高，两岸平坦地区土地排水受到影响；水利工程兴修后，会使土壤水分长期处于饱和或使地下水位增高，进而将引起低洼湖区及山前平原地区土壤沼泽化或次生潜育化。

（二）对蒸散发的影响

蓄水工程可以改善水资源时空分布不均，在旱季解决灌溉、生活等方面供水不足的问题。但蓄水工程蓄水之后，形成了人工湖泊，库区由原来的陆地变成了水体，增大了水面面积，蒸发量也由此增加。引水调水工程将改变水资源的空间分布，实现水资源的跨区域二次配置。目前，我国引水调水工程中的大部分输水干渠使用明渠封闭式输水，渠面开阔、渠水流经地多且距离远，渠水蒸发损失不容小觑。

（三）对径流的影响

水利工程的建设在一定程度上改变了水文要素，会导致河流时空分布的改变。大型水利工程的建设会对径流产生较大的影响。蓄水工程可以解决水资源季节分配不均匀的问题，蓄水工程修建前河流上游水流流态基本保持自然形态，河流水量较大，径流量大的年份较多且年内分布不均，蓄水工程修建后，径流量小的年份变多，年内径流分布表现得更加均匀；引水调水工程可以解决水资源空间分配不均的问题，改变径流的空间变化，同时，引水调水工程的修建增加了河流的流经地区，河水下渗及蒸发量也会增加，使得地表径流量减少。

（四）对地下水的影响

水利工程的外围设计结构、基坝的建筑工艺以及整体渗水性和漏水性的阈值、水库渗漏和水库浸没都可能会对库区周边的地下水产生影响。在修建水利工程时，初期勘探工作就要从设计和调度的角度尽量减少工程建设对区域地下水位及水质的影响。

1. 地下水位发生变化

水利工程的建筑物和区域性的调水工程对该区域内的地下水位均有影响，从工程进入初期蓄水阶段开始，地下水水位会随之逐年升高，其上升的幅度受限于地质条件的差异性，另外，当水利工程蓄水量达到阈值时，区域内的地下水水位也会随之上升到一个前所未有的高度且含水层之间的水力联系和地下水的水补、水径以及水排条件都会发生改变。水利工程的建设会在一定程度上造成周边区域之内的地下水通畅度变低或者地下水水位不断升高，进而产生次生盐化现象，使之碱度变高，持续时间如果过长则会损害农作物及土基,甚至影响建筑物的稳定性和耐久性。

2. 地下水质发生变化

由于水利工程库区蓄水,库区将由天然河流变为水库形态,库区水动力条件发生改变,库区范围内水体流动速度将远小于水库建设前天然河道的水体流动速度,水体的稀释、混合等能力将有所下降,减少河道泥沙含量,加速悬浮物、重金属等污染物的沉降;水库拦蓄使水库水体滞留时间延长,周围土壤中的可溶盐溶解将增加水体的矿化度,通过地表水与地下水相互转换,进而可能影响库周区域地下水水质。工程建设期间,当地下水的水位被人为提升之后,包气带中所蕴含的气态水、吸着水、薄膜水和毛细管水会受到充填和挤压,之后析出重水,当重水与水混合之后,其化学成分会发生相应改变,导致水质变化;再者包气带内的间隙中可能存有一些人工回填废弃物,比如生活垃圾、建筑垃圾等,这些垃圾与上升的水位接触后可污染地下水。在水利工程施工期,部分工程位于地下水位附近,可能会对区域地下水产生一定影响,同时建设时会出现一些施工废水、生活污水等,这些废污水如果得不到有效的处理也可能作为污染源影响地下水水质。

三、农业措施对农业水文过程的影响

农业土地利用/覆被变化间接反映了区域人类活动的强弱,其对水文过程的影响主要是通过改变影响地表水热分布特征的物理属性,如粗糙度、反射率及叶面积指数等来影响水文循环中的冠层截留、入渗、蒸散发和产汇流过程,进而影响河川径流过程。2002年,国际地圈-生物圈计划(IGBP)第48次报告暨全球环境变化中的人文因素计划(International Human Dimensions Programme on Global Environmental Change,IHDP)第10次报告提出的水循环中的生物圈作用计划(Biospheric Aspects of Hydrological Cycle,BAHC)中,明确指出除了从风险和脆弱性角度分析水循环变化对社会的影响之外,土地利用变化对水循环的影响也亟须深入研究。农业用地作为重要的土地使用类型,分析土地利用变化对于农业水文过程的影响是协调农业水土资源的重要前提。

(一)对土壤水的影响

农业土地利用类型的变化除了植物根系吸水对土壤水的直接影响外,还会对土壤的入渗能力及深层渗漏补给地下水产生间接影响。研究表明,林地土壤的水分入渗能力明显大于非林地,林地入渗率平均值是荒地的3~4倍。森林能增加降雨入渗,主要是两个方面的原因:一是植被能增加土壤入渗能力;二是植被改变了地表特性(如地表糙率或地表储水能力),这使得水分入渗到土壤的机会增大,同时,植被能够通过根系的水力重分布机制传输土壤水,从而改变表层土壤水分和深层土壤水分的分布,并影响水文过程。通过对不同利用类型土壤水分进行测定,林地、园地、荒草地、坡耕地和裸地的平均土壤含水率分别为21.42%、23.74%、20.00%、19.10%和18.27%,其中,裸地的平均土壤含水率最低,园地的平均土壤含水率最高,其原因为园地内种植树木,林冠幅大,枯枝落叶层比较厚,并且树木的根系发达,能够截留降水并促进入渗,还能有效地减少阳光直接照射,从而减少土壤水分的蒸发,因而,土壤含水率较高。

(二)对蒸散发的影响

蒸散发的各组成部分包括土壤蒸发、植被蒸腾和冠层截流蒸发,蒸散发的变化受到植被生长的影响,下垫面属性复杂、植被类型多样都是重要影响因素。当土地覆被发生变化

时，植株蒸腾、林冠拦截和蒸发都会发生变化。植被覆盖度的降低会导致蒸散发降低，净流量增加，其主要原因是植被减少直接导致植被蒸腾量的降低，因此一般认为植被覆盖率和蒸散发成正比。

不同的农业土地利用类型对蒸散发的影响显著。2003—2017年全球陆地下垫面条件发生了显著的变化，裸土面积减少、自然植被覆盖度增加、森林面积下降、耕地增加和城市化进程加剧。下垫面变化导致全球年蒸散发增加（2.3±12.5）mm，其中植被蒸腾和冠层截留蒸发分别增加（5.3±19.4）mm 和（0.8±3.9）mm，而植被变化对土壤蒸发的影响与其对植被蒸腾和冠层截留蒸发的影响完全相反，土壤蒸发平均下降（3.8±12.8）mm。

（三）对径流的影响

土地利用变化对径流的影响主要体现在降水的再分配过程，多数研究认为无论在湿润还是在干旱地区，植被覆盖率降低都会造成径流量显著增加。研究表明林地向水田、旱地、灌丛、草地转变时会使径流呈现不同程度的增加；草地向除林地以外的其他土地利用类型转变时，同样导致径流的增加，但增加程度显著低于林地；与之相反，其他土地利用类型向林地、草地转变时会导致径流量下降，这是由于与其他土地利用类型相比，林地和草地具有较高的空气动力学粗糙度、较高的叶面积指数以及林地还具有较深的生根深度，伴随着大量的枯枝落叶层对降雨截留的作用都将有助于降低地表和地下径流。

（四）对地下水的影响

不同土地利用类型对地下水资源量的影响机制存在差异，现有研究认为地下水量减少的原因是建设用地和耕地耗水的不断增加，例如黄淮海平原区的土地结构变化趋势是生态用地转换为耕地，耕地转换为建设用地，而其中各地类的耗水强度排序为建设用地＞耕地＞草地以及未利用土地。因此，低耗水强度的用地结构向高耗水强度用地结构变化，以及建设用地和耕地耗水强度不断增加，必将导致该流域地下水蓄水量减少。图8-5显示了水量平衡概念模型（雷鸣等，2017）。

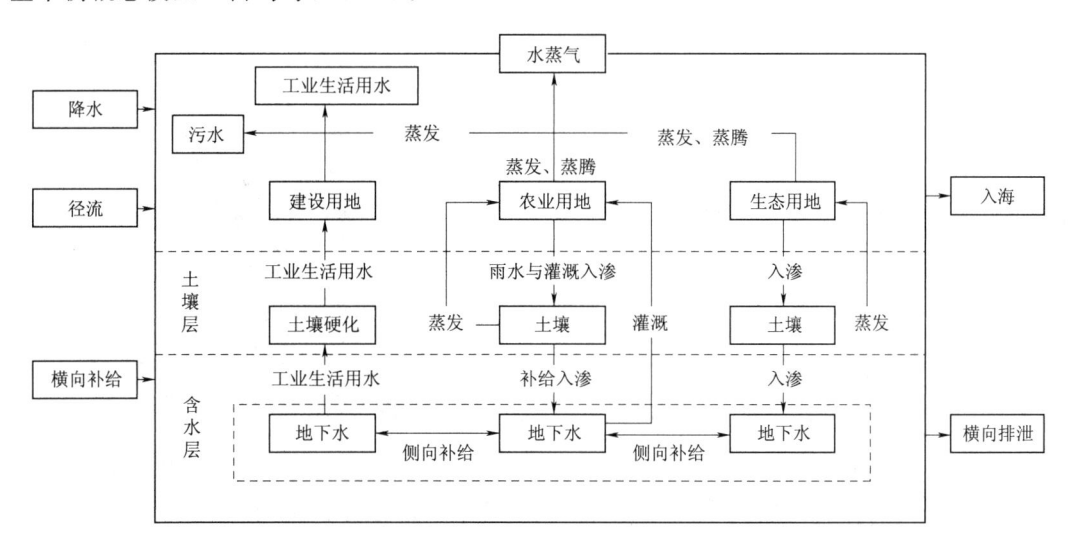

图 8-5 水量平衡概念模型（雷鸣等，2017）

第八章 变化环境对农业水文过程的影响

(五) 种植结构变化对农业水文的影响

农作物种植结构的定义为空间范围内种植农作物的种类及各种农作物种植面积的比例关系。针对种植结构的研究主要采用基于遥感数据和基于统计年鉴的数理统计分析方法,研究涵盖了县、市和国家尺度。种植结构变化对农业水文的影响主要体现在不同作物的实际蒸散发(ET_c)具有差异。将作物生长过程分为早期生长阶段、快速生长阶段、中期生长阶段和后期生长阶段,然后根据不同生长时期的生长特征计算ET_c。以黑龙江省为例,五种主要农作物(水稻、大豆、玉米、马铃薯及小麦)的生育期主要集中在 4—9 月,在各生育阶段的划分时间上各作物也呈现较为明显的差异,其中小麦的播种时间最早,水稻的收获时间最晚(图 8-6)。根据作物蒸散发可以计算各作物的年需水量,五种主要作物的年平均需水量依次为水稻(734mm/a)、大豆(474mm/a)、玉米(409mm/a)、马铃薯(377mm/a)和小麦(377mm/a)。由于各作物需水量的不同,不同种植结构条件下作物耗水量会存在差异,种植 1hm² 水稻的需水量要比种植 1hm² 小麦的需水量多一倍。

(六) 农业土地利用变化对农业水文过程的影响

1. 考虑植被因素的水文模型

由于下垫面变化对水文过程及水量平衡有显著影响,大多数水文模型不同程度地考虑了植被因素的影响,代表性模型有 SiB2 模型(图 8-7)、VIP 模型等,在这些模型中,垂向植被参数化主要包含在蒸腾、根系吸水、冠层能量传输以及二氧化碳交换 4 个过程的描述中,而空间植被参数化主要体现在不同植被类型的空间分布上。蒸腾模拟主要包括叶片气孔导度、冠层空气动力学阻力和叶面积指数等参数;根系吸水主要包括根表面吸水阻力以及根内水分传输阻力等参数;冠层能量传输主要包括冠层光学特性(如反照率)以及植被形态参数(如冠层高度)等;二氧化碳交换则主要包括植被生理学特性参数。但这些过程在模型中是相对独立的,彼此之间的内在联系尚未充分考虑在模型当中。植被因素在水文模型中的引入增强了模型的机理性,提高了模型的模拟精度。但是,模型复杂的植被参数化过程使得模型参数数量显著增多。

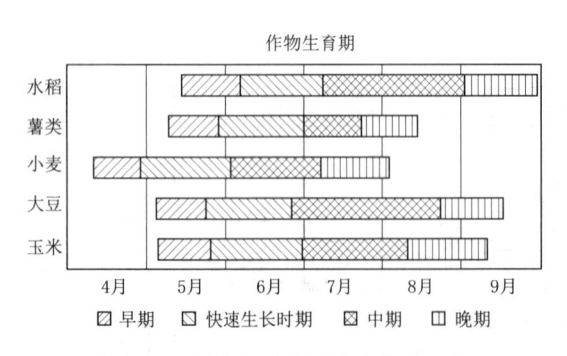

图 8-6 黑龙江省主要农作物生育期
(数据来源:黑龙江省农业科学院)

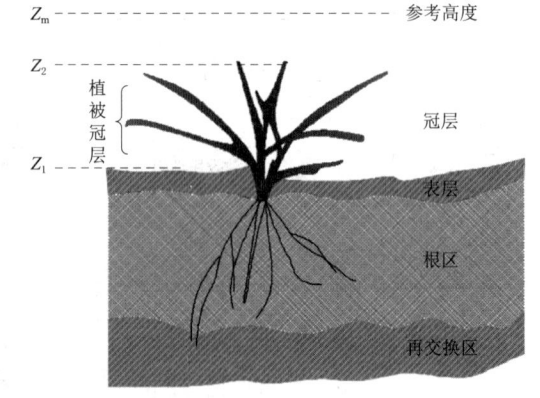

图 8-7 SiB2 模型结构示意
(Sellers et al., 1997)

2. 考虑水文过程的作物模型

一般的生态系统模型的重点在于植被碳循环的模拟,主要包括植被碳吸收过程以及碳

第二节 人类活动对农业水文的影响

在植物体内的分配，对水文过程的模拟一般仅简单考虑土壤水分对植被生长的胁迫作用。以 DSSAT（图 8-8）、DNDC 模型（图 8-9）为作物模型代表，其中对水文过程的模拟主要包括蒸发蒸腾与土壤水分运动两部分。蒸散发的模拟一般基于彭曼假设，即与潜在蒸散发成正比，并与植被参数（叶面积指数等）和土壤水分状况有关；土壤水分运动一般简化为根层土壤的水量平衡。在模拟作物生长过程时，一般先模拟无水分胁迫条件下的光合作用与呼吸作用，从而得到净生产量，然后引入水分影响曲线，并根据土壤水分情况进行水分修正。在分配干物质至不同器官时，同样采用经验曲线或系数来考虑水分状况的影响。

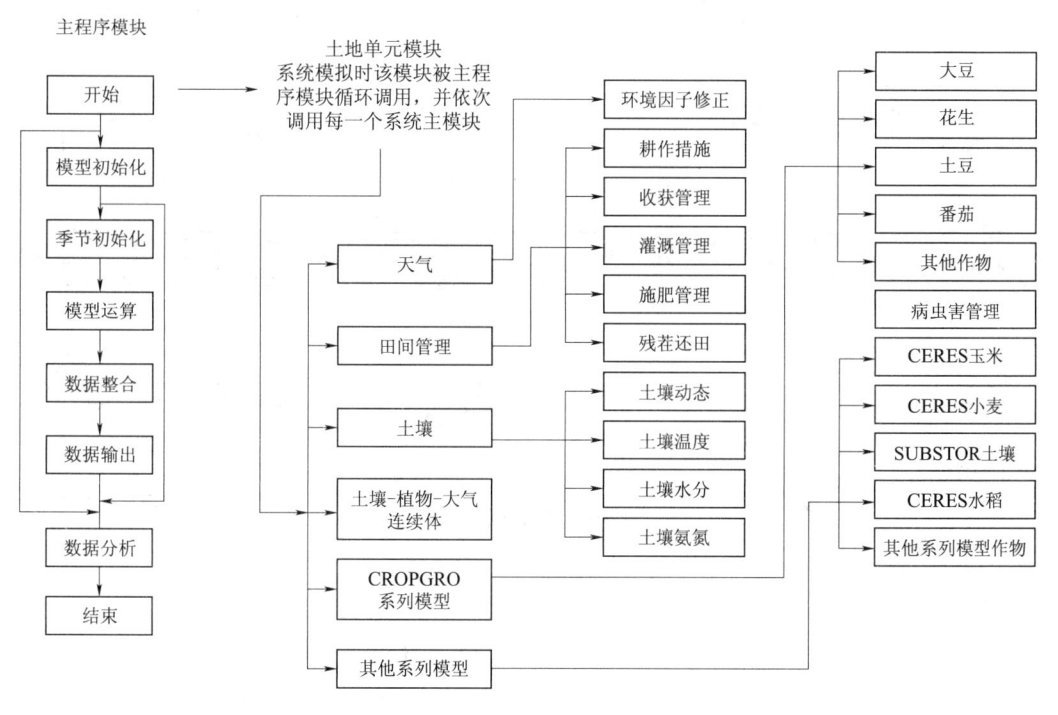

图 8-8 DSSAT 模型结构（J W Jones et al., 2003）

四、灌溉模式对农业水文过程的影响

灌溉作为人类改造自然的重要过程，影响自然水文过程。我国从 20 世纪 50 年代起就开始了节水灌溉工程技术的试验、研究和推广，经过多年的实践和探索，初步形成了具有中国特色、适合中国国情的节水灌溉模式和技术推广服务体系。节水灌溉过程中三个环节的节水技术，实际上是对区域水循环系统中的三个主要因素（作物根系层土壤含水量、地下水和农田蒸发）进行直接的人为干涉，其中输水环节的节水技术，一般为渠道防渗或管道输水，将直接影响地表水对地下水的补给；灌水环节和耗水环节的节水技术，如喷滴灌等先进灌水技术、节水灌溉制度、田间覆盖技术等直接改变了作物根系层含水量及其时空分布，对水循环各要素产生直接或间接的影响，引起了整个水循环系统的改变。图 8-10 简要地给出了节水措施对水资源循环要素的直接或间接影响。灌溉模式的不同对农业水文过程的影响主要集中在农田蒸散发、土壤水、地下水几个过程，下面就灌溉模式的变化对这些过程的影响进行较为详细的描述。

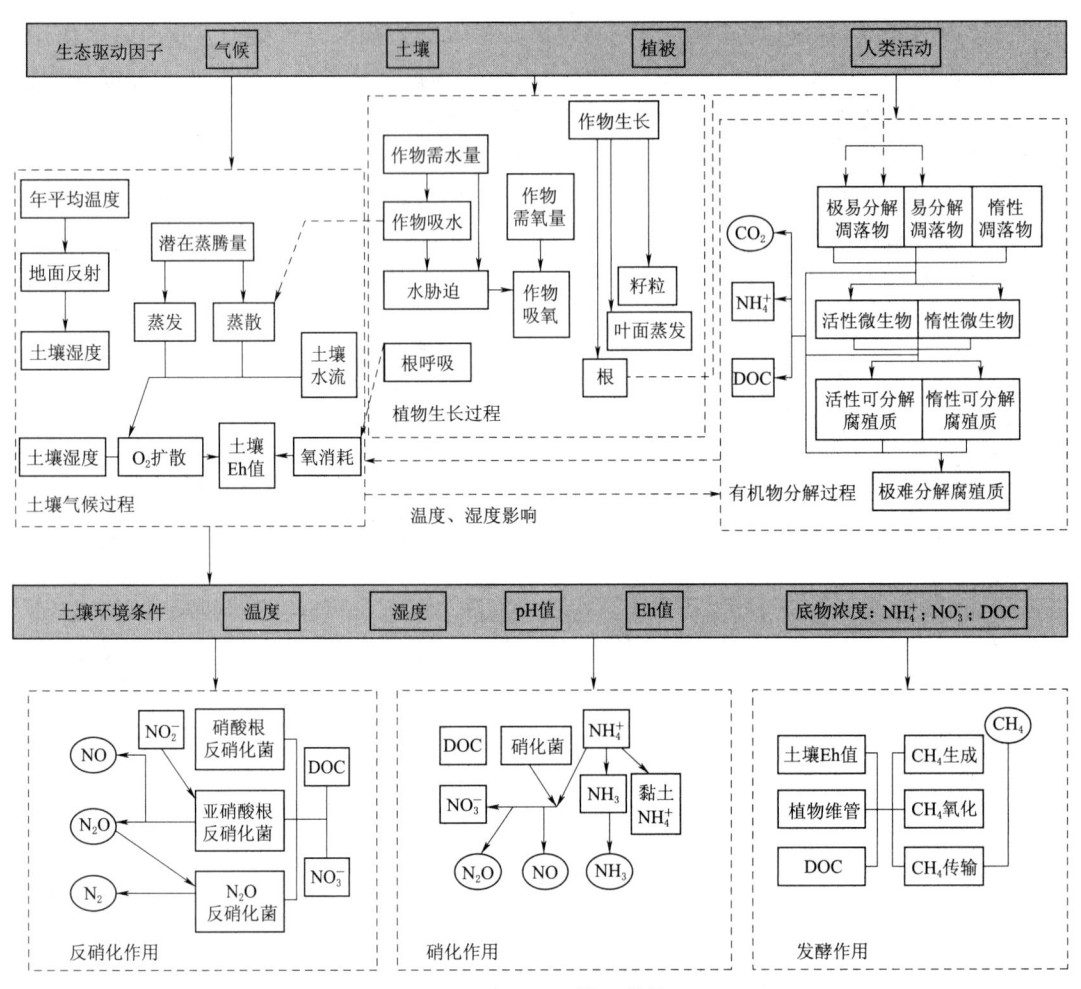

图 8-9 DNDC 模型结构

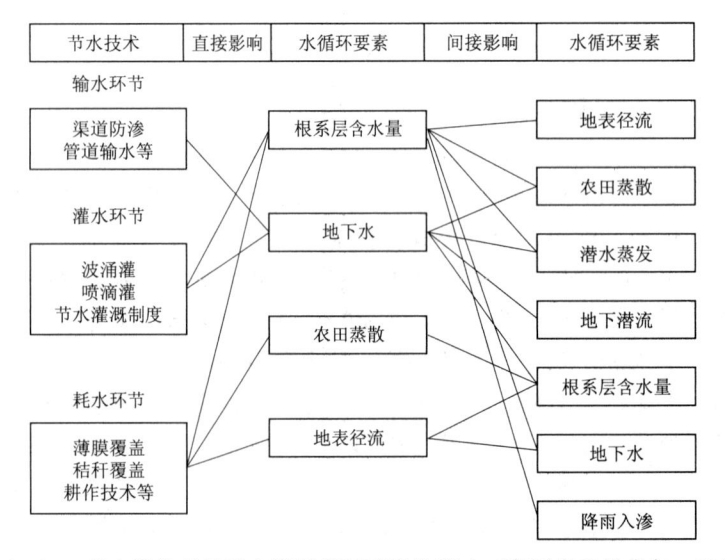

图 8-10 节水措施对区域水资源循环要素的影响（高军省和姚崇仁，1998）

第二节 人类活动对农业水文的影响

(一) 对地表径流的影响

使用波涌灌和喷滴灌等不同节水灌溉方式时，会通过根系层含水量影响水流在田间输送过程；使用覆膜和秸秆覆盖等不同耕作技术时，也会直接或间接影响地表径流，使更多的水量用于作物生产，提高用水效率。

在山区丘陵地区，地面坡度陡，可以通过农业耕作栽培技术和修筑梯田、地埂等措施来减少坡地水土流失和土壤水分蒸发；在冲沟上修筑塘坝或在适当地点可以通过修筑水窖拦蓄径流来解决饮水和小面积灌溉用水问题；在大的冲沟和支流上修建水库集中控制径流可以通过引水工程将各个孤立的塘坝连通形成"长藤结瓜"式的灌溉系统，进而提高雨水利用率和灌溉用水保障率。

(二) 对农田蒸散发的影响

1. 灌溉对蒸散发的影响

雨养和灌溉以及作物不同阶段，其蒸发和蒸腾的比重均不同。研究表明在无灌溉模式中，蒸散发以蒸发为主导，而灌溉模式下则与无灌溉模式完全相反；此外，灌溉模式下作物在生长季中地表蒸发和作物蒸腾都要远远大于无灌溉模式的地表蒸发和作物蒸腾。

2. 地表覆膜对蒸散发的影响

通过覆膜措施可以形成一个相对独立的水分循环系统，锁住土壤内部水分，与不覆膜土壤含水量分布和变化特征形成显著差别。覆膜与无覆盖处理相比，其蒸发过程趋势曲线相似，但是无覆盖土壤蒸发量明显大于覆膜土壤，地膜覆盖可以有效减少30%左右的土壤水损失，在作物生长期能够起到维持土壤水分、减少土壤间蒸发量的作用，给作物生长营造良好的土壤温度环境和水分环境。西北干旱区水资源短缺，降低农作物的用水量可以产生巨大的经济效益，通过控制蒸发来解决农业需水问题也是农业抗旱行之有效的措施之一。

(三) 对土壤水的影响

有研究者通过对比分析充分灌溉（Ⅰ）、节水20%（Ⅱ）、节水40%（Ⅲ）三种不同灌溉水量对玉米田间土壤中水分含量及变化情况的影响，发现在节水20%处理下，土壤中的水分含量相对较高，利于玉米生长；且在各个处理的苗期，各层土壤中的水分变化不大，拔节期后，0~40cm土层变化剧烈，70~100cm则相对平缓，得出玉米的根系主要分布在0~40cm土层中（表8-2）。

表8-2　　　　作物生育期不同灌溉处理0~40cm土层的平均水分含量

处理	作物各生育期0~40cm土层的平均水分含量/%				
	苗期	拔节期	抽穗期	灌浆期	成熟期
Ⅰ	18.17	17.05	17.78	17.44	17.13
Ⅱ	17.35	20.15	17.35	17.57	17.75
Ⅲ	15.22	12.42	17.18	15.32	14.72

(四) 对地下水的影响

当地表水源不足时，农业灌溉常会取用地下水作为地表水补充水源，若取用过多的地下水量，且降水或其他途径补给水量不足时，就会造成区域地下水位下降，同时还会成为地面沉降、岩溶塌陷、地裂缝等地质灾害的诱发因素。

灌溉农业的地下水保障能力，可用下式表示

$$c_w = (e_w - r_g)/e_w \quad (8-1)$$

式中：c_w 为灌溉农业的地下水保障能力；r_g 为灌溉农业对地下水依赖程度，%；e_w 为地下水对灌溉农业用水保障程度，%。

其中 r_g 值越大，表明该区域农业灌溉对当地地下水依赖程度越高，则对地下水的影响越大，反之对地下水的影响越小；当水稻或小麦等耗水型作物播种面积占总播种面积越大时，e_w 值越小，表明该区域地下水开采资源对灌溉农业用水的保障程度越低，若是地下水量充足，而开采量低，则对地下水影响较小，反之则对地下水的影响较大。

第三节 应对变化环境的适应性策略

全球气候变化和人类活动被认为是影响农业水文过程最主要的驱动力。研究表明，目前全球超过 30 亿人生活在严重缺水甚至是水资源匮乏的农业地区，其中，超过半数人用水严重受限，这使得提高用水效率至关重要，尤其是在消耗水资源最多的农业领域。

受气候变化和人类活动共同影响，农业水文研究更加强调对水文物理过程、化学过程及其生态效应的规律及调控的研究。农业水文环境变化应对策略的研究受到各国学者及组织的广泛关注，联合国粮食及农业组织发布的《2020 年粮食及农业状况》指出，农业水文过程的调控对于全球粮食安全十分关键，同时也有助于实现可持续发展目标。因此，需要更健全的机制和更有力的治理措施来应对农业水文环境变化。多个联合国专门机构也陆续提出和实施了一系列国际水科学方面的合作项目和研究计划，旨在观测、研究应对气候变化及其带来的影响。立足国情、农情，我国也提出了一系列新时期应对气候变化的农业可持续发展策略，大力发展农业节水，全面推广节水灌溉技术、优化种植结构、完善应对气候变化战略与政策体系，制定减缓农业水文环境变化的具体举措，以应对气候变化和人类活动对农业水文过程的影响，实现水资源节约、环境友好的现代农业可持续发展。未来气候变化和人类活动对农业水文环境产生的影响仍将不断增加，社会经济发展和生态环境对用水要求也在提高，农业水文可持续发展下水资源合理配置和适应性管理任务不断加重。

一、应对气候变化影响的适应性策略

（一）建立长效监测预测系统，提升监测预测技术水平

目前对农业水文和气象参数的监测和预测技术的发展及其应用仍处于较低水平。在监测技术方面，监测设备数量少，区域分布不均匀，准确率和精细化水平低，监测数据时空不连续等问题是制约农业水文气候动态变化参数精确量化的关键因素；在预测技术方面，受输入数据、模型参数、模型结构本身存在的不确定性和气候变化与人类活动复杂的耦合机制难以甄别的限制，农业水文模型精度仍有待提高。

一方面，应根据流域水文气象特点，完善地面和卫星遥感监测系统的应用，提高对农业水资源及其密切相关的大气降水、气温、太阳辐射、湿度、碳循环温室气体、地下水、径流等要素的监测水平，建立专业性、区域性的气象和水文观测网络，实现综合气象和水

第三节　应对变化环境的适应性策略

文观测系统对数据统一的收集和处理，从而促进各种观测资源的共享，提升监测和预测系统的稳定性和运行水平，提高对气象灾害和水文变化的动态监测能力；另一方面，需要提高预测水平，建设气候变化和气象灾害自动监测预警系统。预测技术准确性取决于气象预测模型较好的稳定性。因此，加大对农业水文气象预测模型和技术的科研投入，对目前气象预测技术存在的关键问题进行有效改进，提升预测技术的准确性，是应对气候变化影响的有效策略。

（二）建立气候变化反馈机制，形成农业水文安全保障体系

面对农业水文气候变化环境下产生的负面效应，应及时建立反馈应对机制，制定合理调控政策与措施，从而减缓、减轻气候变化带来的负面影响。因此，建立一套科学合理的应对气候变化的农业水文安全保障体系是应对农业水文气候变化影响的关键策略。

为建立高水平、高精准的应对气候变化负面效应的农业水文安全保障体系，应切实加强未来减排情景设定、全球气候模式研究，提高长期气候、水文等综合系统模拟预估能力，并逐步实现从定性分析向定量预估的转变；强化气候变化对暴雨、洪水、干旱、地质灾害等主要灾害及组合特征的影响评估和灾害对社会经济的影响评估，开展气候变化下自然灾害综合风险评估与分区研究，建立农业定量化气候影响评估模型，对气象因素中的不良变化进行有效预警。最终，根据气候变化反馈机制实现对产业结构、经济目标及其发展规律进行调整与评价，并分析需水结构的动态变化，进而提出科学有效的适应性措施以应对农业水文气候变化影响，保障农业水文环境安全。

（三）集成多学科理论方法，制定农业科学政策

对气候变化环境下产生的水文、气象问题开展科学研究，制定服务于农业生产用水的农业科学政策，是应对农业水文气候变化的有效策略。气候变化问题的出现为农业水文环境稳定带来了挑战，但也为农业水文多学科集成研究发展提供了新的契机；综合集成大气科学、地球科学、自然科学、技术科学和社会科学等跨学科技术方法（图8-11），整合研究资源，形成一种跨学科的农业水文研究范式，既有效解决了气候变化问题，也推动了当前复杂变化环境下的农业水文学科的综合发展。

农业科学政策的有效制定需要综合集成应用气候学、农学、遗传育种学、灾害学、地学、生产经济学等多门学科理论方法，以气候变化与农业生产系统之间的相互作用为切入点，以农业主产区为重点研究区域，运用典型区域调研、野外台站试验观测、实验室分析、作物生长模型、农田生态过程模型、遥感定量反演、GIS空间数值模拟等现代技术途径，深入开展水热、土壤要素时空格局验证，揭示气候变化对农业生产系统用水的影响机理与适应

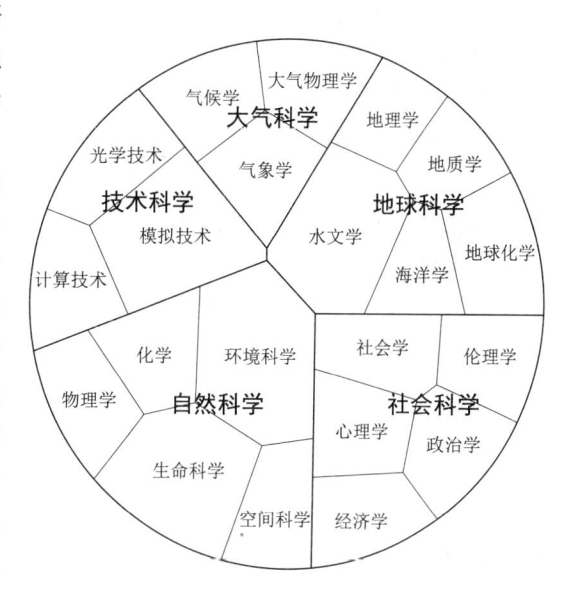

图 8-11　气候变化问题相关科学研究

机制，为农业水文应对气候变化理清科学思绪。此外，加强种质资源保护利用和种子库建设，确保种源安全，加强农业良种技术攻关，有序推进生物育种产业化应用，完善农业科技创新体系，创新农技推广服务方式，建设智慧农业也是重要的农业科学政策。

（四）制定适宜水土政策，大力发展节水农业

制定应对气候变化的水土政策，大力发展节水农业，是应对气候变化影响的关键措施。首先，应充分明确历史气候变化下的农业水文特征，制定适用于当前农业用水情况下的包括耕地政策、灌溉政策和节水政策在内的水土政策；然后，考虑种植区不同作物和天然植被的耗水情况，通过集成田间观测、遥感反演、GIS数据分析的高精度农业用水量化系统，明晰在当前农业水土政策下的灌溉用水耗散路径、灌溉面积、灌溉效率等农业灌溉需水情况。量化当前农业水土政策产生的环境效应并判断阈值，结合区域水文情况制定合理节水政策，完善自然-社会水文耦合模型，为节水农业中水土政策的制定提供评价方法和理论支撑（图8-12）。

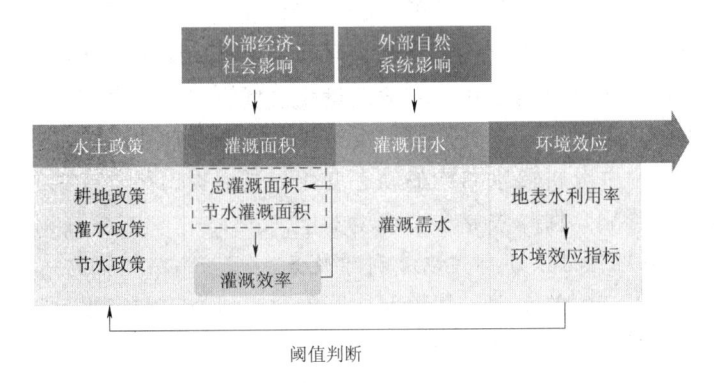

图8-12 自然-社会水文耦合模型结构框架（刘烨和田富强，2017）

二、应对人类活动影响的适应性策略

（一）优化水资源体系，贯彻落实治水新思路

现阶段我国实施流域管理与行政区域管理相结合的水资源管理体制，涉及多区域、多部门、多目标的多元管理，需要多方配合共同决策，以实施最严格的水资源管理制度及管理保障措施，这就要求加强水资源开发利用控制红线管理，严格实行用水总量控制；加强用水效率控制红线管理，全面推进节水型社会建设；加强水功能区限制纳污红线管理，严格控制入河湖排污总量，同时，高度关注重点区域，实施水资源管理差异化策略。以流域为单元开展水治理，强化流域管理机构履职能力；完善流域统筹、属地管理相结合、协同有效的水治理机制；增强政府部门之间的横向联系，实现各用水行政主管部门之间的沟通与协作，统筹规划流域生态保护与水资源配置。综合考虑全国主体功能区划、全国水资源和流域综合规划，确定流域的初始水权分配，统筹安排生活、生产、生态用水，保障水资源的可持续利用和经济社会的可持续发展，对水资源进行优化配置。

在流域尺度上，建立健全以"流域管理"为主导的、自上而下、权威高效、运转协调的流域管理组织体系架构。同时，建立流域水资源保护与水污染防治协作机制，大力加强流域内各地区的水资源保护和水污染防治工作，以水资源的优化配置来修复受损河流生态

第三节 应对变化环境的适应性策略

系统。在区域尺度上，根据区域特征和区域差异进行水资源差异化管理。针对干旱缺水地区，采取"调水、节水、治污、开源"综合性管理方略，提高水资源的利用效率并建立节水型社会；针对水污染区域，全面实施水资源论证制度和建设项目环境影响评价制度，从源头上遏制盲目兴建高耗水、高污染项目，加大污染防治力度；针对地下水超采地区，实施以地下水保护和超采区综合治理为核心，以控制地下水位为主要工作任务，以生态恢复为目标的水资源管理对策；针对粮食产区，采取与保障粮食安全战略相协调的水资源管理对策；针对生态较脆弱、水土流失严重、土地质量下降地区坚决开展退耕还林、还湿、还草，切实巩固还林还湿还草成果。

（二）加快水利基础设施建设，完善水资源优化配置体系

立足流域整体和水资源空间均衡配置，加强跨行政区河流水系治理保护和骨干工程建设，强化大中小微水利设施协调配套，提升水资源优化配置和水旱灾害防御能力。坚持节水优先，完善水资源配置体系，建设水资源配置骨干项目，加强重点水源和城市应急备用水源工程建设。实施防洪提升工程，解决防汛薄弱环节，加快中小河流治理、病险水库除险加固，全面推进堤防和蓄滞洪区建设。加强水利工程生态影响评估，加强水生态监测与预警，探索有利于生态和环境的调度模式，建立生态用水保障和补偿机制。加强水源涵养区保护修复，加大重点河湖保护和综合治理力度，恢复水清岸绿的水生态体系，同时，还需要将政府的宏观调控和水市场的自我管理相结合，调整水权、完善流域水资源的再分配机制，对流域水资源做出适应性管理。科学治水、依法治水，突出加强薄弱环节建设，大力发展民生水利，不断深化水利改革，加快建设节水型社会，切实增强水利支撑保障能力，实现水资源可持续利用。

（三）加强农田水利基础建设，发展节水增粮高效的现代灌溉农业

投资建设灌溉设施、提高水资源生产率是应对水资源短缺的关键。"十四五"规划和2035年远景目标纲要把粮食综合生产能力列入经济社会发展主要目标。纲要提出要以粮食生产功能区和重要农产品生产保护区为重点，建设国家粮食安全产业带，实施高标准农田建设工程，到2025年建成0.72亿hm^2集中连片高标准农田，以保障粮、棉、油、糖、肉、奶等重要农产品供给安全。粮食增长势必要通过在区域内大规模调配水资源实现，目前农田水利建设滞后仍然是影响农业稳定发展和国家粮食安全的最大硬伤。

因此，为实现国家重要商品粮基地建设的目标及水资源的可持续发展，需加强农田水利基础设施建设，提高气候变化背景下粮食生产的水资源保障能力；大力发展节水灌溉技术，提高渠道防渗、管道输水、喷灌滴灌等技术，扩大节水、抗旱设备补贴范围；推进大中型灌区节水改造和精细化管理，建设节水灌溉骨干工程；积极发展旱作农业，采用地膜覆盖、深松深耕、保护性耕作等技术；稳步发展牧区水利，建设节水高效灌溉饲草料地；尽快实现由传统的粗放型灌溉农业和旱地雨养农业向节水高效的灌溉农业和现代旱地农业转变，提高水资源的利用率。

（四）优化土地利用模式，强化生态建设和环境保护

在人类活动日益剧烈的大背景下，城市用地不断扩张，水资源短缺压力不断增加。因此，需要以区域长期发展战略为前提，构建与水资源可持续发展相适应的社会经济发展模式，结合不同土地利用类型的水文效应，优化土地利用模式，调整种植和工业产业结构。

在努力实现国家的粮食增产任务时，不能只考虑扩大耕地面积。应合理控制城市用地，在水土资源条件具备前提下增加农田有效灌溉面积，充分利用农业气候资源、加强气候变化各要素对种植熟制的综合影响研究，深入开展农业精细区划与作物布局优化配置研究以及适应气候变化的育种多目标优化决策研究，优化种植模式，趋利避害，充分挖掘气候资源潜力，提高农业经济效益。

坚持保护耕地的基本国策，严守土地资源保护红线，坚持"在保护中开发，在开发中保护"的方针；提升土地利用效率，进一步优化用地结构布局，加强土地生态保护和修复，推行绿色发展。加快推进高标准农田建设力度，加大农业基础设施的建设力度，确保真正意义上改善农业生产条件。不断优化农田基本结构布局，对一些零散的土地资源做进一步合并，确保形成集中连片的基本农田格局；对已破坏的土地资源和生态脆弱区加大整理力度，开展田、水、路、林、村等全要素的综合性整治工作，秉持保护生态的原则，开展其他农用地整理；对区域内的荒山、荒地、滩涂和滩地做综合性的整治，创新农业生产模式；对全流域地表水和地下水统一规划及联合调控，合理利用水资源，减轻土地盐渍化，减缓土地沙漠化。

（五）构建虚拟水贸易模型，弥补区域水资源禀赋差异

虚拟水贸易是指国家通过进口或出口水密集型商品的形式进口或出口水资源，相比于实体水，其具有经济性和易操作性的特点，可有效缓解水资源压力并保障粮食安全。目前我国主要农产品虚拟水贸易存在一定风险，需进一步提高虚拟水贸易风险等级评定预测精度，深入研究虚拟水战略实施的路径多元化问题。农产品虚拟水贸易受到多重要素的影响，如自然因素：水资源丰歉程度和土地资源禀赋状况；经济因素：经济实力、机会成本和贸易环境等；政策因素：农业用水保障体系等；社会因素；生态因素等。各因素错综复杂，相互影响。因此，在建立虚拟水贸易驱动模型中，不仅需要根据不同因素的特性，逐一验证各驱动因素的权重，还要考虑虚拟水流动所形成的网络系统是否稳定，即当自然灾害等突发事件发生时，是否有应急措施，能否保障粮食和水安全。同时，针对水资源短缺地区，计算其水资源承载能力，在满足经济、生态、水文综合效益最大化的前提下，优化水资源贸易模型，以弥补不同地区水资源禀赋上的差异。

思 考 题

1. 什么是变化环境？
2. 利用水文模型、作物模型计算土地利用类型变化情况下的农业水文需要考虑哪些参数？
3. 人类活动如何影响农业水文过程？都产生了什么影响？
4. 怎么防止或缓解人类活动对农业水文产生的不利影响？
5. 气候变化有哪些主要特征？
6. 气候变化如何影响农业水文过程？都产生了什么影响？
7. 怎么防止或缓解气候变化对农业水文产生的不利影响？
8. 如何应对气候变化和人类活动对农业水文过程产生的负面效应？
9. 结合实际，从不同的角度出发，分别讨论提出应对气候变化和人类活动的实际措施。

第九章　现代信息技术在农业水文过程中的应用

2021 年度《中国水资源公报》显示，我国总用水量的 61.5% 被用于农业，其中灌溉用水占据大部分，而农田灌水有效利用系数仅为 0.568。利用现代信息技术对农田生态系统水资源、土壤水分和作物耗水进行监测监控，根据作物耗水规律进行精量灌溉，开发新型节水设备已迫在眉睫。本章将阐述现代信息技术概况、现代信息技术在农业水文中的应用情况以及发展前景。

第一节　现代信息技术概述

一、信息技术的基本概念

20 世纪 40 年代以来，以信息技术（information technology，IT）为代表的新技术革命对人类社会的发展进程产生了重大影响，信息技术本身也取得了长足的进步，似乎一夜间，信息传递、信息处理、信息储存等词汇闯入了人们的视野中，信息技术创造了一个崭新的世纪。

信息技术是与信息处理有关的一切技术，是根据信息科学的原理和方法来实现信息收集、识别、提取、变换、处理、传递、储存、检索、分析和使用的技术。信息技术一般分为四类：感测技术、通信技术、计算机技术和控制技术。所谓感测技术，是指对信息的传感、采集技术；通信技术是传递信息的技术；计算机技术是处理、存储信息的技术；控制技术则是使用与反馈信息的技术。

信息技术的应用性很强，因此又常被称作 3C、3A、3S 技术等。所谓 3C，就是指通信（communication）、计算机（computer）、控制（control）三种技术；3A 是指工厂自动化（factory automation）、办公自动化（office automation）和家庭自动化（home automation）；3S 是指遥感（remote sensing，RS）、地理信息系统（geographical information system，GIS）和全球定位系统（global position system，GPS）。显然，这是信息技术在人类生产活动和生活过程中的典型应用。此外还有 3D 技术之说，是指数字传输（digital transmission）、数字交换（digital switching）、数字处理（digital processing）三种数字技术。这些都是信息技术在不同领域中的具体应用。

二、现代信息技术及其应用现状

20 世纪中叶以来，信息技术进入了现代信息技术的新时代。现代信息技术是以微电子技术为基础，以传感技术、计算机技术和现代通信技术为主要代表，包括信息获取技术、信息处理技术、信息传递技术、信息存储技术等方面的技术，现代信息技术示意图如图 9-1 所示。本节主要介绍传感技术、计算机技术和现代通信技术及其应用现状。

第九章　现代信息技术在农业水文过程中的应用

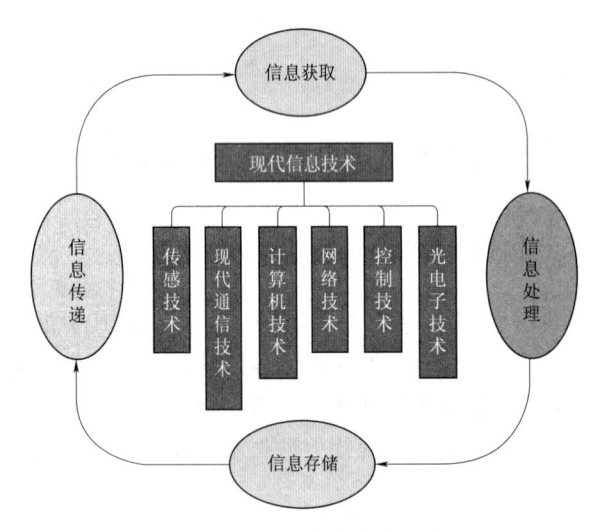

图 9-1　现代信息技术示意

（一）传感技术

传感技术是现代信息技术的重要组成部分。其实，人类认识自然改造自然的过程，也是不断从外界获取信息、加工处理，并在此基础上对外界做出反应的过程。换言之，如果没有有效捕获信息的技术，人们对外界事物就谈不上准确认识和合理利用。传感技术就是人们借以收集信息的技术，该技术将非电的物理量（如压力、温度、湿度、流量等）转换为电量，利用这种技术的装置使人们得以测量或处理这些物理量。

各种传感器和先进技术飞速发展，如雷达、遥感等都是传感技术的代表，在农业领域有了很好的应用。

传感器有多种类型，如力敏传感器、热敏传感器、离子敏传感器、光传感器、生物传感器等。分述如下：

（1）力敏传感器：一般利用物理效应来完成力学量的转换。当前半导体传感器已成为力敏传感器的主流。

（2）热敏传感器：分为接触式和非接触式两类。前者主要以热敏电阻为代表，常用于微小温差测量，灵敏度高，测量范围大多在常温区；后者采用热辐射原理，其典型代表是激光温度传感器，可用于远程和特殊环境下的温度测量。

（3）离子敏传感器：是一种微型化学敏感元件，它是电化学和微电子技术相结合的产物，具有体积小、重量轻、反应速度快、易于集成等优点，因而被广泛应用于环境监测、工业控制以及在生物体内进行离子活度的检测。

（4）光传感器：是一种能够对光信号做出响应并可将光信号转换成电信号或相应控制信号的装置，其主要以光敏电阻器、光耦合器、硅光电池、硅太阳能电池、红外传感器、电荷耦合器件等为代表。光传感器应用十分广泛，如红外传感器已被应用到包括农业水文在内的多个领域。

（5）生物传感器：是由生物敏感元件为敏感单元构成的传感器（所谓生物敏感元件是由生物活性物质制作的元器件）。

雷达技术是一种重要的传感技术，它主要应用于对飞行物的方位、距离进行测定。雷达主要由微波发射机、接收机和信息处理系统三部分组成。利用雷达发射信号与接收信号的时间差、相位差等数据，经过信息处理后即可确定飞行物的方位和距离，故而在军事及民用领域显现出卓越的重要性，使得许多国家大力推进这一技术。20 世纪 60 年代以来，相控阵预警雷达、机载预警和火控雷达等纷纷面世。目前雷达技术发展的主要特点之一是相控阵技术的应用和全固态化。未来雷达将朝多目标、多功能、高可靠性、反应快速的方向发展。

第一节 现代信息技术概述

遥感技术是 20 世纪 60 年代兴起的新的空间探测技术。遥感是指无须接触物体本身，从远处通过仪器（传感器）探测和接收来自目标物的信息（如电场、磁场、电磁波等信息），经过信息传输与处理分析，识别物体的属性及其分布等特征的技术。该技术特点如下：

（1）观测范围大，信息采集受限较少，具有综合性、宏观性的特点。遥感技术的应用可突破自然条件恶劣地域的观测障碍，如沙漠、沼泽等，遥感航摄飞机的高度可达 10km，陆地卫星高度高达 910km，可实时获取大范围信息。

（2）信息获取速度较快、周期较短。因卫星环绕地球运转，可及时获取其所经过区域的各类自然现象信息，从而实现动态监测与实时更新，弥补传统人工测量在时效性上的不足。

（3）信息获取手段较多，实现多种需求。根据作业目标的不同，可采用多种遥感设备、多个波段进行信息采集，如目前常利用可见光、紫外线、红外线、微波、多光谱等一个或多个结合开展探测，以获得更多更全面的信息。

（二）计算机技术

计算机具备数据存储、数据整理、数据修改等功能，并可以实现对相关逻辑的数据处理。计算机技术包括：运算方法的基本原理与运算器设计、指令系统、中央处理器（central processing unit，CPU）设计、流水线原理及其在 CPU 设计中的应用、存储体系、总线与输入输出。电子技术，特别是微电子技术的发展，对计算机技术产生重大影响，两者相互渗透，密切结合。基于计算机技术的物联网、云计算等高新技术的兴起，正在引领农业迈向智慧农业的发展阶段，实现了农业生产的数字化、网络化和自动化。

物联网是通过各种智能传感器、射频识别技术（radio frequency identification，RFID）、激光扫描仪、红外传感器等信息传感设备及技术，按照约定的协议，把物品与互联网连接起来，进行信息交换和通信，以实现对物品和过程的智能化识别、定位、监测、跟踪、互动和管理。经过十几年的发展，物联网技术与农业领域应用紧密结合，形成了农业物联网，它是物联网技术与农业生产、经营、管理和服务结合的产物。具体而言，就是运用各类传感器，广泛地采集农业相关信息，通过数据传输和格式转换，集成无线传感器网络、电信网和互联网，打破农业信息空间传输的限制，最后将获取的海量农业信息进行融合、处理，并通过智能化操作终端实现农业生产前、中、后的全过程监控、科学管理和即时服务，实现农业生产集约高产、优质高效、生态安全的目标。

云计算（cloud computing）指将计算任务分布在大量计算机构成的资源池上，使各种应用系统能够根据需要获取计算力、存储空间和各种软件服务。其旨在通过网络把多个成本相对较低的计算实体整合成一个具有强大计算能力的系统，进而减少用户终端的处理负担，用户无须了解服务的技术细节，通过简单的客户端即可高效低成本地获得所需的资源和服务，享受丰富的云端服务。云计算能够帮助智慧农业实现信息存储资源和计算能力的分布式共享，其智能化信息处理能力同时为海量信息提供了技术支撑，不仅降低了平台建设成本，而且提高了系统运行的稳定性和安全性。

人工智能（artificial intelligence，AI）技术是计算机科学的一个分支，是探索研究人类智能大脑活动规律，并使计算机实现完成人类智能反应的智能技术。该领域的研究具体包括机器人、语言处理及识别技术、图像处理及识别技术和专家系统等，它是研究、开发用于模拟、延伸和扩展人的智能的理论、方法、技术及应用系统的一门新的技术科学。

（三）现代通信技术

通信技术和通信产业是20世纪80年代以来发展最快的领域之一，这是人类进入信息社会的重要标志之一。通信技术是通信系统和通信网的技术，通信系统是指点对点通信所需的全部设施，而通信网是由许多通信系统组成的多点之间能相互通信的全部设施。现代的通信一般是指电信，国际上称为远程通信，主要通信技术有数字通信技术、程控交换技术、信息传输技术、通信网络技术、数据通信与数据网、ISDN与ATM技术、宽带IP技术、接入网与接入技术。

虽然通信技术只有100多年的历史，却发生了翻天覆地的变化，由当初的人工转接到后来的电路转接、程控交换，分组交换，还有可以作为未来分组化核心网用的ATM交换机、IP路由器；由单一的固定电话到卫星电话、移动电话、IP电话等。随着通信技术的发展，人类社会已经逐渐步入信息化的社会，目前发展的第五代移动通信技术（简称5G）具有信息传输速度快等突出优势，5G时代的传输速度高达10000Mbit/s；此外，5G技术还支持多设备连接，实现同频同时全双工技术，即5G网络环境下，每平方千米可以支持100万台设备同时上网，这有效地解决了在人口密集的地方信号差、网速慢等问题。随着5G标准的逐步确定，商用的步伐逐渐加快，5G技术必将会迅速渗透到各行各业，并推动新一轮的产业变革。进入5G时代，与传感技术、计算机技术相结合，我国农业的信息化建设迎来了进一步发展的机遇，而在这一发展过程中，智慧农业也从最初的愿景逐渐变为现实。

三、现代信息技术应用实例

"AI＋云＋农业"系统融合是目前农业发展的新思路（图9-2），该系统可将实时在线监测、远程控制、田间管理、管理决策等功能集成到农业设备当中，以实现对农业生产绿色高效的管控，赋予农业机械的"生物智能"思维，实现从传统的人工实施耕作和农产品加工到自我判别和决策耕作、从被动执行到主动完成的转变。

在设施农业中，农业物联网技术以传感器为根基，通过安置光、温、水、气、压等无线传感或摄像镜头，来实时查看光照、温度、湿度、CO_2浓度、土壤养分等数据变化。采集大量数据后，再利用云计算、人工智能模型算法、现代通信技术等将海量数据可视化，及时反馈给相关的操作以及执行系统，进而可以由计算机来调控温室的施肥与灌溉、温度与相关气体的浓度，一些管理者仅通过手机或者电脑就可以实时监测温室内的环境，并对其进行远程控制。此外，"AI＋云＋农业"系统可根据产品的不同类型分为粮食生产模块、蔬菜生产模块、水果生产模块、农产品深加工模块，各领域的生产者可根据各自需求选用系统中的功能，实现智能化作业。

水文部门可以基于物联网的水文实时在线监测系统对江、河、湖泊、水库、渠道和地下水等水文参数进行实时监测。该系统由监测中心、前端监测设备与测量设备组成。监测中心设备主要由服务器和公网专线组成，服务器上安装操作系统软件、数据库软件和水文监测系统软件。水文监测系统软件采用C/S结构设计，具有操作权限的管理人员，只要安装访问客户端即可远程登入该系统，保证了系统的安全性和灵活性。水文监测系统软件

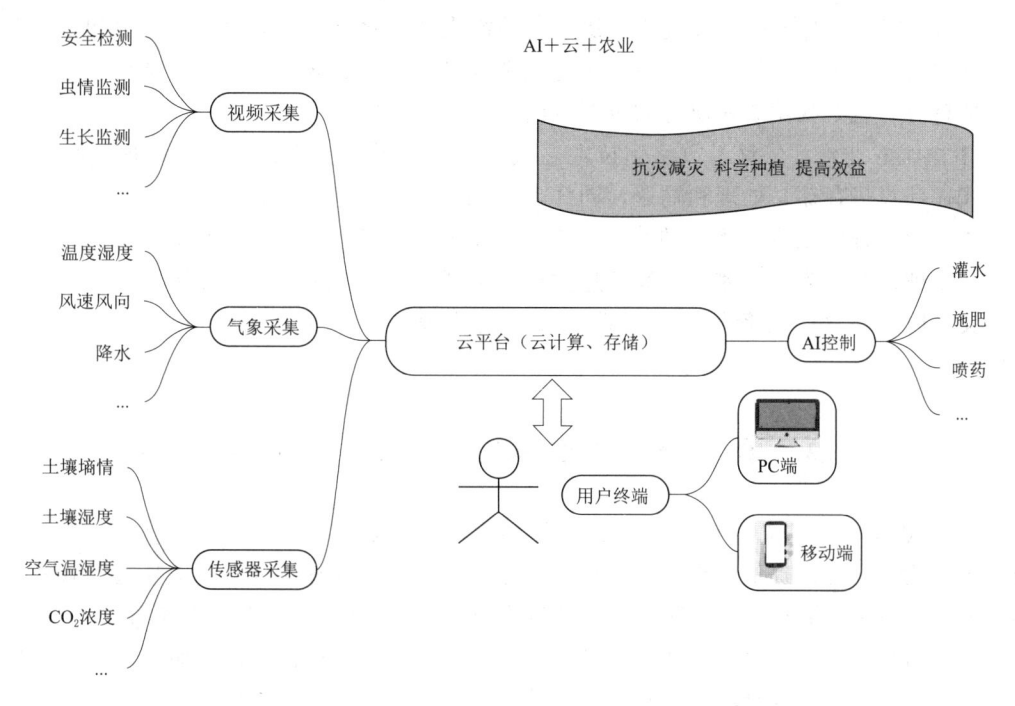

图 9-2 "AI＋云＋农业"系统示意

是对水文监测点数据进行接收、汇总、统计和分析的一个平台，软件具备动态实时监测、历史数据查询、报警数据查询、登录日志及操作日志查询、时段统计、曲线分析、用户管理、测点管理、历史数据导入等多项功能。系统采用无线通信方式实时传送监测数据，且具备采集、通信、报警、查询、储存、分析、拓展与管理等功能，可以大大提高水文部门的工作效率。物联网技术在水文监测上的应用，其效率与便捷性优势尽显，尤其是应对洪灾。可远距离监测站点的运行状况，如：24h 水位过程线、实时水位信息、实时雨量信息，以及水文站周边环境和水体状态等实时图像。在发生水涝灾害的情况下，防汛指挥中心可以直接调播现场画面，实时关注河道的水位变化、水体表象及河道水流水量等，快速做出科学决策。

可见，"AI＋云＋农业"技术的应用提升了数据的全面性、时效性和高效性，在水环境保护、抗旱防汛、水资源利用及产品生产加工等方面有明显的优势，极大地促进了我国农业信息化水平。"AI＋云＋农业"系统不仅能够深化农业机械化、智能化进程，还将实现我国农业跨地区、跨行业，线下与线上信息，学术与实践相结合的深度共享利用。

四、农业水文现代信息技术发展趋势

现代信息技术在农业水文学领域的发展趋势，体现在智能化、精准化和数字化。智能化是现代信息技术的一个重要功能，即应用现代信息技术的强大处理能力对获取的信息进行解释。农业水文过程智能化，使获取农田信息更加自动化，是现代信息技术发展的必然。

21 世纪农业发展方向是精准农业。精准农业是基于生物及所赖以生存的环境资源的时空变异性，充分利用现代信息技术获取农田内影响作物生长和产量的各种因素的时空差

异,进行精准的耕作、播种、施肥、灌溉、喷洒农药、除草等,避免盲目灌水和施肥造成水肥资源浪费和环境污染。由于精准农业在全世界发展劲头强,我国农业精准化发展是一个必然趋势,也是我国农业研究的重要方向。

21世纪农业管理依赖于数字化技术已成为趋势,无论文字、声音和影像,都以数字的形式在计算机存储、处理和输送,同样也面临着现代信息技术的挑战,即在信息采集、数字化表达过程中数据庞大、难度也比较大。RS、GIS、GPS的融合构成了一个强大的采集和处理系统,为农业数字化和信息化提供了强有力的技术支持,是快速获取农业数据的重要手段。在这一背景下,现代信息技术为农业的数字化发展提供了强有力的技术支撑。

第二节　3S 技术在农业水文领域中的应用

3S技术在农业水文领域应用十分广泛。GIS是以地理空间数据为基础,采用地理模型分析方法,适时地提供多种空间和动态的地理信息,对各种地理空间信息进行收集、存储、分析和可视化表达,是一种为地理研究和地理决策服务的计算机技术系统。RS是远距离获取信息的现代化手段,能迅速及时地获取大范围的区域信息,从而使获取的信息多层次、全方位为区域综合动态分析提供便利和基础。GPS是以人造卫星为基础的无线电导航系统,可提供高精度、全天候、实时动态定位、定时及导航服务,是目前最成功的卫星定位系统。农业生产和管理的动态信息离不开时间和地点参数,GPS为其提供了强有力的数据支持,在精准农业中已成为难以替代的技术。随着3S技术的发展,将GIS、RS和GPS紧密结合起来的3S一体化技术已显示出广阔的应用前景,将3S技术有机结合,可实现对空间信息和环境信息的快速、精准收集和处理。

一、3S 技术的基本概况

（一）地理信息系统（GIS）

地理信息系统是利用现代计算机技术和数据库技术,以采集、存储、管理、分析和显示空间与非空间数据的信息技术。地理信息系统主要由数据、硬件、软件、人员和应用模型五部分组成。

（1）数据,是地理信息系统的操作对象与管理内容,精准的数据可以提高查询和分析的精度。

（2）硬件,包括计算机主机、数据输入设备、数据存储设备、数据输出设备、数据通信传输设备等,是计算机系统中的实际物理装置的总称,主要影响软件对数据的处理速度、使用是否方便以及可能的输出方式。

（3）软件,地理信息系统运行必需的各种程序,主要包括计算机系统软件、GIS软件、各种数据库、统计、绘图、影像处理等及其他程序。

（4）人员,地理信息系统是一个动态的地理模型,是一个复杂的人机系统,人员是GIS最重要的组成部分。开发人员必须定义GIS中被执行的各种任务和开发处理程序。熟练的操作人员通常可克服GIS软件功能的不足。

（5）应用模型,GIS应用模型的构建与选择是GIS系统应用成败至关重要的因素。

第二节 3S技术在农业水文领域中的应用

地理信息系统的特征主要体现在4个方面：

(1) 空间特征，描述空间位置、空间分布及空间相对位置关系。

(2) 关系特征，描述地理实体之间所有的地理关系，包括对空间关系、分类关系、隶属关系等基本关系的描述。

(3) 属性特征，描述地理实体的物理属性和意义。

(4) 动态特征，描述地理实体的动态变化特征。

(二) 遥感（RS）

"遥感"一词由美国的艾弗林·普鲁伊特（Evelyn L. Pruitt）于1960年首先提出，并在1962年美国召开的"环境科学遥感讨论会"上得到正式引用。广义上，遥感是非接触的情况下，对目标物进行远距离感知的一种探测技术；狭义上，遥感是通过航空和航天遥感平台，利用传感器获取目标物反射或辐射的电磁波，通过信息传输和处理，实现目标物远距离探测研究的科学技术。遥感的分类方法有很多，具体如下：

1. 按遥感平台分

(1) 地面遥感：即把传感器设置在地面平台上，如车载、船载或高架平台。

(2) 航空遥感：即把传感器设置在航空器上，如气球、飞机及其他航空器等。

(3) 航天遥感：把传感器设置在航天器上，如人造地球卫星、宇宙飞船、航天飞机、空间站和火箭等。

2. 按传感器的探测波段分

(1) 紫外遥感：探测波段在 $0.05 \sim 0.38 \mu m$。

(2) 可见光遥感：探测波段在 $0.38 \sim 0.76 \mu m$。

(3) 红外遥感：探测波段在 $0.76 \sim 1000 \mu m$。

(4) 微波遥感：探测波段在 $0.001 \sim 1 m$。

(5) 多波段遥感：探测波段在可见光波段和红外波段范围内，再分成若干窄波段探测目标。

3. 按工作方式分

(1) 主动遥感：从遥感平台上的人工辐射源，向目标物发射一定形式的电磁波，再由传感器接收和记录其反射波的遥感系统。

(2) 被动遥感：遥感系统本身不带有辐射源的探测系统，在遥感探测时，探测仪器获取和记录目标物体自身发射或是反射来自自然辐射源（如太阳）的电磁波信息。传感器不向目标发射电磁波，仅被动接收目标物的自身发射和对自然辐射源的反射能量。

4. 按应用领域分

从大的研究领域可分为外层空间遥感、大气层遥感、陆地遥感和海洋遥感等；从具体应用领域可分为资源遥感、环境遥感、农业遥感、林业遥感、地质遥感、气象遥感、水文遥感和灾害遥感等。

遥感的特点如下：

(1) 宏观性。依靠传统的地面调查，实施工作量很大且有困难，遥感观测可以提供最佳获取信息的方式，不受地形等因素影响，可获取大范围的数据资料。如一景美国陆地卫星Landsat影像，覆盖面积为$185km \times 185km$，$5 \sim 6min$即可完成扫描，实现对地大面积的宏观同步观测。

（2）时效性。遥感可实现短时间内对同一地区进行重复探测，可实现地面事物的动态变化监测，大大提高了观测的时效性。

（3）数据的综合性和可比性。基于不同的波段和传感器，遥感获取的电磁波数据可实现全天候、全天时观测，能综合反映土壤、植被、水文等特征；同时，考虑到传感器和信息都可向下兼容，因此数据具有可比性，与传统地面调查相比，能够较大程度地排除人为干扰。

（4）经济性。遥感与传统方法相比，可大大节约人力、物力、财力和时间，且具有较高的经济效益和社会效益。

（三）全球定位系统（GPS）

GPS是20世纪70年代由美国陆海空三军联合研制的新一代空间卫星导航定位系统，由24颗人造卫星及地面接收站组成，地面上有一个主控站和多个监控站，用户使用GPS接收机接收信号，即可确认其所处的位置、高度及时间。定位基本原理是利用GPS卫星在轨的已知位置，解算接收机天线所在位置的三维坐标，从而实现在任何时刻、任何位置提供全球范围的瞬间三维位置和三维速度。

GPS系统的主要特点如下：

（1）全球、全天候、全天时工作，不受气候的影响。

（2）观测时间短。目前，20km以内相对静态定位，仅需15～20min；快速静态相对定位测量时，当每个流动站与基准站相距在15km以内时，流动站观测时间只需1～2min；采取实时动态定位模式时，每站观测只需几秒。

（3）定位精度高。单机定位精度优于10m，采用差分定位，精度可达厘米级和毫米级。

（4）功能多、应用广。

二、3S技术在降水预报中的应用

由于降水具有时空变异性，使用大量的地面雨量站测量降水具有一定的挑战，遥感技术的发展使得全球及区域尺度的降水观测成为可能，多卫星遥感为无/缺资料地区的水文过程模拟提供了新的数据来源，但对降水及其区域和全球分布进行精准反演，是一个颇具挑战性的科学问题。

本节从卫星遥感降水反演的传感器、降水的遥感反演算法和产品、应用典型案例及发展前景等几个方面进行介绍。

（一）降水传感器

卫星降水传感器主要包括可见光-红外、被动微波和主动微波传感器。

可见光和红外波段的卫星传感器一般具有较高的空间分辨率。红外传感器主要搭载在地球同步轨道（geosynchronous orbit，GEO）卫星上，可以开展高频次的对地观测，实现精细、连续的降水时空变化信息。常见的搭载红外传感器的卫星有GOESE/W、MeteoSat5/7/8和MTSAT等。

被动微波传感器搭载在近地轨道（low earth orbit，LEO）卫星上，估算精度较高，常见的被动微波传感器如搭载在DMSPF卫星上的SSM/I。

主动微波传感器即星载雷达，观测精度最高，如 TRMM 卫星上的 Ku 波段降水雷达（PR）、NOAA 卫星上的 AMSU 以及 GPM 核心观测卫星上的 Ku/Ka 双频降水雷达（DPR）。表 9-1 列出了近年来全球主要卫星降水产品。

表 9-1　　全球主要卫星降水产品

产品及算法名称	主要数据源	机构/国家	空间分辨率	时间分辨率	时间范围
GPCP	SSM/I、GEO 系列卫星	NASA/美国	2.5°	1 个月	1979 年至今
PERSIANN	GEO 系列卫星	University of Arizona/美国	0.25°	3h	2000 年至今
PERSIANN-CCS	GEO 系列卫星	University of California Irvine/美国	4km	30min	2006 年至今
PERSIANN-CDR	GEO 系列卫星	NOAA/美国	0.25°	1d	1983 年至今
CMORPH	TMI、SSM/I、AMSU-B、AMSR-E、GEO 系列卫星	NOAA CPC/美国	0.25°/8km	3h/30min	1998 年至今
GSMaP	TMI、SSM/I、AMSR、AMSR-E、AMSU-B、GEO 系列卫星	JAXA/日本	0.1°	30min	2014 年至今
TMPA	TMI、PR、SSM/I、AMSR-E、AMSU-B、GEO 系列卫星	NASA GSFC/美国	0.25°	3h	1998 年至今
IMERG	GMI、DPR、SSM/I、SSMIS、AMSR-E、AMSR2、AMSU-B、MHS、ATMS、GEO 系列卫星	NASA/美国	0.1°	30min	2014 年至今

（二）卫星估算降水的原理及其算法

1. 可见光-红外反演降水

探测的基本原理是红外传感器能探测到云顶的亮度和温度信息，从而间接地估算降水。红外降水反演算法主要有基于像素的算法、基于窗格的算法及基于云块的算法三种。

基于像素的算法如 GPI 降水指数法是目前应用最广泛的算法。该算法的基本思路是，假定冷云的云顶温度低于 235K 时产生降水，根据卫星图像像元的冷云温度低于 235K 的覆盖比率推算降水。基于冷云覆盖率与降水指数建立线性回归，从而推算降水，具体如下。

$$GPI = r_c F_c t \tag{9-1}$$

式中：GPI 为降水指数，mm；t 为持续时间，h；r_c 是转换系数，3mm/h；F_c 为面积不小于 50km×50km 区域的冷云覆盖率，无量纲单位，范围是 0～1。

基于窗格的红外降水反演算法是基于像素的算法的延伸，将像元的降水量与以该像元为中心一定范围的窗格亮温建立关联。该算法不仅考虑亮温-降水的点对点关系，还考虑了周围亮温情况对中心点降水的影响，算法更加合理。

基于云块的降水反演算法首先对云块分割，然后从云块提取特征信息，将这些特征信息与降水量建立关系模型，从而估算出降水量。

2. 主被动微波反演降水

微波降水反演的基本原理是通过微波传感器获取粒子的能量，并对其大小和频段进行分析，进而反演降水量。相比可见光-红外通道，微波能穿透非降水云，甚至到达地表，能探测到各种天气状况下的温、湿度信息，与降水的关系更为紧密，可以直接反映降水云的微物理特性。

微波降水反演算法主要有三大类：辐射类算法、散射类算法、多波段反演类算法。

以搭载在 DMSPF 卫星上的 SSM/I 为例，有如下几种常见的反演降水算法：

(1) D-matrix 算法。该算法为应用于 SSM/I 的第一代业务反演降水算法。根据辐射传输模拟四个通道的线性组合与降水的关系，从而建立相应的关系式。但这个算法没有考虑区域异质性。

(2) CAL-VAL 算法。该算法为 NASA 应用于 SSM/I 的第二代业务反演降水算法，有

$$R_p = \exp\left(a_0 + \sum_{i=1}^{7} a_i T_{Bi}\right) - c \tag{9-2}$$

式中：R_p 为降水强度，mm/h；T_{Bi} 为亮温，K；i 为通道，a_0、a_i、c 均为参数。对于陆地降水反演，采用 85GHz 单通道方法。

(3) NESDIS 算法。该算法采用散射指数的算法反演降水，是 NASA 应用于 SSM/I 的第三代业务反演降水算法。

遥感的发展使得降水反演有了更高的精度和覆盖范围，但目前降水反演方法仍然具有一定的缺陷。针对反演模型估算精度进行误差分析，同时将下垫面信息加入到降水反演过程，并进一步加强多传感器联合反演算法构建研究，是提高降水反演精度必须考虑的问题。

三、3S 技术在蒸散发遥感反演中的应用

在全球范围，到达地面的地表净辐射有 80% 转化为蒸散过程中的潜热通量，地表平均蒸散量约占降水量的 70%。蒸散发作为水文循环的重要环节和地表能量平衡、水热平衡的重要支出项，几乎涉及农业和水资源问题中的所有核心研究和解决策略。目前全球正面临严重的淡水和粮食资源危机，合理利用和管理淡水资源是一个迫切的问题。农业用水占全球淡水资源的 85%，灌溉又是农业用水最大的消耗途径，大约 70% 被用于灌溉。灌溉用水绝大部分通过土壤蒸发和植被蒸腾返回大气，但蒸散发物理过程复杂，土壤蒸发和植被蒸腾的直接测量和公式计算都比较困难，由于物理机制的不同，两者对地表蒸散发的贡献存在较大差异，因此，合理计算或测量土壤蒸发和植被蒸腾在精准农业领域尤为重要。

常规的蒸散发测量方法局限于某个点，结果只代表局部很小的范围，陆地表面的空间异质性差异导致传统的蒸散发观测手段与方法难以由点向面拓展，以点推广到面会带来较大的误差。随着遥感技术的发展，可见光（$0.3 \sim 0.7\mu m$）、近红外（$0.8 \sim 1.1\mu m$）和热红外（$8 \sim 14\mu m$）等传感器波段能提供与地表能量平衡密切相关的参数，多传感器联合反演成为遥感反演蒸散发的常用方法，这使得全球或区域面上的蒸散发研究成为可能。

(一) 蒸散发遥感反演方法

卫星遥感技术并不能直接测量地表蒸散发，而是通过遥感手段来反演地表参数，如通过可见光和近红外波段提供的地表反照率和植被指数等信息，以及热红外波段提供的地表

温度，将这些地表参数及大气资料输入模型，可反演实际蒸散发通量。大气边界层理论、地表能量平衡理论及土壤-植物-大气连续体的水热传输等基本原理是遥感反演蒸散发的根本出发点。

基于遥感方法反演区域地表蒸散发，目前研究方法主要有以下几种：经验统计模型，与传统方法相结合的遥感模型，地表能量平衡模型。

1. 经验统计模型

主要是将通量观测数据与遥感反演相结合，拟合蒸散发与遥感参量的回归关系，从而估算区域尺度的蒸散发。其中，以 Jackson（1977）提出的简化法为代表，建立了日蒸散量与正午时刻瞬时地-气温度差之间的线性统计关系。Seguin 和 Itier（1983）进一步发展为更普遍的形式

$$ET_d = R_{n,d} - B(T_s - T_{air})^n \tag{9-3}$$

式中：$R_{n,d}$ 和 ET_d 分别为日净辐射和日蒸散发量，W/m^2；T_s 和 T_{air} 分别为地表温度和气温，℃；B 和 n 分别为拟合系数，前者取决于地表粗糙度，后者取决于大气稳定度，但其稳定性主要取决于植被覆盖度，有研究表明，在裸土和植被覆盖度不同条件下，B 的取值范围为 0.015~0.065，分别对应裸土-植被完全覆盖条件；n 的取值范围为 0.65~1.0，分别对应植被完全覆盖-裸土条件。

经验统计模型的主要特点是原理简单、简便易行，没有考虑复杂的大气湍流过程，所需气象观测参数较少，地表温度和净辐射数据容易获取，因此该方法得到了广泛应用。其主要缺点是可移植性较差，很难将拟合系数直接移植到其他区域或植被，具有很强的区域局限性，很难应用于大区域范围的区域蒸散发精准估算，且需要进行充分的验证。

经验模型促进了地表温度-植被指数特征空间模型的发展，该方法基于地表辐射温度与植被指数呈负相关关系，认为在辐射温度与植被指数的空间分布图中，总能找出两者的最大值和最小值阈值，在此基础上，产生一个多边形，其斜率反映阻抗的大小与地表湿度状况，基于此可构建蒸散发与地表辐射温度、植被指数的模型，该方法相较于以上经验模型精度较高，但在寻找最大和最小阈值时，需要足够多的散点充分代表研究区植被盖度及土壤湿度状况。

2. 与传统方法相结合的遥感反演模型

传统估算蒸散发方法的物理概念和物理机制清晰，其缺点是基于单点和农田尺度进行估算的，难以实现非异质性下垫面蒸散发量的估算。遥感技术弥补了传统方法的不足，通过遥感反演模型的净辐射、土壤热通量等关键地表参数，实现从单点到区域面尺度的区域蒸散发的推广。常见的模型如下：

（1）Penman - Monteith 公式。Penman 将能量平衡和空气动力学原理结合，提出了湿润下垫面潜在蒸散发的计算公式。该模型没有考虑植物水分向大气输送的物理过程，适应于土壤蒸发，基于此，Penman 提出了蒸腾估算方法。Monteith 在 Penman 的基础上，引入了表面阻抗的概念，把它扩展到非充分湿润条件，提出了著名的 Penman - Monteith 公式

$$LE = \frac{\Delta(R_n - G_s) + \rho_a c_p [e_s(T_{air}) - e_a]/r_a}{\Delta + \dfrac{\gamma(r_a + r_s)}{r_a}} \tag{9-4}$$

式中：LE 为蒸发潜热通量，W/m²；Δ 为饱和水汽压曲线斜率，hPa/℃；R_n 为净辐射，W/m²；G_s 为土壤热通量，W/m²；ρ_a 为空气密度，kg/m³；c_p 为比热，MJ/(kg·℃)；T_{air} 为气温，℃；$e_s(T_{air})-e_a$ 为参考高度的空气饱和水汽压差，hPa；γ 为干湿计常数；r_a 和 r_s 分别为空气动力学阻抗和表面阻抗，S/m。

公式的优点在于不需要知道表面湿度，难点在于表面阻抗的确定，当应用于农作物时，可以用冠层阻抗近似代替。对于完全覆盖的植被而言，表面阻抗可以用叶面积指数 LAI 和气孔阻抗 r_{st} 计算，即

$$r_s = \frac{r_{st}}{LAI} \tag{9-5}$$

但是，对于部分覆盖的植被和裸露的土壤而言，对于表面阻抗的计算目前没有比较公认的方法，通常在已知蒸散发量的条件下用式（9-4）反推表面阻抗。随着遥感的发展，通过式（9-4）计算净辐射和土壤热通量等参数及阻抗涉及的下垫面参数，得到了广泛应用。

(2) 蒸散互补模型。Bouchet（1963）首次提出了陆面实际蒸散发 ET_a 与潜在蒸发 ET_p 之间的互补相关原理

$$ET_p + ET_a = 2ET_w \tag{9-6}$$

式中：ET_p 为潜在蒸散量；ET_a 为实际蒸散量；ET_w 为湿润条件下的陆面蒸散发量。单位均为 mm。

此后，Ventrini 等根据蒸散互补理论，提出相对蒸发可约化成实际温度与露点温度的归一化指数

$$\Lambda = \frac{T_u - T_d}{T_s - T_d} \tag{9-7}$$

式中：T_s 为实际地表温度；T_d 为露点温度；T_u 为实际水汽压不变条件下达到地表饱和的地面温度，可以按照式（9-8）计算。以上单位均为℃。

$$T_u = [(e_s - e_a) - \Delta_s T_s + \Delta_d T_d]/(\Delta_d - \Delta_s) \tag{9-8}$$

式中：Δ_s 和 Δ_d 分别为饱和水汽压曲线在实际地表温度和露点温度处的斜率。地表温度和露点温度可以从遥感反演产品获取。该模型大大简化了蒸散机理，不足之处是在干旱半干旱区应用效果不太理想。

3. 地表能量平衡模型

地表能量平衡模型的基本思想是，在不考虑平流作用和生物体内需水情况下，将潜热通量当作能量平衡方程的余项进行估算

$$R_n = LE + H_L + G_s \tag{9-9}$$

式中：R_n 为地表净辐射；LE 为蒸发潜热通量；H_L 为显热通量；G_s 为土壤热通量。单位均为 W/m²。

利用地表能量平衡方程估算蒸散发，主要包括两类方法：一类是余项法；另一类是不需要计算显热的三温模型。

(1) 余项法。将潜热通量作为能量平衡方程的余项计算，具体思路是基于遥感影像数据反演净辐射通量、土壤热通量和显热通量。目前余项法主要分为单层模型和双层模型。

1) 单层模型。单层模型也称大叶模型，即把土壤和植被的混合像元作为一片均匀的大叶，忽略所有的不均匀性及内部的结构，只考虑密闭均匀的植被表面与大气进行水汽、热量交换，因此被称为单层模型，是对陆地表面过程进行了高度简化的模型。单层模型的基本算法为

$$H_L = \rho_a c_p \frac{T_s - T_{air}}{r_a} \tag{9-10}$$

$$LE = \frac{\rho_a c_p}{\gamma} \frac{e_s - e_a}{r_a + r_s} \tag{9-11}$$

式中：各参数含义与式（9-4）和式（9-9）保持一致。

单层模型的典型代表有 SEBAL 模型及 SEBS 模型等。单层模型均匀下垫面的假设是非常理想化的，实际应用中很难满足，适合应用于植被茂密、下垫面均一的区域；除此之外，模型中的阻抗不易获取。但通过余项法，地表反照率和净辐射可以通过遥感手段获取，地表温度可以用热红外遥感监测，土壤热通量可以参数化为植被覆盖率和净辐射的函数，因此，此方法目前应用比较广泛。

2) 双层模型。很多情况下，土壤和植被冠层并非是密闭、均匀、单一的，例如稀疏植被不能完全覆盖地表，需要同时考虑土壤和植被对冠层总能量的贡献。Shuttleworth 在 1985 年提出了经典的 S-W 双层模型，双层模型是单层模型的延伸，相当于在单层模型的基础上，分离了土壤蒸发和植被蒸腾。

$$LST = [fT_{veg}^4 - (1-f)T_{soil}^4]^{1/4} \tag{9-12}$$

式中：LST 为地表辐射温度；T_{veg} 和 T_{soil} 为植被温度和土壤温度。单位均为℃。基于遥感手段，可以获取两个不同观测角度的遥感辐射温度数据，从而通过以上方程求得组分温度。

（2）三温模型。邱国玉等基于能量平衡方程和田间观测，提出了不含空气动力学阻抗的三温模型。因为该模型的核心是表面温度、参考温度和气温，所以称为三温模型。为了减少空气动力学阻抗计算引起的系统误差并提高蒸散发计算精度，三温模型通过引入参考土壤（干燥、无蒸发的土壤）和参考植被（干燥、无蒸腾的植被）剔除了难以正确计算的空气动力学阻抗，推导出了模型中的两个核心模块——土壤蒸发子模型和植被蒸腾子模型。而对于植被与土壤的混合区，则引入植被覆盖度，根据其值对土壤蒸发和植被蒸腾进行加权，获得总蒸散量。模型的数学表达式如下：

纯净土壤像元的土壤蒸发子模型

$$LE_s = R_{n,s} - G_s - (R_{n,sd} - G_{sd})\frac{T_s - T_a}{T_{sd} - T_a} \quad (NDVI \leqslant NDVI_{min}) \tag{9-13}$$

纯净植被像元的蒸腾子模型

$$LE_c = R_{n,c} - R_{n,cp}\frac{T_c - T_a}{T_{cp} - T_a} \quad (NDVI \geqslant NDVI_{max}) \tag{9-14}$$

混合像元子蒸散发模型

$$ET = E_s' + E_c' \quad (NDVI_{min} < NDVI < NDVI_{max}) \tag{9-15}$$

$$LE_s' = R_{n,sm} - G_{sm} - (R_{n,sdm} - G_{sdm})\frac{T_{sm} - T_{am}}{T_{sdm} - T_{am}} \tag{9-16}$$

$$LE_c' = R_{n,cm} - R_{n,cpm}\frac{T_{cm} - T_{am}}{T_{cpm} - T_{am}} \tag{9-17}$$

式中：L 为水汽的汽化潜热；E_s 为土壤蒸发量，mm；E_c 为植被蒸腾量，mm；E'_s 和 E'_c 分别为混合像元中的土壤蒸发量和植被蒸腾量，mm；G_s 为土壤热通量，W/m²；T_s 为地表温度，K；T_c 为植被冠层温度，K；T_{sd} 是参考地表温度，K；T_{cp} 为参考植被的冠层温度，K；$R_{n,sd}$、$R_{n,cp}$ 是参考土壤和参考植被的净辐射通量，W/m²；$R_{n,s}$、$R_{n,c}$ 分别代表土壤和植被吸收的太阳净辐射，W/m²；NDVI 为归一化植被指数；下标 m 代表植被与土壤的混合区域。

（二）蒸散发遥感反演基本流程

在蒸散发的遥感反演应用中，一般按照如下步骤进行：

(1) 遥感影像数据获取。

(2) 遥感影像数据预处理。

(3) 关键参数的提取和反演：关键参数如地表反照率、地表温度、叶面积指数等影响地表能量收支、热量传输等过程的参数。

(4) 气象数据的准备：主要包括近地表的气温、风速、气压、湿度等。

(5) 净辐射的计算。

(6) 土壤热通量的计算。

(7) 显热通量的计算。

(8) 潜热通量的计算。

(9) 时间尺度的扩展。

（三）基于三温模型的蒸散发遥感反演案例

1. 典型的内陆河流域——黑河流域蒸散发的遥感反演

考虑到遥感数据的连续性与可获得性，选取 2001—2009 年空间分辨率为 1km 的 MODIS 产品作为模型输入数据，包括植被指数产品（MOD13A2）、叶面积指数产品（MOD15A2）、地表温度产品（MOD11A2）、地表反照率产品（MCD43B3），所有数据均来源于 NASA。各产品具体作用见表 9-2。

表 9-2　　　　　　　　　　　　选用的 MODIS 产品及其作用

产品名称	时间分辨率	提供的参数	作用
MOD11A2	8d	地表温度 T_s	模型的输入参数
MOD13A2	16d	归一化植被指数 NDVI	判断下垫面属性、计算植被盖度 f
		日数 S_r	计算日地距离，用于净辐射的反演
		太阳天顶角 θ_{za}	计算太阳高度角，用于净辐射的反演
MOD15A2	8d	叶面积指数 LAI	分离土壤、植被吸收净辐射的参数
MCD43B3	16d	地表窄波段黑空反照率	计算地表反照率，用于净辐射的反演

气象数据来自中国气象局气象资料中心（https://www.cma.gov.cn），是国家标准气象站的逐日观测值，包括平均气温、降水量、相对湿度、2m 处的风速风向、气压等。根据卫星过境的日期及站点数据的完备情况，在黑河流域内选取了 6 个代表性的气象站，站点信息见表 9-3。

第二节 3S技术在农业水文领域中的应用

表9-3　　　　黑河流域国家级气象站基本信息

站　名	纬度/(°)	经度/(°)	高程/m
张掖	38.93N	100.43E	1496
山丹	38.79N	101.19E	1920
金塔	39.37N	99.83E	1350
酒泉	39.97N	98.92E	1280
高台	39.77N	98.48E	1469
额济纳旗	41.95N	101.07E	940

借助 ENVI 软件对 MODIS 产品进行投影变换、重采样及研究区裁剪。模型中对地表温度进行分离，采用 Lhomme et al.（1994）算法

$$LST = fT_{cm} + (1-f)T_{sm} \tag{9-18}$$

$$T_{sm} - T_{cm} = a(LST - T_a)^m \tag{9-19}$$

式中：a 和 m 为经验系数，Lhomme 算法取 $a=0.1$、$m=2$。

瞬时蒸散发到日尺度的扩展采用 Jackson（1983）的经验公式

$$ET_d = \frac{2n_s(ET_i)}{\pi\sin(\pi t_w/n_s)} \tag{9-20}$$

式中：n_s 为日照时数，h；t_w 为从日出到卫星过境时的时差，h。

图 9-3 是三温模型蒸散发反演的结果。从空间尺度来看，蒸散发量从上游祁连山区到下游戈壁荒漠呈现逐渐减小的趋势。流域蒸散发的高值区分布在南部的祁连山区，平均约为 515mm/a；中游灌区的绿洲蒸发蒸腾比较强烈，同时，所处纬度较低，接收的太阳辐射量较大，因此，蒸散量也较大，但降雨量明显低于上游地区，平均为 331mm/a；下游常年干旱少雨，植被覆盖率较低，导致下游的蒸散量最低，平均为 82mm/a。

如图 9-4 所示，从时间尺度来看，2001—2009 年，流域的蒸散发量最小值为 188mm（2006 年），最大值为 333mm（2002 年），平均值为 252mm。

从黑河流域的日均蒸散发量来看，地表能量平衡法、三温模型、水量平衡估算的蒸散发量分别为 0.33mm/d、0.67mm/d、0.75mm/d（表 9-4）。基于地表能量平衡法和水量平衡分别对三温模型进行误差分析，研究结果表明相较于水量平衡法

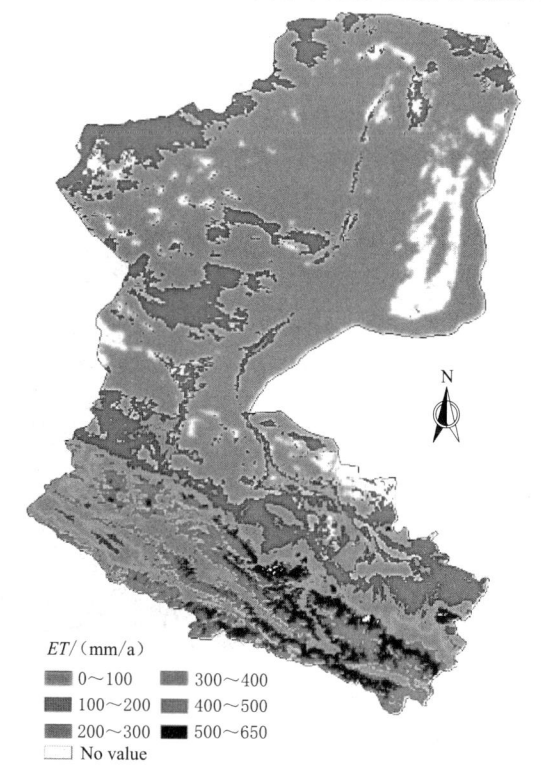

图 9-3　黑河流域9年平均蒸散发量分布

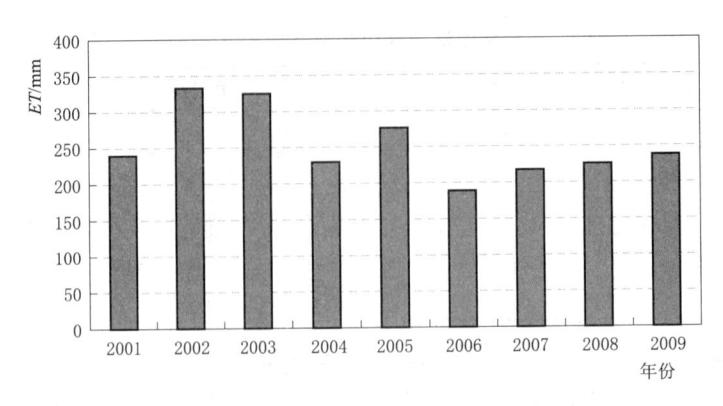

第九章 现代信息技术在农业水文过程中的应用

图 9-4 黑河流域 2001—2009 年的年蒸散发量

的结果偏低，三温模型估算结果平均绝对误差为 0.08mm/d，而地表能量平衡法绝对误差为 0.42mm/d。因此，三温模型的估算方法，明显优于地表能量平衡法的估算方法。

表 9-4　　基于三温模型、地表能量平衡及水量平衡的黑河流域蒸散量对比　　单位：mm/d

方　　法	地表能量平衡法	三温模型	水量平衡法
日均蒸散发量	0.33	0.67	0.75
平均绝对误差	0.42	0.08	—

2. 基于航空-地面平台的蒸腾及蒸散发遥感反演

本案例基于空（航空）-地（地面）一体化协同监测，结合三温模型，实现蒸散发的遥感反演。试验在甘肃武威绿洲农业高效用水国家野外科学观测研究站进行，在太阳稳定天气晴朗无云时定点进行逐时段观测，8：30/9：00—18：30/19：00 每隔 2h 观测一次，每次观测进行三个重复，最后选取拍摄质量最好的图像进行分析。研究区以及各处理分布如图 9-5 所示，各处理在实验期内的灌水详情见表 9-5。

图 9-5　研究地块布置

注　图中 M1 和 M0 分别表示覆膜和无覆膜，W1～W5 表示玉米的五种灌水处理，I0～I3 表示大豆的四种灌水处理。其中，W1 为充分灌溉，W2～W5 分别为以 $\Delta W=15\% W1$ 为梯度递减的灌水量，即 $W5=40\% W1$；I0 为不灌水处理，I1～I3 分别为当地经验灌水量（约 $600m^3/hm^2$）的 35%、55% 和 75%。

第二节 3S技术在农业水文领域中的应用

表 9-5　　实验期内玉米和大豆的灌水详情

灌水日期			6月20日	7月2日	7月12日	7月22日	8月1日	8月20日
灌水量/mm	玉米	M0W1	40.23	40.55	32.33	42.55	50.22	35.37
		M0W2	34.19	34.46	27.48	36.16	42.69	30.07
		M0W3	28.16	28.38	22.63	29.78	35.16	24.76
		M0W4	22.13	22.30	17.78	23.40	27.62	19.45
		M0W5	16.09	16.22	12.93	17.02	20.09	14.15
		M1W1	40.23	40.55	37.85	40.57	50.22	32.81
		M1W2	34.19	34.46	35.75	34.49	42.69	27.89
		M1W3	28.16	28.38	29.44	28.40	35.16	22.97
		M1W4	22.13	22.30	23.13	22.31	27.62	18.04
		M1W5	16.09	16.22	16.82	16.23	20.09	13.12
灌水日期			6月18日	6月29日	7月1日	7月21日	8月1日	8月15日
灌水量/mm	大豆	I0	0	0	0	0	0	0
		I1	8.10	8.10	8.10	8.10	10.80	10.80
		I2	16.88	16.88	16.88	16.88	22.50	22.50
		I3	33.75	33.75	33.75	33.75	45.00	45.00

地面遥感观测采用 Fluke TiX620 便携式红外热像仪 [Fluke IR Flex Cam TiX620, Fluke Crop., USA, 图 9-6 (a)]，该热像仪具有热红外和可见光数码镜头，可进行高分辨率热红外和可见光图像采集，热红外相机的像素分辨率为 640×480，灵敏度为 0.05℃，精度为 ±2℃，其瞬时视场和测量波长分别为 0.85mrad 和 7.5～14μm。航空遥感观测采用大疆无人机（DJI M600 Pro）载云台相机（DJI Zenmuse Z3）和热红外相机（FLIR Vue Pro 640）对农田作物进行大面积 RGB 图像和热红外图像采集。FLIR Vue Pro 640 热红外相机 [图 9-6 (b)] 视场角和测量波长范围分别为 32°H×26°V 和 7.5～13.5μm，灵敏度为 0.05℃，空间像素分辨率为 640×512，镜头焦距为 19mm。

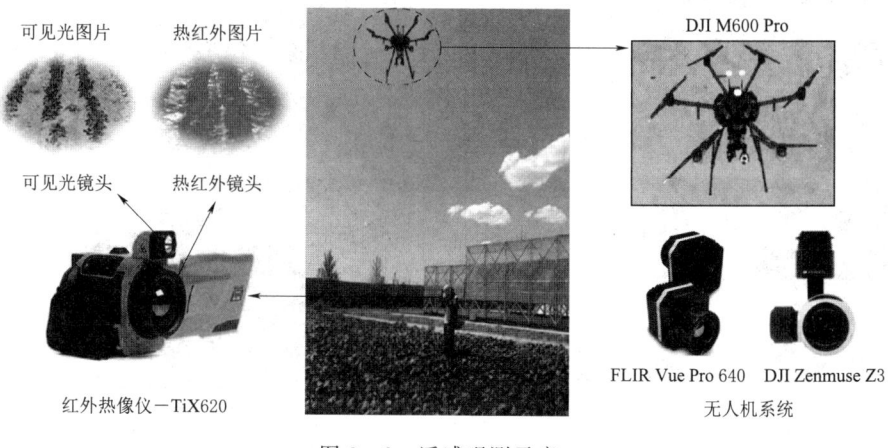

图 9-6　遥感观测示意

第九章 现代信息技术在农业水文过程中的应用

图 9-7 展示了四种不同灌水处理下的大豆 14：30 的瞬时地表温度 LST 和蒸腾速率 T_r 的空间分布。7 月 17 日进行灌水；No 和 35%、55%、75% 分别对应 I0、I1、I2、I3 处理，即不灌水和经验灌水（LI）的 35%、55%、75%；热图像均拍摄于当天 14：30。结果表明不同灌水处理下大豆的 LST 和 T_r 发生了较大的空间变化，7 月 16 日 I2 处理的大豆，一些 LST 为 23.0~29.5℃，另一些为 35.5~46.8℃，而相应的 T_r 分别为 1.22~1.69mm/h 和 0.01~0.72mm/h。通过 LST 和 T_r 的空间变化，可以看出 T_r 与 LST 呈负相关，与灌水量呈正相关。比对不同灌水量处理下的大豆 LST 和 T_r 的空间分布可以发现，随着灌水量增加，低温和高蒸腾冠层的面积逐渐增加。如 7 月 16 日 I0 中冠层 LST 和 T_r 分别为 42.5~49.5℃、0.72~0.90mm/h，而 I3 中 LST 和 T_r 分别集中在 27.5~31.5℃、1.19~1.42mm/h；对比灌水前后的空间分布，研究表明四种处理灌水后，I0 处理的 LST 和 T_r 空间分布无显著变化，但其余 3 种有水分处理的低温和高蒸腾冠层的面积显著增加。以上分析均表明不同水分处理下，冠层的异质性非常普遍，且基于地面遥感监测手段可以量化精细米级尺度上的异质性。

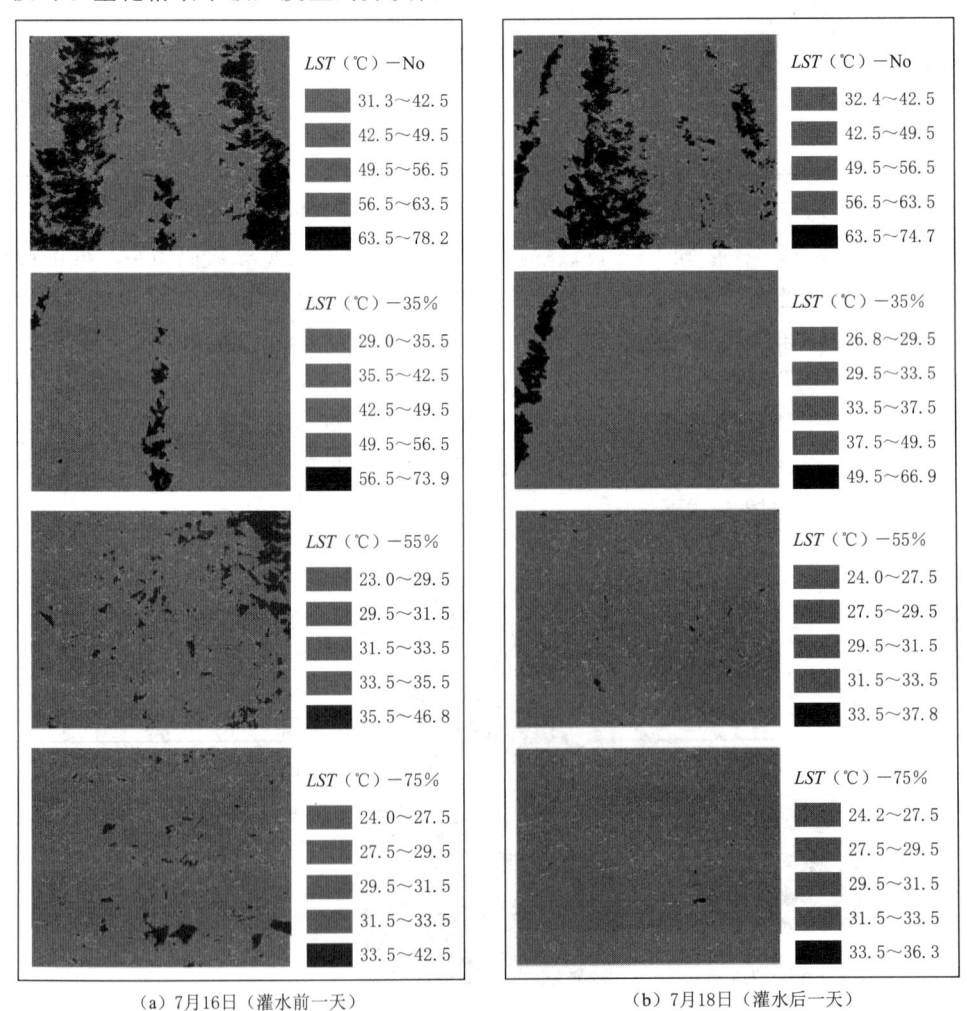

(a) 7月16日（灌水前一天）　　(b) 7月18日（灌水后一天）

图 9-7（一）　不同灌水量灌水前后地表温度 LST 和蒸腾速率 T_r 的空间变化

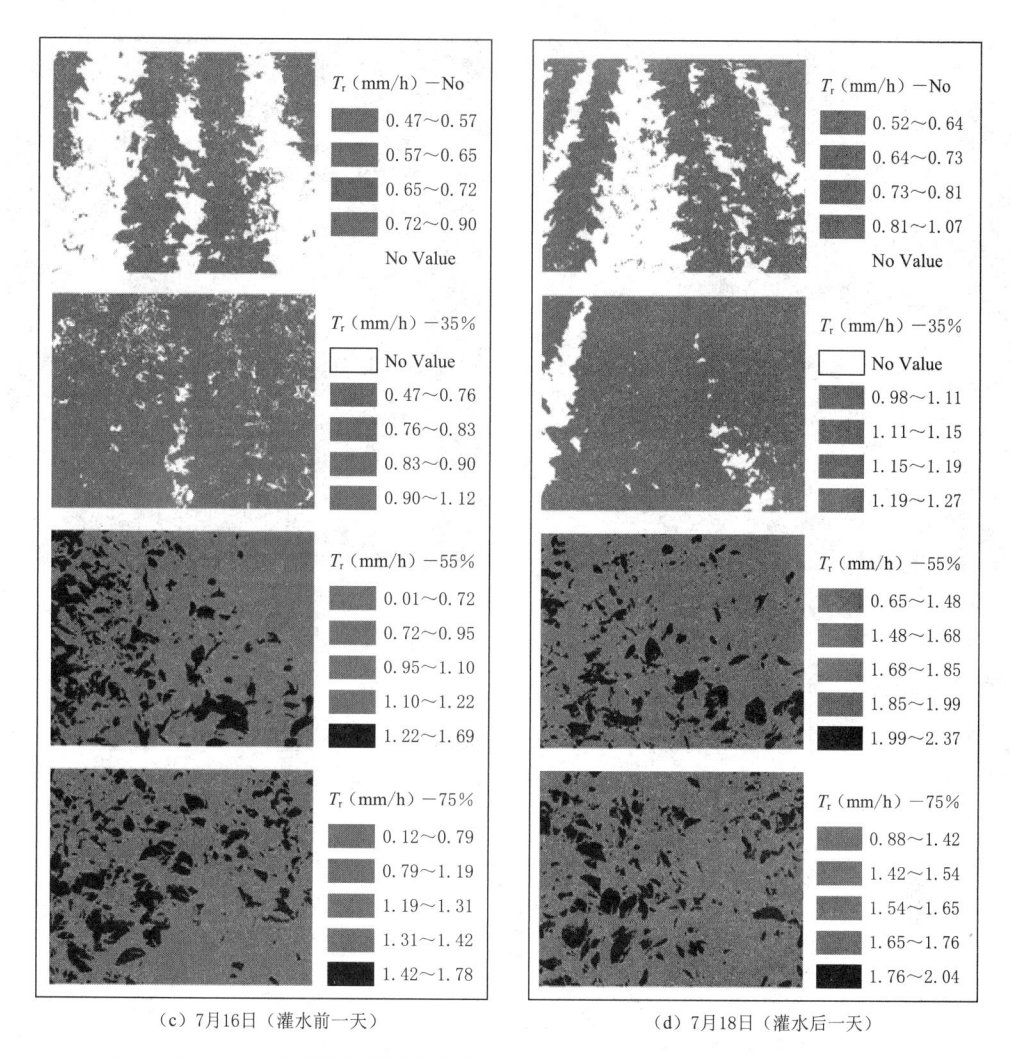

第二节　3S 技术在农业水文领域中的应用

(c) 7月16日（灌水前一天）　　　　　(d) 7月18日（灌水后一天）

图 9-7（二）　不同灌水量灌水前后地表温度 LST 和蒸腾速率 T_r 的空间变化

基于航空-地基遥感结合三温模型，可进一步得到各处理日内各时刻的平均地表温度和蒸散发的时空分布，结果如图 9-8 所示。

基于无人机（UAV）遥感和三温模型反演的 2018 年玉米 ET 与对应时刻蒸渗仪（Lysimeter）和涡度相关系统（EC）的实测值进行对比（图 9-9）。研究表明三者日内变化趋势均是单峰曲线，表现为先逐渐上升，于 13：00—15：00 达到峰值后逐渐下降。比较大的差异出现在 7 月 25 日，表现为两者变化曲线出现偏移，可能是无人机的观测时间延后，导致两组数据观测时间误差增加。基于涡度系统的 ET-EC 较 ET-UAV 和 ET-Lysimeter 大多较低，涡度测定 ET 的方法已被很多研究证实存在能量不闭合而低估 ET 的现象，另外也可能跟 ET-UAV 易受外部环境因素影响有关。

图 9-10 所示为 ET-Lysimeter、ET-EC 与 ET-UAV 的散点图。图中 ET-UAV、ET-EC 和 ET-Lysimeter 的散点均较靠近 1∶1 斜线，R^2 分别为 0.91 和 0.86。基于 ET-Lysimete 和 ET-EC 分别对 ET-UAV 进行误差分析，得到 ET-UAV 的 MAE

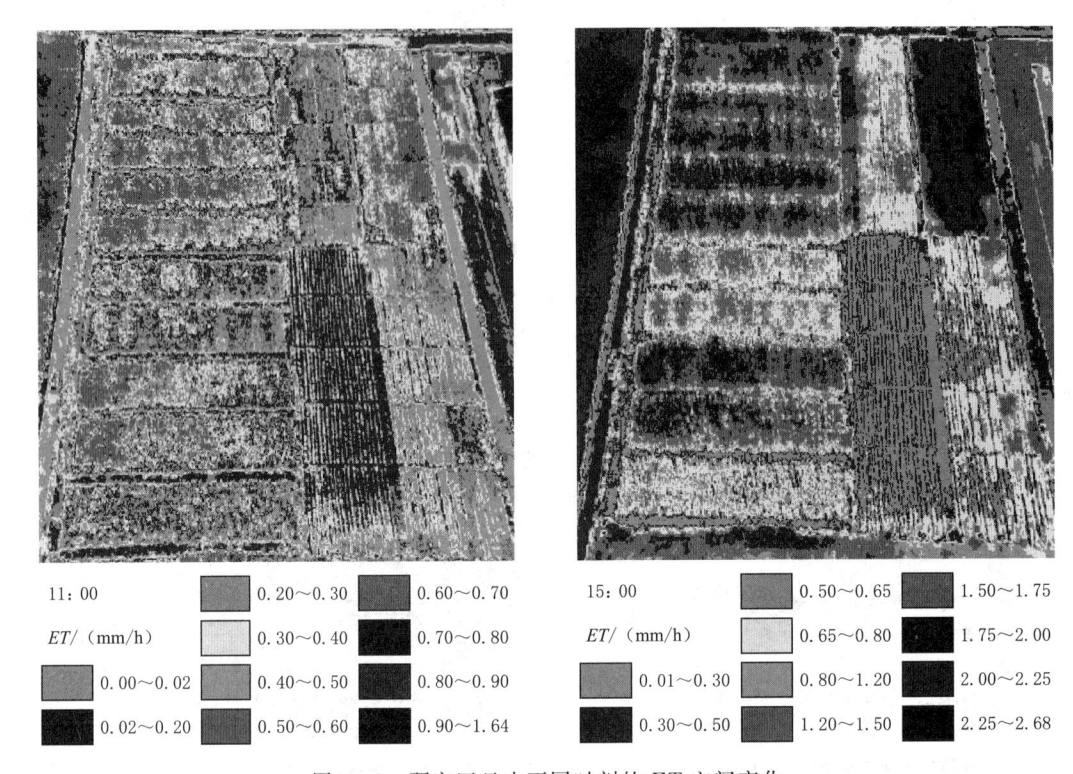

图 9-8 研究区日内不同时刻的 ET 空间变化

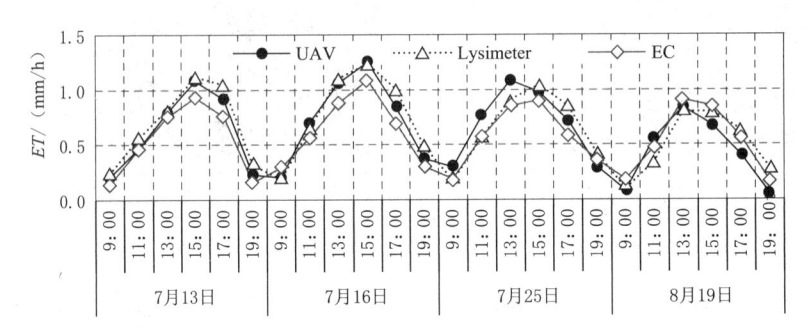

图 9-9 蒸渗仪和涡度相关实测蒸散发（ET-Lysimeter 和 ET-EC）和
估算蒸散发（ET-UAV）的变化趋势

注 ET-Lysimeter 代表蒸渗仪实测的蒸散发；ET-EC 代表涡度相关系统实测的蒸散发；ET-UAV 代表基于无人机热红外遥感和三温模型估算的蒸散发；估算蒸散发是模型估算的每张航拍热图像上的均值。

分别为 0.11mm/h 和 0.10mm/h，MAPE 分别为 15.22% 和 17.04%，MAPE 虽稍大于 15%，但总体上基于 UAV 热红外遥感和三温模型用于监测农田 ET 是可靠的。

3. 基于航空-地面平台蒸腾、蒸散发遥感反演的尺度效应

采用对应时刻获得的地面和航空热红外影像及其反演得到的蒸散发结果进行对比，并通过分析空-地不同尺度下 LST 和 T_r 的差异，来说明尺度效应的影响。

通过对比地面监测与航空监测结果（图 9-11），发现各处理的空-地遥感 LST 相差

第二节 3S技术在农业水文领域中的应用

不大;空-地遥感 LST 的平均绝对值误差（MAE）为 1.71℃；以地面遥感 LST 为均值时,平均绝对百分比误差（MAPE）为 4.34%。其中裸土、I0 和 I3 处理的空-地遥感的 LST 的 MAE 和 MAPE 分别为 2.04℃、1.67℃、1.26℃ 和 4.31%、3.87%、4.79%，故空-地遥感 LST 的误差在可接受范围内。观测大豆地时，空-地遥感的 LST 相关性很高，$R^2=0.96$，其拟合斜率为 0.98。其中裸土、I0 和 I3 的空-地遥感的斜率和 R^2 分别为 0.97、0.98、1.01 和 0.91、0.90、0.77；观测不同处理的玉米时，斜率和 R^2 分别在 1.03～1.06 和 0.64～0.81

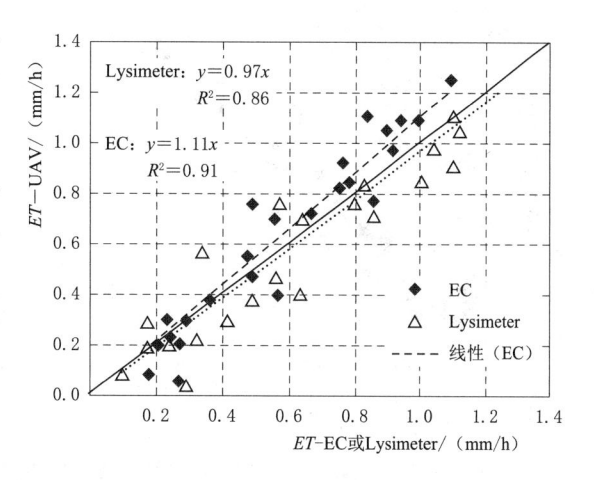

图 9-10 估算蒸散发（ET-UAV）与蒸渗仪和涡度相关实测蒸散发（ET-Lysimeter 和 ET-EC）的散点图

之间浮动，可以得出当地面混合像元占比例较多时，航空遥感 LST 略高于地面遥感 LST，且随着像元复杂性增加（即地面异质性增加），空-地遥感 LST 的相关性有所下降。

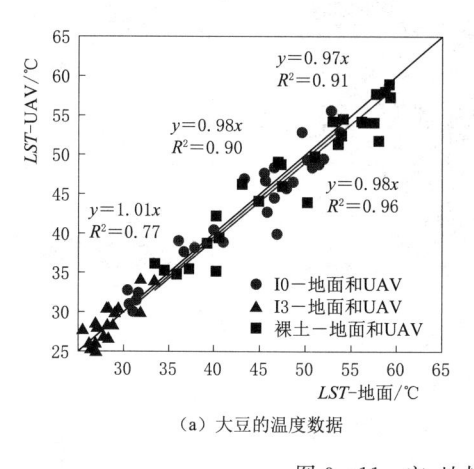

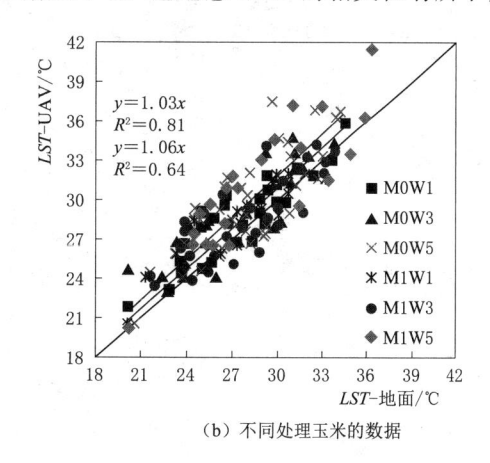

(a) 大豆的温度数据

(b) 不同处理玉米的数据

图 9-11 空-地热红外遥感 LST 比较

图 9-12 中分别展示了大豆和玉米空-地遥感 T_r 的散点图，同 LST 的对比结果一致，反演 I3 处理的大豆（纯净像元）T_r 时，空-地遥感 T_r 相关性较高（斜率为 1.03，$R^2=0.86$）；反演不同处理玉米 T_r 时，M0W1 的相关性最高，M1W5 最低，斜率和 R^2 分别在 0.79～0.87 和 0.56～0.77 之间浮动。以上分析可以得出：当地面为植被纯净像元时，空-地遥感 T_r 的相关性较高，航空遥感 T_r 略高于地面遥感 T_r，峰值均差为 0.1mm/h；随着地面异质性增加，存在多种像元（植被和土壤的混合像元）时，空-地遥感 ET 的相关性有所下降，航空遥感 T_r 略低于地面遥感 T_r。联系 LST 的对比结果，可以推断出：可能由于航空遥感较地面遥感分辨率低，不能有效地区分玉米的混合像元，受高温土壤影响导致玉米冠层温度较地面遥感的偏高，从而三温模型估算出的 T_r 较地面遥感偏低。

除了地表温度 LST、蒸腾 T_r 的尺度效应，同时分析了蒸散发 ET 的尺度效应。图 9-13

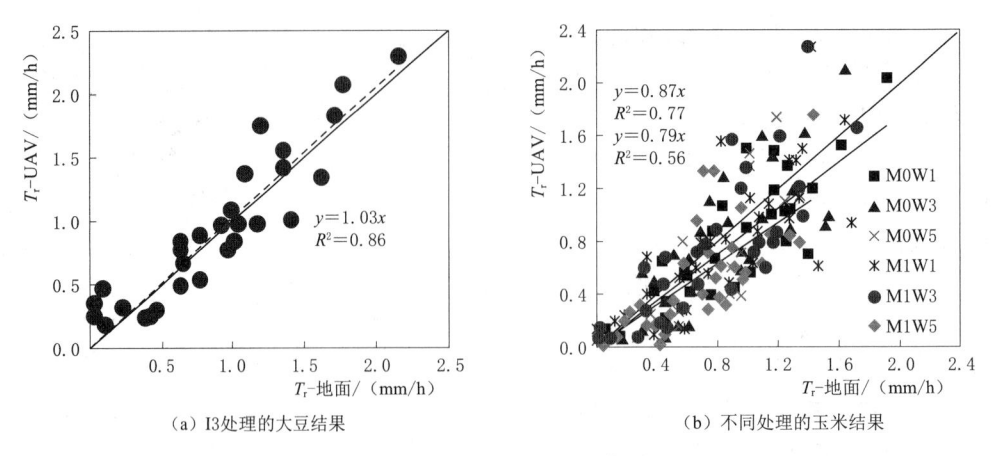

(a) I3处理的大豆结果   (b) 不同处理的玉米结果

图 9-12 空-地热红外遥感反演的植被蒸腾速率 T_r 比较

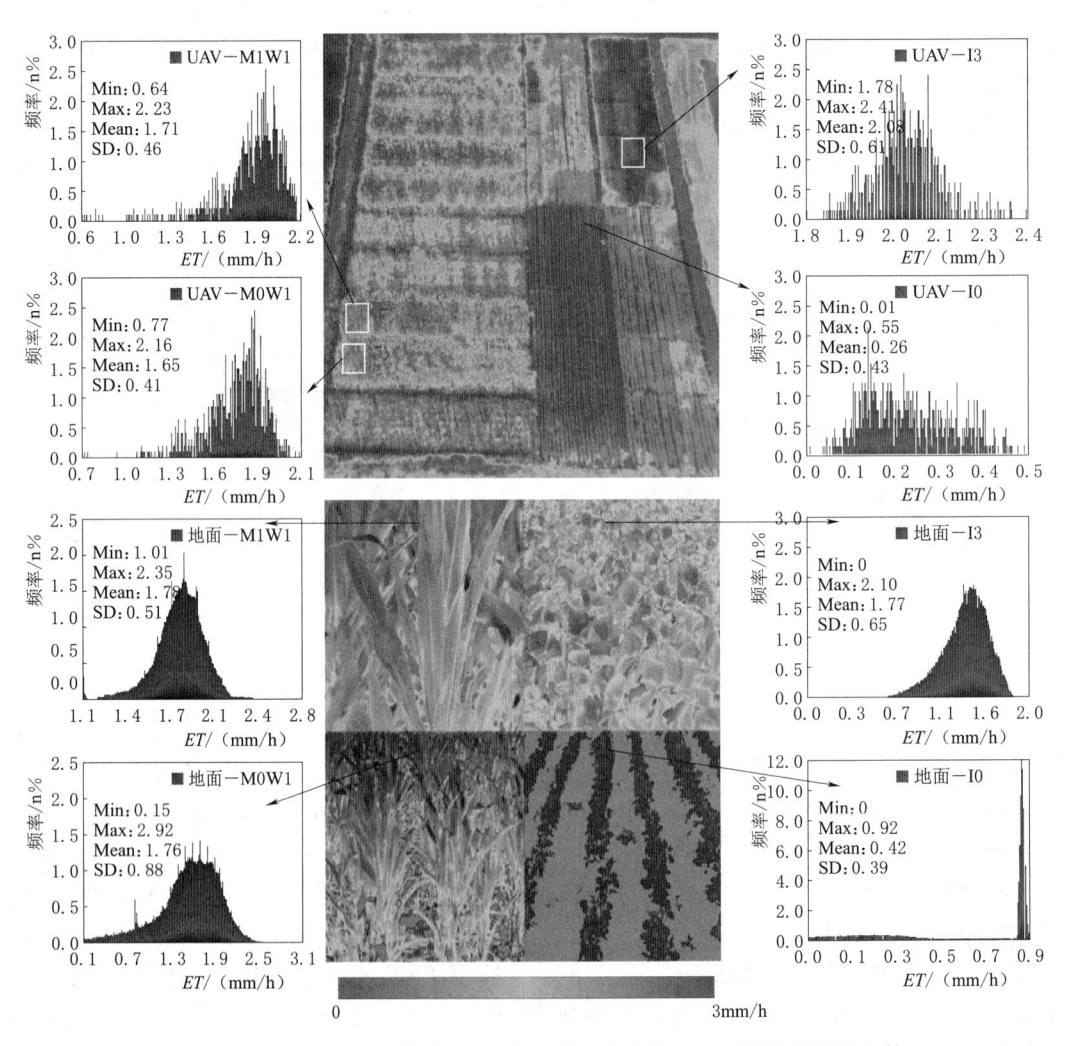

图 9-13 空-地热红外遥感 ET 空间分布及其直方图和基本统计结果比较

n%—像元数百分比

对比了空-地热红外遥感 ET 空间分布以及其频率直方图和基础统计数据。除 I0 外,其他处理的 ET 直方图大多呈现相同峰形,多为单峰形状,也都大致服从偏态分布,地面 ET 影像较航空 ET 影像的直方图轮廓光滑;ET 的变化范围和标准差(SD)同样随尺度上升而减小,UAV-M0W1 和地面-M0W1 的 ET 区间分别为 0.77~2.16mm/h 和 0.15~2.92mm/h,SD 分别为 0.41mm/h 和 0.88mm/h,这说明在混合像元中航空遥感无法捕捉到全部信息,不能够像地面遥感那样反映地表 ET 的空间异质性。对于 I0,由于植被盖度低,航空遥感 ET 很难反映地表的异质性差异,其混合像元频率分布集中在中部,形成小或平缓的峰,而地面遥感能清楚地分离出土壤,几乎不存在混合像元的干扰,故地面 ET 频率直方图出现不连贯的两个峰,第一个峰(平缓无明显峰值,频率和 ET 值都较小)代表 ET 极小的裸土,第二个峰(占据大多数 ET 像元,峰值集中且明显)代表大豆,所以两者的直方图差异较大;对比均值进一步分析发现,与 LST 相反,随着冠层盖度增加(像元纯净化),航空遥感 ET 由低于地面遥感 ET 变为高于地面,如从 I0 到 M0/M1W1 和 I3,这与航空遥感高估混合像元中植被冠层温度和低估纯净像元时的植被冠层温度有关。

四、3S 技术在土壤水与旱情监测中的应用

大面积土壤湿度资料的获取对于农业生产发展、区域资源与环境的定量监测非常关键,在农业、水文和气象等生态环境中具有重要的应用价值,然而传统的土壤水分测定方法如烘干法、中子水分测定仪法及张力计方法等虽精确度较高,但取样速度慢、需要大量的人力、物力并且多局限在点测量的范围上,很难表现土壤、地形、植被覆盖上的空间变异性,宏观性得不到体现,难以满足农业生产中大面积监测土壤水分的应用需求,而利用现代遥感技术监测大面积土壤湿度则具有明显优势,特别是随着遥感 3S 技术集成与应用技术的日渐成熟,对土壤湿度空间分布的监测更具可行性和实用性。

我国农业耗水量占总耗水量的 61.5% 以上,但真正被有效利用的水只占农业灌溉用水总量的 1/3 左右,多半损失在送水过程和漫灌过程,因此,提高水分利用效率是迫切需要解决的问题。土壤含水量精准监测是水分精准管理的基础,基于遥感的土壤含水量监测为精准农业水资源管理提供了重要依据。

(一)土壤水分遥感监测原理

土壤水分遥感监测基于土壤水分与电磁波之间的相互作用特性,包括建立的基于土壤表面反射光谱和发射光谱比较直接的信息通道,也包括通过植被覆盖的生理生化特性再到遥感信息的间接信息通道。通过建立土壤水与光谱之间的关系,可以监测土壤水的区域变化。

土壤水分遥感监测所涉及的波段主要包括可见光、近红外、热红外及微波波段,不同的土壤水分条件,其电磁波辐射在可见光、近红外、热红外和微波波段呈现的特性不同。

(二)土壤水分遥感监测方法

1. 可见光、近红外遥感方法

可见光、近红外遥感反演土壤水分的基本原理是不同土壤含水量背景下光谱的反射特性不同,从原理上可分为两大类:一类是基于土壤水分的变化会引起土壤光谱反射率的变化,通常状况下,湿润土壤的反射率较低,而干燥土壤的反射率较高;另一类是基于干旱引起植物的生理过程变化，从而改变叶片的光谱属性，并显著地影响植被冠层的光谱反射率。

因此，可以利用可见光-近红外波段构建单波段或多波段的遥感指数，建立与土壤水分含量之间的统计关系模型，从而反演区域土壤水分状况，如 Koga（1995）提出的植被状态指数（vegetation condition index，VCI）

$$VCI = \frac{NDVI - NDVI_{\min}}{NDVI_{\max} - NDVI_{\min}} \quad (9-21)$$

式中：$NDVI_{\min}$、$NDVI_{\max}$ 分别为逐月平滑后的多年绝对最小 $NDVI$、多年绝对最大 $NDVI$。

一般而言，VCI 越大，植被指数越高，土壤水分越好。因此，可通过以上指数建立植被状态指数与土壤含水量之间的关系模型，反演区域土壤含水量，且 $NDVI$ 可以很容易通过可见光的红光波段和近红外波段利用波段运算获得。

2. 热红外遥感方法

热红外遥感方法监测土壤水分的基本思路是基于热红外遥感监测地表温度，估算热惯量，进而估算土壤含水量。

热惯量是物质热特性的综合量度，反映了物质与环境能量交换的能力，其表达式为

$$P_r = \sqrt{K_r \rho c_p} \quad (9-22)$$

式中：K_r 为热导率，$W/(m \cdot K)$；c_p 为比热，$J/(kg \cdot K)$；ρ 为密度，kg/m^3；P_r 为热惯量，$J/(m \cdot K \cdot s^{0.5})$。

一些研究表明表观热惯量和土壤水分实测值具有良好的正相关关系，因此，可通过遥感获得的热惯量反演土壤含水量，常用的反演模型为线性模型

$$\theta_v = lP_r + b \quad (9-23)$$

式中：θ_v 为土壤体积含水量，%；l、b 为回归的经验系数。此外，也可以建立指数和幂函数模型。

基于以上方法，结合卫星提供的反射率和热红外辐射温差计算热惯量即可反演土壤水分。与传统的水分监测方法相比，表观热惯量法监测土壤水分具有方便、快捷、多时相等特点；与其他遥感方法相比，该方法建立在统计学基础上，而且易于实现，应用简单、成本低、无须过多的气象数据支持即可完成对大面积土壤水分变化的监测，但仅适用于裸土或低植被覆盖区，对植被覆盖较为复杂的地表误差相对较大。

为了研究土壤水分和地表温度的关系，人们也建立了多种模型，比如作物水分胁迫指数模型 $CWSI$，此指数可以利用热红外遥感获得温度，进而通过构建 $CWSI$ 与实测土壤水之间的函数以监测土壤水分。

2018 年 7 月 11 日、7 月 16 日、7 月 21 日、7 月 25 日、7 月 29 日和 8 月 5 日利用搭载热红外相机的无人机对地面进行观测，研究区选在甘肃武威绿洲农业高效用水国家野外科学观测研究站，观测对象为设置了七种灌溉处理的紫花苜蓿田地，同时利用便携式土壤水分廓线仪获取各小区 0～40cm 土层深度下的体积含水率。通过无人机图像数据提取地表及作物冠层温度，计算作物水分胁迫指数 $CWSI$，公式如下

$$CWSI = \frac{T_c - T_w}{T_v - T_w} \quad (9-24)$$

式中：T_w 为温度下限，即冠层的最低温度；T_v 为温度上限，即冠层的最高温度，单位均为℃。

然后，探寻土壤含水量与对应 $CWSI$ 的相关性，并建立回归方程（表 9-6）。由表可见，表层土壤的含水量与 $CWSI$ 的相关性最好；随着土壤深度增加，$CWSI$ 与土壤含水量的相关性逐渐降低。

表 9-6　　UAV+$CWSI$ 与不同深度土壤含水量回归方程

深度/cm	回归方程	R^2	P
0～10	$\theta_v = -10.029x + 14.571$	0.2004	0.003
10～20	$\theta_v = -10.128x + 15.142$	0.2221	0.002
20～30	$\theta_v = -8.4716x + 15.806$	0.1917	0.004
30～40	$\theta_v = -6.809x + 16.234$	0.1425	0.014

注　θ_v 为土壤体积含水率，%。

该方法以热量平衡原理为基础，其物理意义明确，使用区域优势明显，在植被覆盖地区的土壤水分反演精度优于热惯量法，但 $CWSI$ 模式是以冠层能量平衡单层模型为理论基础的，在作物生长的早期冠层稀疏时效果较差；作物缺水指数法所需的资料较多、计算复杂；地表气象数据主要来自地面气象站，实时性不强；地表气象数据确定外推的范围和方法也对作物缺水指数法的精度产生影响。

3. 微波遥感方法

微波遥感可全天时、全天候工作，能够穿透云层，对植被覆盖区和松散盖层具有一定的穿透能力，最深可有 20～30 个波长，并通过对极化、相位、干涉等技术获得更多更精确的信息，另外微波还可以穿透一定深度的土壤层，成为微波遥感土壤湿度的一大优势，在微波波段，土壤水分和介电常数密切相关，土壤的介电常数随土壤湿度变化而变化；水的介电常数大约为 80，而干土仅为 3，它们之间具有较大的反差。由于土壤含水量强烈地影响介电特性和电磁波的传播，因此，基于此原理来反演土壤水分是一个有效的方法。

微波遥感反演土壤水分可以分为主动和被动微波遥感方法。

（1）主动微波遥感反演土壤水分的基本原理是基于雷达影像的回波信号，即探寻后向散射系数和土壤湿度之间的函数关系；由于后向散射系数可由雷达获取，通过后向散射系数，可以建立起目标物的形态和物理特征与后向散射回波的关系，而后向散射系数主要由介电常数和土壤粗糙度决定，而介电常数又取决于土壤含水量，因此这也是主动微波反演土壤水方法的基本依据。目前大多数研究是依据统计方法，通过对数据间的相关分析来建立土壤含水量（一般在 10cm 以内）与后向散射系数之间的经验函数公式，而以线性关系应用最普遍。

（2）被动微波是指由传感器从远距离接收和记录目标物所反射的太阳辐射电磁波及物体自身发射的电磁波的遥感系统。普通航空摄影、多光谱摄影及扫描、红外扫描及辐射测量等，都属于被动遥感系统。被动微波遥感主要是通过微波辐射计获得土壤亮度温度，然后通过与土壤湿度建立经验/统计关系模型来反演土壤水分。与主动微波遥感相比，被动微波遥感用来监测陆面土壤水分含量的研究历史更长，算法相对来说更成熟。

第三节 智 慧 农 业

一、基本概念

智慧农业，是以信息和知识为核心要素，利用物联网、大数据、互联网、云计算、人工智能、智能传感系统、3S技术等现代信息技术与农业融合，实现农业生产全过程的信息感知、智能控制、精准投入、个性化服务的全新农业生产方式，在农业的生产、加工、经营、管理及服务等环节实现精准化种植、可视化管理、智能化决策等，是农业信息化发展从数字化到网络化再到智能化的高级阶段。

二、智慧农业的发展现状

自20世纪80年代智慧农业在美国兴起之后，以信息技术为代表的智慧农业呈现较快的发展态势，成为农业可持续发展的关键。目前，美国智慧农业理念应用最为广泛，农场对物联网技术实现了80%以上的应用率，几乎所有农场农机设备都可以通过GPS准确接收卫星遥感遥测信息，这些信息在精准施肥、施药、农业环境监测、土壤调查、作物估产等方面发挥重要作用。世界各国也相继开展智慧农业的实践，如法国的GPS、GIS系统融合变量作业已成为现实，加拿大的农业机器人、土壤作物传感器等已深入农业生产生活。农作物感应器或农业机器人可以利用远红外技术监测农田农作物的健康状况，农业机器人常被用于如摘果、除草、灌溉等自动化生产的农业行为，在这个过程中，农业传感器可收集大量的田间信息，决策者基于大数据可进行决策分析，然后通过网络与客户端连接，实现人-机-物互联。以色列水资源管理已实现高度智能化，所有灌溉都能实现因地制宜的精量控制，水肥利用率达到90%。除此之外，日韩也在加快智慧农业建设的步伐，农场基本实现精准化管理。

相对于国外，我国的智慧农业发展尚处于起步阶段，在20世纪90年代初步提出了这个理念，随着现代信息技术的发展，已逐渐被各界接受并得到广泛应用。智慧农业也被列入国家"863计划""973计划"项目，在全国开展了多个智慧农业示范区。

三、智慧农业的技术体系与实施过程

智慧农业的技术体系主要包含信息获取、信息处理和田间作业技术，其中，信息获取是前提和基础，信息处理和分析是关键，田间作业是核心。信息获取技术主要包括3S技术和田间信息采集传感技术。

智慧农业技术体系见表9-7，表中ICS指智能控制系统。

智慧农业的实施过程以及以上技术体系的相互关系如图9-14所示。

结合智慧农业的实施过程及技术体系的相互关系，有四个主要实施流程，具体如下。

（一）信息采集

智慧农业通过作物监测、土壤墒情监测获取数据，来了解整个农田生态系统作物生长环境及水资源状况。

第三节 智慧农业

表 9-7　　　　　　　　　　　　智慧农业技术体系

项目		农田环境及作物长势监测 (分布状态图生成)	针对性投入决策生成 (对策图生成)	决策的实施 (精确作业及 ICS 装备)
大田	气象	气象仪器，RS	数学模型 (模拟系统 SS)	灾害天气预报与减灾
	墒情	水分传感器，GIS, GPS		精确灌溉、变量供水系统
	肥料	土肥速测仪，GIS, GPS		精确施肥、变量施肥机
	农药	农情测报，GIS, GPS	知识模型 (专家系统 ES)	精确植保、变量喷药机
	估产	产量传感器，GIS, GPS		精确收获、精确播种
设施	小气候	光照、温度、湿度、风速、CO_2 传感及采集记录	决策支持系统 (DSS)	设施专用 ICS 设备 农业机器人
	墒情	墒情传感系统		
	肥料	作物营养监测系统		
	农药	农情监测系统		

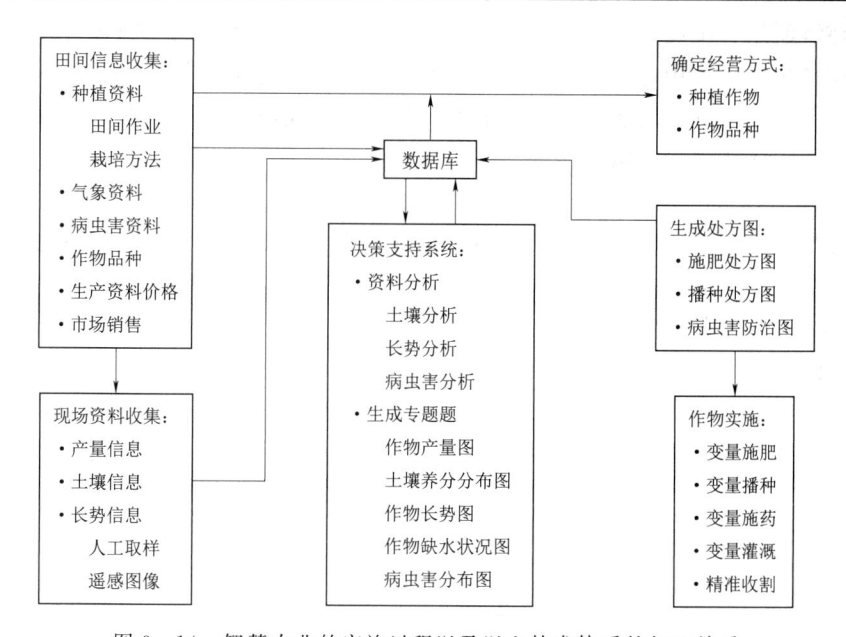

图 9-14　智慧农业的实施过程以及以上技术体系的相互关系

（1）土壤数据采集。土壤信息采集是开展智慧农业的重要基础，通过自动取土钻、结合 GPS 获取土壤信息（土壤肥力、土壤有机质、土壤 pH 值和土壤含水量等）。

（2）产量数据采集。带有 GPS 和产量测量设备的装备，在收获时隔一定时间记录研究区的产量，在数据采集器中记录存储。

（3）土壤水分信息采集。利用水分传感器如时域反射仪、中子仪等土壤墒情监测系统对土壤墒情实现全天候不间断监测，并结合现场远程监测设备来自动采集土壤墒情实时数据信息，为农田水分管理与灌溉提供重要依据。

（4）病虫害数据信息采集。基于机载 GPS 或手持 GPS，并结合近红外、多光谱识别技术，在农田实时记录定位并精准识别作物病虫害。

(5) 其他数据。主要包括耕作状况、施肥情况、作物品种、农药化肥、气候等数据。

(二) 数据库构建

通过现代信息技术将采集到的信息进行处理分析,构建以下数据库:

(1) 土壤数据分布图。将 GIS 技术存储采样点的土壤信息进行多层次分析,构建田间肥力分布图、土壤水分分布图,以反映农田肥力的空间异质性,并以此作为精准水、肥配方的重要依据。

(2) 产量数据分布图。将采集到的产量数据进行平滑处理以消除采样误差,定量表征区域性分布规律和变化趋势。

(3) 病虫害分布图。一般病虫害分布采用趋势面分析法;数据信息采集趋势面是将观测者位置和田间观测位置通过计算机和 5G 技术发送到远程共享,并生成田间数据分布图。

(三) 处方生成

GIS 作为存储、分析、处理和表达地理空间信息的计算机软件平台,可以深度分析处理传感器所获取数据的信息,进而描述农田空间上的异质性。农田生态系统中,作物生长环境除了环境温度、湿度、光照强度等条件,还有土壤肥力、土壤墒情等可控因素。而作物生长模拟技术则是利用计算机程序,模拟在自然环境条件下作物的生长过程。故而,将 GIS 技术与作物生长模型相结合,在决策者参与下可形成田间管理处方图,根据作物的需求规律,指导智能化精量灌溉。

(四) 田间作业

基于现代信息技术科学管理农田,可以提高效率、降低投入。智慧农业的关键是变量控制,基于 3S 技术获取的农田信息经过一系列处理变成变量可控信息,最终可实现变量管理。

将先进的现代信息技术、人工智能引入到农田管理中,可实现智能控制农业。然后,决策者按照处方图进行作业,将定位信息和处方图的信息输入设备,进而实现智能控制播种、施肥、灌水、喷药等。如当驾驶拖拉机在田间喷洒农药时,驾驶室内安装的监视器显示喷药处方图及拖拉机所处的位置,驾驶员在监视行走轨迹的同时,数据处理器根据处方图的喷药量,向喷药机下达命令,控制喷洒过程。

思 考 题

1. 遥感技术有哪些主要特征?
2. 简述基于卫星遥感估算降水的方法及其原理。
3. 按传感器的探测波段可将遥感技术分为哪几类?
4. 传统地表蒸散发估算方法较遥感技术最主要的局限性是什么?基于遥感方法反演区域地表蒸散发的研究方法有哪些?
5. 三温模型估算作物蒸腾速率需要考虑哪些参数?其核心参数如何获取?
6. 简述不同灌水量处理下灌水前后地表温度 LST 和蒸腾速率 T_r 的空间变化特征。
7. 简述精准农业模式实施流程。
8. 结合实例,谈谈现代信息技术在农业水文过程应用的发展趋势。

农业水文学主要符号

a_0 地面对太阳辐射的总反射率
a_r 毛管半径
B 为无量纲比例常数
B_{DQ} 地气系统辐射差额
B_k 维恩常量
B_r 地面辐射差额
B_w 波文比
C_0 黑体辐射系数
C_1 流域下层最小蒸发系数
C_2 溶质在固相中的浓度
C_f 农作物受洪涝灾害面积占总播种面积的百分比
C_g 溶质在气相中的浓度
$C(h)$ 容水度
C_{li} 植物正常生长灌溉水中允许的氯含量
C_{ld} 植物正常生长土壤水中所允许的氯的最大含量
C_n 和 C_d 参考类型和计算步长相关的常数
C_s 溶质浓度
$CWSI$ 作物水分胁迫指数
c 光速
c_2 补偿日夜气候效应的校正系数
c_p 空气比热
c_w 灌溉农业的地下水保障能力
D 溶质水动力弥散系数
D_0 溶质在纯水中的扩散系数
D_d 年干旱天数
D_g 溶质在气相中的扩散系数
D_h 机械弥散系数
D_i 水分亏缺累积量
D_s 溶质扩散系数
D_s' 溶质有效扩散系数
D_{sh} 溶质有效水动力弥散系数
$D(\theta_v)$ 扩散度
d 零平面位移高度
d_s 多孔介质的平均粒径
d_r 日地间相对距离的倒数
E_0 平均蒸发率
E_1 时段内区域的水汽凝结量
E_2 时段内区域蒸发量
E_a 干燥力
E_b 时段内田间蒸散量
E_c 植被蒸腾量
E_c' 混合像元中的植被蒸腾量
E_{cd} 作物底部根层耐受的最大电导率
E_{ci} 灌溉水的电导率
E_{ep} 大型蒸发池的蒸发量
E_k 地面辐射强度
E_m 流域蒸散发能力
E_{mw} 蒸发器实测水面蒸发量
E_{nw} 大水体天然水面蒸发量
E_s 土壤蒸发量
E_s' 混合像元中的土壤蒸发量
E_T 黑体辐射能力
E_{va} 流域蒸散发量
$\overline{E_{va}}$ 流域多年平均蒸散发量
E_{Uva} 上层流域蒸散发量
E_{Lva} 下层流域蒸散发量
E_w 水面蒸发观测值
E_x 雪面蒸发量
ESP 碱化度
ET 蒸散发

ET_0 参照作物需水量
$ET_{0,i}$ 第 i 个月的参考作物需水量
ET_a 实际蒸散量
ET_c 作物实际需水量
ET_d 日蒸散发量
ET_i 某一生育阶段作物需水量
ET_{is} 瞬时尺度的蒸散发量
ET_p 潜在蒸散量
ET_w 湿润条件下的陆面蒸散量
e 自然常数
e_a 实际水汽压
e'_a 平均温度情景下的实际水汽压
e_s 饱和水汽压
e'_s 平均温度情景下的饱和水汽压
e_{xs} 雪面温度的饱和水汽压
e_w 地下水对灌溉农业用水保障程度
$e_z Z$ 高度处的水汽压
$e_{zs} Z$ 高度处的饱和水汽压
F_c 面积不小于 $50km \times 50km$ 区域的冷云覆盖率
F_{DQ} 地气系统放出的长波辐射
F_k 地面有效辐射
F_l 淋洗分数
f_0 土壤平均下渗率
G_d 大气逆辐射
G_s 土壤热通量
G_{sc} 太阳常数
GPI 降水指数
g 重力加速度
H_0 地外总辐射
H_1 时段初田间水层深
H_2 时段末计算所得的田间水层深
H_a 最大允许蓄水深度
H_L 显热通量
H_{max} 适宜水层上限
H_{min} 适宜水层下限
H_r 地表接收的太阳总辐射
H_s 耕作层厚度

h 压力水头
h_1 普朗克常数
h_r 作物根部的水势（以水头表示）
h_s 土壤水势（以水头表示）
h_w 上覆饱和水层的深度
I 干燥指数
I_1 水分入流量
J 溶质运移通量
J_c 溶质的对流通量
J_d 溶质的扩散通量
J_h 溶质的机械弥散通量
J_{sh} 溶质的水动力弥散通量
K 土壤水力传导度
K_c 综合作物系数
K_{cb} 基础作物系数
K_d 需水系数（以产量为指标）
K_e 土壤蒸发系数
K_h 综合危害系数
K_i 需水模比系数
K_m 紊动黏滞系数
K_r 热导率
K_s 饱和导水率
$K_v(T)$ 普适函数
K_w 大气紊动扩散系数
K_{ws} 水分胁迫系数
K_x 元素 X 的水迁移系数
K_z 蒸发器折算系数
k 玻耳兹曼常数
k_f 范卡曼常数
k_s 表面糙度的量度
L 汽化潜热
L_e 实际的弯曲途径
L_d 扩散的宏观平均途径
L_m 根系密度
L_r 有效根层深度
LAI 叶面积指数
LE 蒸发潜热通量
LST 地表辐射温度

M_0 容器质量

M_1 容器和残渣的总质量

M_d 植物体的干重

M_{ex} 元素 X 在河流中的含量

M_f 植物体的鲜重

M_r 时段内排涝水量

M_t 河水中矿物质总含量

m_i 时段内灌溉水量

m_s 干土的质量

m_w 水的质量

$NDVI$ 归一化植被指数

N_s 最大可能日照时数

N_m 月持续日照时数

n_s 实际日照时数

O_1 水分出流量

P 降水量

P_{DD} 干旱期降水总日数

Pe 贝克来数

P_i 第 i 个月的降水

P_r 热惯量

P_s 时段内降水量

$\overline{P_s}$ 流域多年平均降水深

P_t 平均温度下的饱和蒸汽浓度

p 气压

p_0 海平面平均气压

p_s 土壤总孔隙度

Q_0 计算太阳总辐射的基础值

Q_a 大气吸收的太阳辐射

Q_d 太阳直接辐射

Q_s 实际条件下的太阳总辐射

Q_w 土壤最大有效含水量

q_c 散射辐射

q_w 水流通量

R_a 天顶辐射

R_e 用于蒸发的能量

R_d 时段内降雨产生的径流量

R_{f1} 时段内水田的下渗量

R_{f2} 时段内旱田渗入耕作层以下的水量

R_h 水体到达大气的干热交换

R_i 阻抗

R_{i1}、R_{i2}、R_{i3}、R_{i4} 在土壤与根表面、根表面与根导管、根导管与叶面和叶面与大气之间的各流段水流阻抗

R_{ir} 单位长度根系对水流的阻抗

R_{is} 单位根长土壤对水流的阻抗

R_l 大气和水体之间的净长波辐射交换

R_m 时段内地面径流流入量

R'_m 时段内地面径流流出量

R_n 净辐射

$R_{n,c}$ 植被吸收的太阳净辐射

$R_{n,cp}$ 参考植被的净辐射通量

$R_{n,d}$ 日净辐射

$R_{n,s}$ 土壤吸收的太阳净辐射

$R_{n,sd}$ 参考土壤的净辐射通量

R_p 降水强度

R_{pr} 土壤颗粒平均半径

R_r 水面反射的太阳辐射

R_s 太阳辐射

R_{sr} 饱和土壤颗粒平均半径

$\overline{R_{tr}}$ 流域多年平均径流深

R_w 水体储能增量

R_{wa} 进入水体的净能量平流

R_{ws} 到达水面的总太阳辐射

R_x 时段内地下径流流入量

R'_x 时段内地下径流流出量

RH 相对湿度

RH_{min} 最小湿度

r_1 离毛管轴的距离

r_a 空气动力学阻抗

r_c 降水指数与冷云覆盖率之间的转换系数

r_g 灌溉农业对地下水依赖程度

r_s 蒸发表面阻抗

r_{st} 气孔阻抗

S_1 时段初蓄水量

S_2 时段末蓄水量

S_e 非饱和土的有效饱和度

S_h 比湿

S_r 儒略日

S_w 根系吸水率

SAR 钠吸附比

Sm 矿化度

SWR 土壤斥水性

T 温度

T_0 水面温度

$T_a = 0.5(T_{max} + T_{min})$

T_{air} 气温

T_{as} 黑体表面绝对温度

T_{ave} 平均气温

T_{Bi} 亮温

T_c 植被冠层温度

T_{cp} 参考植被的冠层温度

T_d 露点温度

$T_{di} = T_{max} - T_{min}$

T_{ir} 灌溉历时

T_m 月平均温度

T_{max} 最高气温

T_{min} 最低气温

T_p 总灌溉周期

T_r 蒸腾速率

T_s 地表温度

T_{sd} 参考地表温度

T_{soil} 土壤温度

T_u 实际水汽压不变条件下达到地表饱和的地面温度

T_v 冠层的最高温度

T_{veg} 植被温度

T_w 冠层的最低温度

T_z 高度 Z 处的温度

T_{2ave} 2m 高处的平均温度

t 时间

t_w 从日出到卫星过境时的时差

u 风速

u_z Z 高度处的平均风速

u_λ 单位频率在单位体积内的能量谱密度

V_s 松散土壤的（总）体积

V_w 水的（总）体积

VCI 植被状态指数

v 渗流速度

v_x、v_z 在水平和垂直方向的达西渗流速度

v_k 平均孔隙流速

v_{kx}、v_{ky} 沿 x、y 方向的平均孔隙流速

v_r 离毛管中心 r_1 处的流速

W 土壤含水量

W_m 流域蓄水容量

W_L 下层土壤含水量

W_{Lm} 下层流域蓄水容量

W_U 上层土壤含水量

W_{Um} 上层流域蓄水容量

$W_{\beta e}$ 时段末土壤含水量

$W_{\beta f}$ 田间持水量

$W_{\beta i}$ 时段初土壤含水量

$WDPT$ 滴水穿透时间

X_i 元素 X 占水体中矿物质的百分比

Y 作物单位面积产量

Z 高程

Z_1 风速计离地面的高度

z 位置水头

z_0 风廓线粗糙度高度

z_d 地表以下深度

Δ 饱和水汽压曲线斜率

Δ_d 饱和水汽压曲线在露点温度处的斜率

Δe_z 两个高度的水汽压差

ΔH_{rd} 蒸发表面可用辐射通量差值

Δh_z 地下水埋深

ΔS 蓄水量的变化

Δ_s 饱和水汽压曲线在实际地表温度处的斜率

Δt 为某个时间段

ΔT_z 两个高度的气温差

$\Delta \varphi$ 水势差

$\Delta \varphi_1$、$\Delta \varphi_2$、$\Delta \varphi_3$、$\Delta \varphi_4$ 水流在土壤与根表面、根表面与根导管、根导管与叶面和

叶面与大气之间的水势差

α 需水系数

α_h 弥散率或弥散度

α_{hL} 纵向弥散度

α_{hT} 横向弥散度

α_1 空气进气值的倒数

α_{us} 下垫面反射率

α_v 带电荷颗粒对水的黏滞度

α_λ 吸收率

β_1 水面蒸发观测值与流域蒸散发能力之间的折算系数

γ 干湿计常数

γ_r 阴离子排斥作用对带负电颗粒附近水流的阻滞作用

δ 太阳磁偏角

δ_a 地面相对辐射强度

ε_λ 发射率

θ_m 质量含水量

θ_p 植物体的含水量

θ_r 残余含水量

θ_s 饱和含水量

θ_v 体积含水量

θ_{wp} 凋萎系数

θ_{za} 太阳天顶角

λ 波长

μ_w 给水度

ρ 密度

ρ_a 空气密度

ρ_f 反射率

ρ_s 土壤容重

ρ_w 水的密度

σ_a 斯忒藩-玻耳兹曼常数

τ 土壤通道的弯曲度

τ_s 透射率

φ 土壤总水势

φ_c 水-固体接触角

φ_g 重力势

φ_l 纬度

φ_m 基质势

φ_p 压力势

φ_s 溶质势

φ_T 温度势

ω_s 太阳时角

参 考 文 献

安彬，肖薇薇，2018. 陕西省潜在蒸散发的敏感性及变化成因分析 [J]. 南水北调与水利科技，16（4）：90-97+113.

毕润成，2014. 土壤污染物概论 [M]. 北京：科学出版社.

北京农业大学农业气象专业农业气候教学组，1987. 农业气候学 [M]. 北京：农业出版社.

半谷高久，1960. 水质调查法 [M]. 丸善.

白由路，金继运，杨俐苹，等，2004. 低空遥感技术及其在精准农业中的应用 [J]. 土壤肥料，（1）：3-6+52.

陈思，高军省，2011. 基于多元联系数的灌溉水质综合评价 [J]. 水资源与水工程学报，22（5）：103-106.

陈凤艳，李学宏，2010. 联邦德国农业灌溉水质标准综述 [J]. 黑龙江水利科技，38（2）：108-109.

陈志恺，王维第，刘国纬. 2004 中国水利百科全书：水文与水资源分册 [M]. 北京：中国水利水电出版社.

陈家宙，2001. 红壤农田水量平衡和水分转换及作物的生产力 [D]. 武汉：华中农业大学.

陈维新，2000. 农田水利学 [M]. 北京：中国农业出版社.

陈晓飞，王铁良，谢立群，等，2006. 盐碱地改良-土壤次生盐渍化防治与盐渍土改良及利用 [M]. 沈阳：东北大学出版社.

曹铁华，梁烜赫，张磊，等，2011. 开花后水分胁迫对花生产量形成过程的影响 [J]. 吉林农业大学学报，33（1）：9-13.

曹志洪，林先贵，2006. 太湖流域土-水间的物质交换与水环境质量 [M]. 北京：科学出版社.

崔敏，宁召民，张志国，2007. 斥水性生长介质中湿润剂的使用 [J]. 北方园艺（6）：72-73.

崔学明，2006. 农业气象学 [M]. 北京：高等教育出版社.

蔡雪芹，罗秀明，2021. 农业气象灾害及防御策略 [J]. 南方农业，15（18）：200-201.

戴小鹏，2010. 知识网格及其在农业生物灾害预警中关键技术研究 [D]. 长沙：湖南农业大学.

邓丽娜，梁涛，张子学，等，2015. 苗期涝害对夏玉米叶片光合特性的影响 [J]. 安徽科技学院学报，29（6）：41-46.

丁一汇，2010. 气候变化 [M]. 北京：气象出版社.

段凯，孙阁，刘宁，2021. 变化环境下流域水-碳平衡演化研究综述 [J]. 水利学报，52（3）：300-309.

范晓梅，刘高焕，唐志鹏，等，2010. 黄河三角洲土壤盐渍化影响因素分析 [J]. 水土保持学报，24（1）：139-144.

冯国章，2002. 水事活动对区域水文生态系统的影响 [M]. 北京：高等教育出版社.

高军省，姚崇仁，1998. 节水灌溉对区域水资源系统的影响浅析 [J]. 西北水资源与水工程，（4）：27-35.

高国雄，吴卿，杨春霞，等，2010. 荒漠化防治原理与技术 [M]. 郑州：黄河水利出版社.

谷华昱，2020. 乡村振兴战略下河南农业地质灾害影响及治理研究 [J]. 农村实用技术，（9）：175-176.

郭长城，刘孟雨，陈素英，等，2004. 太行山山前平原农田耗水影响因素与水分利用效率提高的途径 [J]. 中国生态农业学报，12（3）：55-58.

郭雯雯，黄生志，赵静，等，2021. 渭河流域潜在蒸散发时空演变与驱动力量化分析 [J]. 农业水土工程，37（3）：81-89.

郭全恩，2010. 土壤盐分离子迁移及其分异规律对环境因素的响应机制 [D]. 杨凌：西北农林科技大学.

参 考 文 献

郭元裕，1997. 农田水利学 [M]. 3 版. 北京：中国水利水电出版社.

郭永诚，1981. 谈谈巴盟河套灌区盐碱地的治理问题 [J]. 内蒙古农业科技，(1)：20-22.

龚宇，邢开成，王璞，2008. 沧州地区近 40 年来气温和降水量的变化趋势分析 [J]. 中国农业气象，9(2)：143-145.

韩光波，2016. 节水灌溉对玉米田间土壤水分的影响 [J]. 黑龙江水利，2 (11)：80-89.

韩松俊，胡和平，杨大文，等，2009. 塔里木河流域山区和绿洲潜在蒸散发的不同变化及影响因素 [J]. 中国科学 E 辑：技术科学，39 (8)：1375-1383.

黄永义，2011. 普朗克黑体辐射定律的建立过程 [J]. 广西物理，32 (3)：32-36.

黄永义，2020. 普朗克量子论的教学探讨 [J]. 大学物理，39 (7)：25-28.

黄庆文，2013. 农业生物灾害突发事件应急管理初探 [J]. 广西植保，26 (4)：34-36.

黄荣辉，2006. 我国重大气候灾害的形成机理和预测理论研究 [J]. 地球科学进展，(6)：564-575.

黄毅，邓志英，2018. 区域异质性：自然灾害、农业增长与农民收入——基于 31 个省市自治区 2006—2015 年面板数据 [J]. 灾害学，33 (2)：1-4.

郝建军，康宗利 2005. 植物生理学 [M]. 北京：化学工业出版社.

赫传杰，2017. 全国林业生物灾害发生特征分析 [J]. 中国森林病虫，36 (4)：4-7.

何爱平，2000. 发展中国家灾害经济的成因与减灾对策 [J]. 当代亚太，(4)：3-8.

何爱平，2010. 我国灾害问题的严重性及综合防灾减灾机制研究 [J]. 中国软科学，(S2)：49-54.

何爱平，赵仁杰，张志敏，2014. 灾害的社会经济影响及其应对机制研究进展 [J]. 经济学动态，(11)：130-141.

何学敏，2018. 农业气象灾害和气温降水对东北三省粮食产量影响评估 [D]. 沈阳：沈阳农业大学.

何勇，聂鹏程，刘飞，2013. 农业物联网与传感仪器研究进展 [J]. 农业机械学报，44 (10)：216-226.

河海大学《水利大辞典》编辑修订委员会，2015. 水利大辞典 [Z]. 上海：上海辞书出版社.

霍治国，范雨娴，杨建莹，等，2017. 中国农业洪涝灾害研究进展 [J]. 应用气象学报，28 (6)：641-653.

贾斐霖，高丽丽，刘晓，等，2012. 热辐射研究综合实验平台的设计 [J]. 大学物理，31 (9)：57-60.

姜岩，1978. 盐碱地土壤改良 [M]. 长春：吉林人民出版社.

江杰，王胜，2020. 我国盐碱地成因及改良利用现状 [J]. 安徽农业科学，48 (13)：85-87.

金建新，张娜，桂林国，2019. 西藏地区干旱指标的时空演变 [J]. 水土保持研究，26 (5)：377-380.

康绍忠，蔡焕杰，1996. 农业水管理学 [M]. 北京：中国农业出版社.

康绍忠，2007. 农业水土工程概论 [M]. 北京：农业出版社.

康绍忠，赵文智，黄冠华，等，2020. 西北旱区绿洲农业水转化多过程耦合与高效用水调控——以甘肃河西走廊黑河流域为例 [M]. 北京：科学出版社.

康永强，杨成全，姜晓云，等，2010. 黑体辐射定律研究及验证 [J]. 大学物理实验，23 (4)：18-19+39.

李沛，黄生志，黄强，等，2019. 变化环境下渭河流域农业干旱形成与发展过程的时空特征研究 [J]. 自然灾害学报，28 (4)：131-141.

李毅，2016. 斥水土壤水盐运移规律及其空间变异性研究 [M]. 北京：中国水利水电出版社.

李毅，姚宁，冯浩，等，2021. 不同类型干旱的时空变异性研究 [M]. 北京：科学出版社.

李毅，姚宁，陈新国，等，2021. 新疆地区干旱严重程度时空变化研究 [M]. 北京：中国水利水电出版社.

李毅，王小芳，陈俊英，等，2022. 斥水性土壤中的水分运移及作物生长规律 [M]. 北京：科学出版社.

李小涛，黄诗峰，宋小宁，等，2013. 卫星遥感结合地面观测数据的土壤墒情监测分析系统 [J]. 水利学报，44（S1）：116-120.

李冰，魏明远，邓和云，等，2021. 土壤的层状结构对水分和溶质运移的影响研究综述［J］. 山东化工，50（2）：265-266.

李崇银，2005. 动力气象学导论［M］. 北京：气象出版社.

李代鑫，2003. 中国灌溉管理与用水户参与灌溉管理［C］. 第六届用水户参与灌溉管理国际研讨会.

李韵珠，李保国，1998. 土壤溶质运移［M］. 北京：科学出版社.

李桂琴，孔祥清，付迪，等，2015. 关于农业防灾减灾的策略与思考［J］. 中国农业信息，（3）：122.

李华，2020. 生态灾害对农业生产的影响研究［J］. 环境科学与管理，45（8）：154-157.

李新一，尹晓飞，杜桂林，等，2019. 饲草重大生物灾害防控形势与对策［J］. 中国饲料，（13）：104-108.

李龙，凤宝文，2010. 对改善农村气象灾害应急管理工作的思考［A］//第27届中国气象学会年会重大天气气候事件与应急气象服务分会场论文集［C］. 北京.

李玉，2020. 盐碱地是如何形成的？改良盐碱地有哪些方法？［J］. 方圆，（12）：8.

李建设，柴良义，2000. 河套灌区土壤次生盐渍化的成因特点及改良措施［J］. 内蒙古农业科技，（S1）：157-158.

李取生，李秀军，李晓军，等，2003. 松嫩平原苏打盐碱地治理与利用［J］. 资源科学，（1）：15-20.

李金帅，2021. 遥感技术在农业中的应用［J］. 农业与技术，41（11）：61-64.

李道亮，2012. 物联网与智慧农业［J］. 农业工程，2（1）：1-7.

李嘉欣，张珂，郭超，2020. 农业遥感大数据可视化应用［J］. 产业科技创新，2（24）：39-40.

刘昌明，魏忠义，1989. 华北平原农业水文及水资源［M］. 北京：科学出版社.

刘鸿雁，2005. 植物学［M］. 北京：北京大学出版社.

刘昌明，张丹，2011. 中国地表潜在蒸散发敏感性的时空变化特征分析［J］. 地理学报，66（5）：579-588.

刘昌明，孙睿，1999. 水循环的生态学方面：土壤-植被-大气系统水分能量平衡研究进展［J］. 水科学进展，10（3）：251-259.

刘广明，杨劲松，2003. 地下水作用条件下土壤积盐规律研究［J］. 土壤学报，40（1）：65-69.

刘昌明，1997. 土壤-植物-大气系统水分运行的界面过程研究［J］. 地理学报，64（4）：366-373.

刘彦随，刘玉，郭丽英，2010. 气候变化对中国农业生产的影响及应对策略［J］. 中国生态农业学报，18（4）：905-910.

刘福仁，蒋楠生，陆梦龙，1990. 现代农村经济辞典［M］. 沈阳：辽宁人民出版社.

刘春蓁，2003. 气候变化与水资源［C］. 气候变化与生态环境研讨会. 中国气象学会.

刘登望，李林，2007. 湿涝对幼苗期花生根系ADH活性与生长发育的影响及相互关系［J］. 花生学报，36（4）：12-17.

刘洪升，2017. 黄淮海平原群众改良利用盐碱地经验研究——以河北省为例［J］. 古今农业，（4）：22-29.

刘太祥，毛建华，马履一，等，2011. 中国盐碱地综合改良与植被构建技术［M］. 天津：天津科学技术出版社.

刘烨，田富强，2017. 基于社会水文耦合模型的干旱区节水农业水土政策比较［J］. 清华大学学报（自然科学版），57（4）：365-372.

柳参奎，2008. 东北盐碱地碱斑植被恢复及资源利用［M］. 哈尔滨：东北林业大学出版社.

罗玉鸿，2013. 植物抗逆性研究进展［J］. 现代农业科技（7）：226-227.

罗宇，穆兴民，尹殿胜，等，2021. 延河流域潜在蒸散发的时空变化特征［J］. 水土保持通报，41（2）：306-313.

雷志栋，1988. 土壤水动力学［M］. 北京：清华大学出版社.

参 考 文 献

雷鸣，孔祥斌，张雪靓，等，2017. 黄淮海平原区土地利用变化对地下水资源量变化的影响 [J]. 资源科学，39（7）：1099-1117.

鲁如坤，史陶钧，1979. 金华地区降雨中养分含量的初步研究 [J]. 土壤学报，16（1）：81-84.

栾日娜，陈婧，秦怡雯，等，2010. 有机农业发展与水质资源利用研究概述 [J]. 安徽农业科学，38（34）：19713-19715.

林琳，2013. 近30年我国主要气象灾害影响特征分析 [D]. 兰州：兰州大学.

马开运，1985. 热辐射基尔霍夫定律的一种教学方案 [J]. 大学物理，4（3）：20-21.

马蒙蒙，2020. 层状土壤中水流和溶质运移特征及数值模拟 [D]. 青岛：青岛大学.

麻吉亮，孔维升，朱铁辉，2020. 农业灾害的特征、影响以及防灾减灾抗灾机制——基于文献综述视角 [J]. 中国农业大学学报（社会科学版），37（5）：122-129.

母金梅，申志永，2011. 3S技术在我国农业领域的应用 [J]. 农业工程，1（2）：68-70.

农业大词典编辑委员会，1998. 农业大词典 [M]. 北京：中国农业出版社.

倪广恒，李新红，丛振涛，等，2006. 中国参考作物腾发量时空变化特性分析 [J]. 农业工程学报，22（5）：1-4.

宁满江，项文娟，1997. 北京地区农田渍害的成因及其防治 [J]. 灌溉排水学报，（3）：42-45.

庞进，解金瑞，邱梦晨，2018. 水利工程对水文生态环境的影响分析 [J]. 科技资讯，16（16）：90-91.

乔秉钧，孙启忠，1995. 内蒙古河套灌区盐碱地生物开发与治理之途径 [J]. 中国草地，（1）：21-24.

乔玲，张芳，邹德华，2008. 新疆灌区盐碱地成因分析及治理措施 [J]. 中国农村水利水电，（8）：89-90.

钱龙，王修贵，罗文兵，等，2015. 涝渍胁迫对棉花形态与产量的影响 [J]. 农业机械学报，46（10）：136-143.

任树梅，李靖，2004. 工程水文与水利计算 [M]. 北京：中国农业出版社.

申红艳，马明亮，汪青春，等，2013. 1961—2010年青海高原蒸发皿蒸发量变化及其对水资源的影响 [J]. 气象与环境学报，29（6）：87-94.

邵光成，俞双恩，刘娜，等，2010. 以涝渍连续抑制天数为冬小麦排水指标的试验 [J]. 农业工程学报，26（8）：56-60.

沈慈荫，1987. 略论巴盟河套灌区土壤盐渍化发生发展原因及其防治途径 [J]. 内蒙古农业科技，（4）：28-31.

苏建伟，张晓龙，沈冰，2021. 黑龙江潜在蒸散发时空变化特征及影响因素 [J]. 黑龙江水利科技，49（1）：1-8.

Singh V P，2000. 水文系统-流域模拟 [M]. 戴东，牛玉国，等译. 郑州：黄河水利出版社.

施成熙，粟宗嵩，1984. 农业水文学 [M]. 北京：农业出版社.

孙铁珩，李培军，周启星，等，2005. 土壤污染形成机理与修复技术 [M]. 北京：科学出版社.

孙宏勇，刘昌明，张喜英，等，2003. 不同长度micro-lysimeters对测定土壤蒸发的影响 [J]. 西北农林科技大学学报（自然科学版），31（4）：167-170.

宋晓猛，张建云，占车生，等，2013. 气候变化和人类活动对水文循环影响研究进展 [J]. 水利学报，44（7）：779-790.

盛丰，王康，张仁铎，等，2015. 土壤非均匀水流运动与溶质运移的两区-两阶段模型 [J]. 水利学报，46（4）：433-442+451.

桑婧，2018. 近30年中国主要农业气象灾害典型场时空格局及干旱风险评估 [D]. 南京：南京信息工程大学.

舒龙雨，2013. 地质灾害对区域农业生产系统的影响机理及灾后恢复力研究 [D]. 长沙：湖南科技大学.

佘冬立，邵明安，俞双恩，2011. 黄土高原典型植被覆盖下SPAC系统水量平衡模拟 [J]. 农业机械学报，42（5）：73-78.

唐永金，潘剑扬，2012. 我国近年农业气象与农业生物灾害的特点 [J]. 自然灾害学报，21（1）：26-30.

唐喆，2016. 传感仪器在农业物联网发展中的作用 [J]. 电子技术与软件工程，(15)：129.

唐永顺，2004. 应用气候学 [M]. 北京：科学出版社.

铁强，2018. 华北土石山区林地蒸散发机理研究 [D]. 北京：清华大学.

田华，1995. 关于辐射的经典理论 [J]. 河北师范大学学报，4（1）：36-41.

田景环，崔庆，徐建华，等，2005. 黄河流域大中型水库水面蒸发对水资源量的影响 [J]. 山东农业大学学报（自然科学版）(3)：70-73.

万邦炎，1997. 关于大口井取水的若干问题 [J]. 铁路标准设计通讯（12）：36-39.

王宝明. 基尔霍夫，1985. 定律对半透明反射平行板热辐射的应用 [J]. 大学物理，4（12）：12-13.

王康，2012. 灌区水均衡演算与农田面源污染模拟 [M]. 北京：科学出版社.

王红，宫鹏，刘高焕，2004. 黄河三角洲土地利用/土地覆盖变化研究现状与展望 [J]. 自然资源学报，19（1）：110-118.

王全九，邵明安，郑纪勇，2007. 土壤中水分运动与溶质运移 [M]. 北京：中国水利水电出版社.

王忠，2005. 植物生理学 [M]. 北京：中国农业出版社.

王遵亲，祝寿泉，俞仁培，等，1993. 中国盐渍土 [M]. 北京：科学出版社.

王爽，2020. 遥感技术在农业生产中的应用研究 [J]. 南方农机，51（24）：62-63.

王晓敏，邓春景，2017. 基于"互联网＋"背景的我国智慧农业发展策略与路径 [J]. 江苏农业科学，45（16）：312-315.

王海宏，周卫红，李建龙，等，2016. 我国智慧农业研究的现状·问题与发展趋势 [J]. 安徽农业科学，44（17）：279-282.

王利民，刘佳，季富华，2021. 中国农业遥感技术应用现状及发展趋势 [J]. 中国农学通报，37（25）：138-143.

王小霞，2021. 物联网技术在水文监测信息系统中的应用 [J]. 电子世界，(8)：186-187.

汪志农，2000. 灌溉排水工程学 [M]. 北京：中国农业出版社.

王德利，张鑫，孙丽娟，等，2013. 水利工程建设对环境的影响 [J]. 中外企业家，(25)：255-256.

卫中鼎，李昌静，1981. 试论潜水水化学水平分带性 [J]. 水文地质工程地质（5）：24-28.

魏永霞，王丽学，2005. 工程水文学 [M]. 北京：中国水利水电出版社.

魏博娴，2012. 中国盐碱土的分布与成因分析 [J]. 水土保持应用技术，(6)：27-28.

魏忠光，崔修来，孙瑶，等，2021. 安徽省夏玉米涝渍灾害时空特征及其灾损风险 [J]. 气象科技，49（2）：253-259.

温利强，2010. 我国盐渍土的成因及分布特征 [D]. 合肥：合肥工业大学.

吴孔明，2009. 我国农业生物灾害应急管理现状、存在问题及解决对策 [J]. 中国应急管理，(3)：12-14.

吴金甲，曲建升，李恒吉，等，2018. 气候变化问题多学科协同机制实践研究 [J]. 生态经济，34（1）：128-133.

吴吉义，李文娟，曹健，等，2021. AIoT 智能物联网研究综述 [J]. 电信科学，37（8）：1-17.

吴孔明，2009. 我国农业生物灾害应急管理现状、存在问题及解决对策 [J]. 中国应急管理（3）：12-14.

夏敬源，2008. 我国重大农业生物灾害暴发现状与防控成效 [J]. 中国植保导刊（1）：5-9.

谢应齐，杨子生，1995. 云南省农业自然灾害区划指标之探讨 [J]. 自然灾害学报，(3)：52-59.

徐旭，黄冠华，黄权中，2013. 农田水盐运移与作物生长模型耦合及验证 [J]. 农业工程学报，29（4）：110-117.

徐向阳，陈元芳，2020. 工程水文学［M］. 北京：中国水利水电出版社.
徐勤学，王天巍，李朝霞，等，2010. 紫色土坡地壤中流特征［J］. 水科学进展，21（2）：229-234.
徐宗学，2009. 水文模型［M］. 北京：科学出版社.
徐黎，2019. 地下水环境影响评价中水文地质勘查工作的内容和方法［J］. 世界有色金属，（4）：211-212.
徐恒力，2009. 环境地质学［M］. 北京：地质出版社.
徐向阳，2006. 水灾害［M］. 北京：中国水利水电出版社.
徐子棋，2018，许晓鸿. 松嫩平原苏打盐碱地成因、特点及治理措施研究进展［J］. 中国水土保持，（2）：54-59.
席家治，1996. 黄河水资源［M］. 郑州：黄河水利出版社.
许迪，李益农，龚时宏，等，2019. 气候变化对农业水管理的影响及应对策略研究［J］. 农业工程学报，35（14）：79-89.
许迪，刘钰，杨大文，等，2015. 蒸散发尺度效应与时空尺度拓展［M］. 北京：科学出版社.
许红霞，邹莹，2019. 农业气象灾害对农作物的影响分析［J］. 农家参谋，（23）：118.
向柯宇，2020. 参考作物与潜在蒸散发量时空分布差异性研究［D］. 杨凌：西北农林科技大学.
肖长来，梁秀娟，王彪，2010. 水文地质学［M］. 北京：清华大学出版社.
邢义川，赵卫全，张爱军，等，2018. 非饱和特殊土的工程特性及应用［M］. 北京：中国水利水电出版社.
杨发源，安光辉，孙富兰，等，2022. 环青海湖天然草地干旱指标筛选及干旱等级划分［J］. 青海草业，31（2）：26-30.
姚宁，周元刚，宋利兵，等，2015. 不同水分胁迫条件下DSSAT-CERES-Wheat模型的调参与验证［J］. 农业工程学报，31（12）：138-150.
姚宁，2020. 气候变化背景下干旱时空演变规律及其预测［D］. 杨凌：西北农林科技大学.
姚莹莹，刘杰，张爱静，等，2014. 黑河流域河道径流和人类活动对地下水动态的影响［J］. 第四纪研究，34（5）：973-981.
颜素珍，2009. 100例水灾害［M］. 南京：河海大学出版社.
闫彩虹，2019. 农业气象灾害对作物产量的影响分析［J］. 吉林农业，（6）：109.
尹道先，1982. 关于热辐射基尔霍夫定律及其应用的一些讨论［J］. 大学物理，4（9）：17-21+33.
尹云鹤，吴绍洪，戴尔阜，2010.1971—2008年我国潜在蒸散时空演变的归因［J］. 科学通报，61（22）：2226-2234.
阴晓伟，吴一平，赵文智，等，2021. 西北旱区潜在蒸散发的气候敏感性及其干旱特征研究［J］. 水文地质工程地质，48（3）：20-30.
尤文瑞，张丽君，王福利，等，1992. 黄淮海平原淡潜水区土壤次生盐渍化的形成及其初步预报［J］. 土壤肥料，（5）：32-36.
俞仁培，陈德明，1999. 我国盐渍土资源及其开发利用［J］. 土壤通报，（4）：158-159.
余世鹏，杨劲松，刘广明，等，2008. 长江河口地区土壤水盐动态特点与区域土壤水盐调控研究［J］. 土壤通报，（5）：1110-1114.
余卫东，冯利平，盛绍学，等，2014. 黄淮地区涝渍胁迫影响夏玉米生长及产量［J］. 农业工程学报，30（13）：127-136.
袁隆平，2019. 中国耐盐碱水稻育种技术［M］. 济南：山东科学技术出版社.
袁华斌，2021. 污水灌溉与人工湿地处理技术——评《污水资源化与污水灌溉技术研究》［J］. 灌溉排水学报，40（1）：149-150.
袁宇明，1997. 试论苏北海积平原盐渍土改良的先行途径［J］. 土壤通报，（4）：2-5.
杨翠萍，脱云飞，沈方圆，等，2020. 滇中高原不同土地利用类型土壤水氮变化试验研究［J］. 灌溉排水学报，39（1）：81-87.

杨大文，雷慧闽，丛振涛，2010. 流域水文过程与植被相互作用研究现状评述［J］. 水利学报，39（10）：1142-1149.

杨广，2017. 节水条件下玛纳斯河流域水循环过程模拟研究［D］. 石河子：石河子大学.

杨国胜，黄介生，李建，等，2016. 基于SWAT模型的绿水管理生态补偿标准研究［J］. 水利学报，47（6）：809-815.

杨国红，杨育峰，肖利贞，等，2016. 一本书明白甘薯高产与防灾减产技术［M］. 郑州：中原农民出版社.

杨连合，武之新，1995. 沧州市滨海盐渍土区草地资源特点及其开发利用途径［J］. 中国草地，（06）：16-19.

杨琇涵，宿丽丽，王青蓝，2020. 论5G时代农业信息化的发展趋势［J］. 农业科技管理，39（2）：11-12+35.

杨扬，2021. 水稻农作物地下水埋深及土质与全育生长期入渗补给系数研究［J］. 陕西水利，（3）：71-73.

易静，刘登望，王建国，等，2017. 湿涝对花生干物质积累与分配的影响［J］. 花生学报，46（3）：39-47.

严立冬，1994. 农村灾害系统与农村灾害经济学（续完）［J］. 生态经济，（5）：13-17.

中国百科大辞典编委会，1990. 中国百科大辞典［M］. 北京：华夏出版社.

中国水利百科全书编辑委员会，2006. 中国水利百科全书［M］. 北京：中国水利水电出版社.

中国土木建筑百科辞典，2006：水利工程［M］. 北京：中国建筑工业出版社.

中国环境报，2019. 五部门印发地下水污染防治实施方案［J］. 生命与灾害，5：45-45.

中国科学院，1980. 中国自然地理（地表水）［M］. 北京：科学出版社.

中国科学院西部地区南水北调综合考察队，1965. 若尔盖高原的沼泽［M］. 北京：科学出版社.

中国科学院地理研究所，1959. 中国综合自然区划［M］. 北京：科学出版社.

中国农业科学院农田灌溉研究所，1977. 黄淮海平原盐碱地改良［M］. 北京：农业出版社.

赵会超，2020. 不同类型干旱的时空变化规律及其关系研究［D］. 杨凌：西北农林科技大学.

赵玲玲，夏军，许崇育，等，2013. 水文循环模拟中蒸散发估算方法综述［J］. 地理学报，68（1）：127-136.

赵娜，王治国，张复明，等，2017. 海河流域潜在蒸散发估算方法及其时空变化特征［J］. 南水北调与水利科技，15（6）：11-16+65.

赵松乔，1983. 中国综合自然地理区划的一个新方案［J］. 地理学报，50（1）：1-10.

赵仁杰，何爱平，2015. 农业灾害、市场化与消费波动——基于HP滤波方法的研究［J］. 农村经济，（5）：32-37.

赵伟，李林，戈蕾，等，2009. 不同花生品种幼苗期耐涝性差异分析［J］. 贵州农业科学，37（12）：84-86.

朱瑞兆，谭冠日，王石立，2005. 应用气候学概论［M］. 北京：气象出版社.

朱旭彤，胡业正，马平福，等，1993. 小麦抗湿性研究——Ⅰ. 小麦湿害的临界期［J］. 湖北农业科学，（9）：3-7.

詹道江，徐向阳，陈元芳，2020. 工程水文学［M］. 北京：中国水利水电出版社.

詹道江，叶守泽，2000. 工程水文学［M］. 北京：中国水利水电出版社.

钟成华，2004. 三峡水库对重庆段水环境影响及其对策［M］. 重庆：西南师范大学出版社.

周振民，2011. 污水灌溉土壤重金属污染机理与修复技术［M］. 北京：中国水利水电出版社.

周义，覃志豪，包刚，2011. 气候变化对农业的影响及应对［J］. 中国农学通报，27（32）：299-303.

周天军，邹立维，陈晓龙，2019. 第六次国际耦合模式比较计划（CMIP7）评述［J］. 气候变化研究进展，15（5）：445-457．

张蔚榛，1996．地下水与土壤水动力学［M］．北京：中国水利水电出版社．

张启芳，1987．14—5"黑体辐射"教学问题的探讨［J］．医学物理，4（Z1）：110．

张仁华，李召良，孙晓敏，等，2004．非同温系统中基尔霍夫定律的适用性和热量平衡原理［J］．中国科学（D辑：地球科学），4（4）：350-358．

张青雯，崔宇博，冯禹，等，2018．基于气象资料的日辐射模型在中国西北地区适用性评价［J］．农业工程学报，34（2）：189-195．

张蔚榛，1996．地下水与土壤水动力学［M］．北京：中国水利水电出版社．

朱瑞兆，谭冠日，王石立，2005．应用气候学概论［M］．北京：气象出版社．

中国环境报，2019．五部门印发地下水污染防治实施方案［J］．生命与灾害，5：45-45．

张颖，伍钧，2012．土壤污染与防治［M］．北京：中国林业出版社．

张阳，李瑞莲，张德胜，等，2011．涝渍对植物影响研究进展［J］．作物研究，25（4）：420-424．

张妙仙，杨劲松，李冬顺，2004．特大暴雨作用下土壤盐分运移特征研究［J］．中国生态农业学报，12（2）：47-49．

张晓琳，熊立华，林琳，等，2012．5种潜在蒸散发公式在汉江流域的应用［J］．干旱区地理，35（2）：229-237．

张祎，刘杨，张释今，2018．三峡水库近20年水面蒸发量分布特征及趋势分析［J］．水文，38（3）：90-96．

张乾，2018．基于SiB2和卡尔曼滤波的低丘红壤区农田土壤水分数据同化［D］．南京：南京信息工程大学．

张晓原，2020．关于水利工程地下水环境影响的思考［J］．水电水利，4（6）：96-97．

张永强，孔冬冬，张选泽，等，2021．2003—2017年植被变化对全球陆面蒸散发的影响［J］．地理学报，76（3）：584-594．

张光辉，费宇红，王茜，等，2017．灌溉农业的地下水保障能力评价方法研究——黄淮海平原为例［J］．水利学报，47（5）：708-715．

张艳，何爱平，赵仁杰，2016．我国灾害经济研究现状特征与发展趋势的文献计量分析［J］．灾害学，31（4）：150-156．

张广学，张润志，1998．21世纪重大农业生物灾害可持续控制的研究设想［A］//科技进步与学科发展——"科学技术面向新世纪"学术年会论文集［C］．太原．

张平，2011．黑龙江省农业自然灾害的成因分析［J］．农机化研究，33（2）：249-252．

张蛟，汪波，翟彩娇，等，2020．气候因子对滩涂围垦区不同盐分水平下土壤盐分季节性变化的影响［J］．中国农学通报，36（2）：97-103．

张凤，王媛媛，张佳蕾，等，2012．不同生育时期淹水对花生生理性状及产量、品质的影响［J］．花生学报，41（2）：1-7．

张俊，刘娟，臧秀旺，等，2015．不同生育时期水分胁迫对花生生长发育和产量的影响［J］．中国农学通报，31（24）：93-98．

郑大玮，张波，2000．农业灾害学［M］．北京：中国农业出版社．

郑祥乐，2014．浅析新疆灌区盐碱地成因分析及治理措施［J］．水土保持应用技术，（2）：29-31．

臧秀旺，汤丰收，张俊，等，2014．生育后期湿涝胁迫对不同种植方式花生产量性状及品质的影响［J］．花生学报，43（4）：13-18．

曾小红，王强，2011．国内外农业信息技术与网络发展概况［J］．中国农学通报，27（8）：468-473．

邹燕丽，2021．干旱和盐胁迫下拟南芥和盐芥多聚脂质变化分析［D］．北京：中央民族大学．

邹鹏飞，原保忠，胡晓东，等，2017．蕾期涝渍胁迫对盆栽棉花生长和产量特性的影响［J］．灌溉排水学报，36（9）：7-12．

参 考 文 献

祖康祺, 1986. 土壤 [M]. 北京: 科学普及出版社.

Ahuja L R, Rojas K W, Hanson J D, et al, 2000. Root zone water quality model: Modeling management effects on water quality and crop production [J]. Water Resources Publisher, Highlands Ranch.

Ayantobo O O, Li Y, Song S, et al, 2018. Probabilistic modelling of drought events in China via 2 – dimensional joint copula [J]. Journal of Hydrology, 559: 373 – 391.

Abdalla Y A, 1994. New correlations of global solar radiation with meteorological parameters for Bahrain [J]. International Journal of Solar Energy, 16 (2): 111 – 120.

Almorox J, Hontoria C, 2004. Global solar radiation estimation using sunshine duration in Spain [J]. Energy Conversion Management, 45 (9 – 10): 1529 – 1535.

Annandale J, Jovanovic N, Benade N, et al, 2002. Software for missing data error analysis of Penman – Monteith reference evapotranspiration [J]. Irrigation Science, 21 (2): 57 – 67.

Allen R G, Pereira L S, Raes D, et al, 1998. Crop evapotranspiration – guidelines for computing crop water requirements – FAO irrigation and drainage paper 56 [J]. Fao, Rome, 300 (9): D05109.

Bailey R T, Park S, Bieger K, et al, 2020. Enhancing SWAT simulation of groundwater flow and groundwater – surface water interactions using MODFLOW routines [J]. Environmental Modelling and Software, 126: 104660.

Bahel V, Bakhsh H, 1987, Srinivasan R. A correlation for estimation of global solar radiation [J]. Energy, 12 (2): 131 – 135.

Besharat F, Dehghan A A, Faghih A R, 2013. Empirical models for estimating global solar radiation: A review and case study [J]. Renewable Sustainable Energy Reviews, 21 (1): 798 – 821.

Bristow K L, Campbell G S, 1984. On the relationship between incoming solar radiation and daily maximum and minimum temperature [J]. Agricultural Forest Meteorology, 31 (2): 159 – 166.

Bowen I S, 1926. The raito of heat losses by conduction and by evaporation from any water surface [J]. Physical Reviews, (27): 779 – 787.

Cass A, 1980. Use of environmental data in assessing the quality of irrigation water [J]. Soil Science, 129 (1): 45 – 53.

Diepen C A, Wolf J, Keulen H, et al, 2010. WOFOST: A simulation model of crop production [J]. Soil Use & Management, 5 (1): 16 – 24.

Dench W E, Morgan L K, 2021. Unintended consequences to groundwater from improved irrigation efficiency: Lessons from the Hinds – Rangitata Plain, New Zealand [J]. Agricultural Water Management, 245: 106530.

Elijah Olakunle, 2018. An overview of internet of things (IoT) and data analytics in agriculture: benefits and challenges [J]. IEEE Internet of Things Journal, 5 (5): 3758 – 3773.

Feng G L, Letey J, Wu L, 2002. The Influence of Two Surfactants on Infiltration into a Water – Repellent Soil [J]. Soil Science Society of America Journal, 66 (2): 361 – 367.

Famiglietti, J. S, 2014. The global groundwater crisis [J]. Nature Climate Change, 4 (11): 945 – 948.

Kogan F N, 1990. Remote sensing of weather impacts on vegetation in non – homogeneous areas [J]. International Journal of Remote Sensing, 11 (8): 1405 – 1419.

Glover J, McCulloch J, 1958. The empirical relation between solar radiation and hours of sunshine [J]. Quarterly Journal of the Royal Meteorological Society, 84 (360): 172 – 175.

Y Q Guo, Yano T, Momii K, 1996. Estimation of Plant Transpiration by Imitation Leaf Temperature [J]. Transactions of The Japanese Society of Irrigation, Drainage and Reclamation Engineering, (185): 767 – 773.

Harrisc I, Ericsonht, Ellismk, et al, 1962. Water – level control in organic soil, as related to subsidence rate, crop yield and response to nitrogen [J]. Soil Science, 94 (3): 158-161.

Haddeland I, Heinke J, Biemans H, et al, 2014. Global water resources affected by human interventions and climate change [J]. PNAS, 111 (9): 3251-3256.

He J, Cai H, Bai J, 2013. Irrigation scheduling based on CERES-Wheat model for spring wheat production in the Minqin Oasis in Northwest China [J]. Agricultural Water Management, 128 (10): 19-31.

Hargreaves G H, Samani Z A, 1982. Estimating potential evapotranspiration [J]. Journal of the Irrigation Drainage Division, 108 (3): 225-230.

Hargreaves G H, Samani Z A, 1985. Reference crop evapotranspiration from temperature [J]. Applied Engineering in Agriculture, 1 (2): 96-99.

Hansen G, Stone D, Auffhammer M, et al, 2016. Linking local impacts to changes in climate: a guide to attribution [J]. Regional Environmental Change, 16 (2): 527-541.

Iemd G, Gleeson T, Beek L, et al, 2019. Environmental flow limits to global groundwater pumping [J]. Nature, 574 (7776): 90-94.

IPCC, 2014. Climate change 2014: impacts, adaptation, and vulnerability, Part A: global and sectoral aspects [R]//Contribution of Working Group II to the Fifth Assessment Report of the Intergovernmental Panel on Climate Change, Cambridge, New York: Cambridge University Press.

Jackson R D, Reginato R J, Idso S B, 1977. Wheat canopy temperature: A practical tool for evaluating water requirements [J]. Water Resources Research, 13 (3): 651-656.

Jackson R D, 1982. Canopy temperature and crop water stress [J]. Advances in Irrigation, 1: 43-85.

Jones J W, Antle J M, Basso B, et al, 2017. Brief history of agricultural systems modeling [J]. Agricultural Systems, 155: 240-254.

Jenssen P D, Heyerdahl P H, Warner W S, et al., 2003. Local recycling of wastewater and wet organic waste-a step towards the zero emission community [C]. 8th International Conference Environmental Science and Tecnology, Lemnos Island, Greece.

Khanna A., Kaur S, 2019. Evolution of internet of things (IoT) and its significant impact in the field of Precision Agriculture [J]. Computers and Electronics in Agriculture, 157: 218-231.

Lhomme J P, Monteny B, Amadou M, 1994. Estimating sensible heat flux from radiometric temperature over sparse millet [J]. Agricultural and Forest Meteorology, 68 (1-2): 77-91.

Liu C, Zhang X, Zhang Y, 2002. Determination of daily evaporation and evapotranspiration of winter wheat and maize by large-Scale weighing lysimeter and micro-Lysimeter [J]. Agricultural and Forest Meteorology, 111 (2): 109-120.

Louche A, Notton G, Poggi P, et al, 1991. Correlations for direct normal and global horizontal irradiation on a French Mediterranean site [J]. Solar Energy, 46 (4): 261-266.

Lohani V K, Refsgaard J C, Clausen T, et al, 1993. Application of SHE for irrigation-command-area studies in India [J]. Journal of Irrigation & Drainage Engineering, 119 (1): 34-49.

Lambin E F, Baulies X, Bockstael N E, et al, 2002. Land-use and land-cover change implementation strategy [C]. IGBP Report No. 48 and IHDP Report No. 10. Louvainla-Neuve.

Mampiti Elizabeth Matete, 2004. The ecological economics of inter-basin transfers: The case of the Lesotho Highlands Water Project [D]. University of Pretoria.

Matthew S, Tara V T, F Norman, et al, 2001. Evaluating on-farm flooding impacts on soybean [J]. Crop Science, 41 (1): 93-100.

Monteith, J. L, 1965. Evaporation and environment [C]. Ymposia of the Society for Experiment Biology, 19: 205-234.

Nakayama F S, 1972. A ample for estimating the solubility product of calcium carbonate [J]. Soil Science, 113 (6): 456 - 458.

Ögelman H, Ecevit A, Tasdemiroǧlu E, 1984. A new method for estimating solar radiation from bright sunshine data [J]. Solar Energy, 33 (6): 619 - 625.

Penman, H. L, 1948. Natural evaporation from open water, bare soil and grass [J]. Proceedings of Royal Society Series A, 193: 120 - 145.

Prescott J, 1940. Evaporation from a water surface in relation to solar radiation [J]. Trans. Roy. Soc. S. Aust, 46 (1): 114 - 118.

Perez P J, Castellvi F, Ibanez M, et al, 1999. Assessment of reliability of bowen ratio method for partitioning fluxes [J]. Agricultural and Forest Meteorology, 97 (3): 141 - 150.

Rhoades J D, 1972. Qualily of water for irrigation [J]. Soil Science, 113 (4): 277 - 284.

Seguin B, Itier B, 1983. Using middy surface temperature to estimate daily evaporation from satellite thermal IR data [J]. International Journal of Remote Sensing, 4: 371 - 383.

Siebert S, Kummu M, Porkka M, et al, 2015. Global data set of the extent of irrigated land from 1900 to 2005 [J]. Hydrology and Earth System Sciences, 19 (3): 1521 - 1545.

Sivakumar M., Roy P. S., Harmsen K., et al, 2003. Satellite remote sensing and GIS applications in agriculture meteorology [C]//Satellite Remote Sensing and GIS Applications in Agriculture Meteorology.

Shao G, Cui J, Yu S, et al, 2015. Impacts of controlled irrigation and drainage on the yield and physiological attributes of rice [J]. Agricultural Water Management, 149: 156 - 165.

Sharpley A N, Williams J R, 1990. EPIC - erosion productivity impact calculator, model documentation [R]. US Department of Agriculture, Agricultural Research Service, Technical Bulletin, No. 1768.

Shuttleworth W J, Wallace J S, 1985. Evaporation from sparse crops - an energy combination theory [J]. The Quarterly Journal of the Royal Meteorological Society, 111 (469): 839 - 855.

Swartman R, Ogunlade O, 1967. Solar radiation estimates from common parameters [J]. Solar energy, 11 (3 - 4): 170 - 172.

Shen G, Xie Z, 2004. Three Gorges Project: Chance and challenge [J]. Science, 304 (5671): 681.

Sun S K, Li C, Wu P T, 2018, et al. Evaluation of agricultural water demand under future climate change scenarios in the Loess Plateau of Northern Shaanxi, China [J]. Ecological Indicators, 84 (JAN.): 811 - 819.

Tabari H, Talaee P H, 2011. Local calibration of the Hargreaves and Priestley - Taylor equations for estimating reference evapotranspiration in arid and cold climates of Iran based on the Penman - Monteith Model [J]. Journal of Hydrologic Engineering, 16 (10): 837 - 845.

Tang P, Xu B, Gao Z, et al, 2019. Estimating Reference Crop Evapotranspiration with Elevation Based on an Improved HS Model [J]. Hydrology Research, 50 (1): 187 - 199.

Tao W, Zhao L, Wang G, et al, 2021. Review of the internet of things communication technologies in smart agriculture and challenges [J]. Computers and Electronics in Agriculture, (10): 106352.

Tian L, Li J, Bi W, et al, 2019. Effects of waterlogging stress at different growth stages on the photosynthetic characteristics and grain yield of spring maize (Zea mays L.) under field conditions [J]. Agricultural Water Management, 218: 250 - 258.

Thornthwaite C W, 1948. An approach toward a rational classification of climate [J]. Geographical Review, 38 (1): 55 - 94.

Trenberth K E, Fasullo J T, Kiehl J, 2009. Earth's global energy budget [J]. Bulletin of the American Meteorological Society, 90 (3): 311 - 324.

Wang Z, Wu L, Wu Q J, 2000. Water - entry value as an alternative indicator of soil water - repellency and wettability - scienceDirect [J]. Journal of Hydrology, 231 (6): 76 - 83.

Wiesner C J, 1970. Hydrometeorology [M]. London: Chapman & Hall.

Wollmer A C, Pitann B, Muhling K H, 2018. Waterlogging events during stem elongation or flowering affect yield of oilseed rape (Brassica napus L.) but not seed quality [J]. J Agron Crop Sci, 204: 165-174.

Wu C, Zeng A, Chen P, et al, 2017. An effective field screening method for flood tolerance in soybean [J]. Plant Breeding, 136 (5): 710-719.

Wullschleger S D, Wilson K B, Hanson P J, 2000. Environmental control of whole-plant transpiration, canopy conductance and estimates of the decoupling coefficient for large red maple trees [J]. Agricultural & Forest Meteorology, 104 (2): 157-168.

Xie P, Zhuo L, Yang X, et al, 2020. Spatial-temporal variations in blue and green water resources, water footprints and water scarcities in a large river basin: A case for the Yellow River basin [J]. Journal of Hydrology, 590: 125222.

Xiang K, Li Y, Horton R, et al, 2020. Similarity and difference of potential evapotranspiration and reference crop evapotranspirationa review [J]. Agricultural Water Management, 232: 106043.

Yao N, Li Y, Xu F, et al, 2020. Permanent wilting point plays an important role in simulating winter wheat growth under water deficit conditions [J]. Agricultural Water Management, 229: 105954.

Yu Q, Zhang Y, Liu Y, et al, 2004. Simulation of the stomatal conductance of winter wheat in response to light, temperature and CO_2 changes [J]. Annals of Botany, 93 (4): 435-441.

Zhang C B, Barron L S S, 2021. The transportation, transformation and (bio) accumulation of pharmaceuticals in the terrestrial ecosystem [J]. Science of the Total Environment, 146684.

Zhang B, Xu D, Liu Y, et al, 2016. Multi-Scale evapotranspiration of summer maize and the controlling meteorological factors in North China [J]. Agricultural and Forest Meteorology, 216: 1-12.